Josephine Barbe und Franz Kälin

SCHUH WERK

Haupt
GESTALTEN

Josephine Barbe und Franz Kälin

SCHUH WERK

GESCHICHTE · TECHNIKEN · PROJEKTE

Haupt Verlag

IMPRESSUM

Text, Fotos, Filme und Zeichnungen:
Josephine Barbe, D-Berlin
Projekte: Franz Kälin, CH-Brienz, und
Josephine Barbe, D-Berlin
Lektorat: Eva Hauck und Claudia Lüdtke,
der springende punkt, D-Berlin
Gestaltung und Satz: Stefanie Grams,
www.undfreun.de, D-Marbach am Neckar

Bibliografische Information der Deutschen
Nationalbibliothek
Die Deutsche Nationalbibliothek verzeichnet diese
Publikation in der Deutschen Nationalbibliografie;
detaillierte bibliografische Daten sind im Internet
über http://dnb.dnb.de abrufbar.

ISBN 978-3-258-60057-4

Wünschen Sie regelmäßig Informationen über
unsere neuen Titel zum Gestalten? Möchten Sie uns
zu einem Buch ein Feedback geben? Haben Sie
Anregungen für unser Programm? Dann besuchen
Sie uns im Internet auf www.haupt.ch. Dort finden Sie
aktuelle Informationen zu unseren Neuerscheinungen
und können unseren Newsletter abonnieren.
www.haupt.ch
Printed in Germany

Viele der Abbildungen aus dem historischen Teil
sind privat, die Abbildungen auf Seite 18 oben und
Seite 23 links stammen aus der Sammlung Modebild,
Lipperheidesche Kostümbibliothek, Kunstbibliothek,
Staatliche Museen zu Berlin und die Fotos auf den
Seiten 16 und 17 sind von Michael Kowalski, Deutsches
Medizinhistorisches Museum, Ingolstadt.

FSC www.fsc.org
MIX
Papier aus verantwortungsvollen Quellen
FSC® C004592

ZU DEN AUTOREN

Josephine Barbe (Dr. phil.), geboren in Berlin, Studium der Kunst und Kunstwissenschaft (Abschluss Meisterschülerin) und Textiles Gestalten an der Hochschule der Künste Berlin (heute UdK). Interdisziplinäre Vorträge und Veröffentlichungen zur Technik-, Kleidungs- und Modegeschichte, u. a. „Figur in Form. Die Konstruktion der weiblichen Silhouette“, „Hut und Putz“, „Leder“. Lehrt an der Technischen Universität Berlin.

Franz Kälin Schuhmachermeister und Sozialpädagoge HFS, gibt seit 1988 Kurse zu den Themen Leder und handgemachte Schuhe von A bis Z, führt seit 2005 die Schuhmacherei „Zwickmühle“ in Brienz.

Danksagung
Dank an Anna Danz, Giorgio Binz und Mathias Brodman für die freundliche Überlassung ihrer Fotos, Gabriela Rohrer und Christian Wey für die Erlaubnis, sie bei der Herstellung ihrer rahmengenähten Schuhe fotografieren zu dürfen. Katharina Koch gilt mein besonderer Dank für die tolle Arbeit in der Holzwerkstatt der TU Berlin und auch Dr. Gundula Wolter möchte ich für ihre Unterstützung danken wie auch allen anderen, die dazu beigetragen haben, dass dieses Buch entstehen konnte.

Unter folgenden Links finden Sie Filme zu verschiedenen Arbeitsschritten:
Seite 78: http://vimeo.com.69079295
Seite 79: http://vimeo.com.69160198
Seite 83: http://vimeo.com.69079296
Seite 84: http://vimeo.com.69083770
Seite 84: http://vimeo.com.69083768
Seite 84: http://vimeo.com.69083769
Seite 159: http://vimeo.com.69160199
Seite 189: http://vimeo.com.69160197
Seite 189: http://vimeo.com.69160200
Seite 199: http://vimeo.com.68836132
Seite 200: http://vimeo.com.68836131
Seite 201: http://vimeo.com.68834802
Seite 203: http://vimeo.com.69079294
Seite 204: http://vimeo.com.69079293
Seite 204: http://vimeo.com.69080758
Seite 206: http://vimeo.com.69082448
Seite 208: http://vimeo.com.69080759
Seite 208: http://vimeo.com.69080761

INHALTSVERZEICHNIS

AUF LEISEN SOHLEN SCHWEBEN …

Wozu braucht der Mensch Schuhe? Zum Laufen? Zum Schutz? Zum Schmuck? Zur Selbstdarstellung?

Schuhe sind Kulturgut. Schuhe geben Gang und Körperhaltung vor. So bewirken High Heels einen unnatürlichen Auftritt mit leicht nach vorn geschobenem Becken, Ballerinas und Boots dagegen erzeugen einen dynamischen, federnden Schritt.

Schuhe müssen die entgegengesetzten Funktionen eines weichen, dem Fuß angepassten, flexiblen Innenlebens und eines schützenden, stabilen und dennoch attraktiven Äußeren kombinieren. Für dieses Buch haben wir die Konstruktion des Schuhs bereits am Leisten vorweggenommen und eine Methode entwickelt, mit der Sie Schuhe anhand von Schritt-für-Schritt-Anleitungen selbst herstellen können. Kleine Schuhsymbole bei den einzelnen Schuhprojekten geben den jeweiligen Schwierigkeitsgrad an. Der Anhang gibt Auskunft darüber, wo Sie die benötigten Werkstoffe für Ihr Schuhwerk finden.

Einem Sprichwort zufolge drücken neue Ideen oft wie neue Schuhe. Damit Ihre selbst hergestellten Schuhe nicht drücken, helfen Expertentipps, die Passform zu optimieren. Die Filme, die sich hinter den QR-Codes verbergen, verdeutlichen zusätzlich verschiedene Arbeitsschritte und bieten Hilfe.

Dieses Buch richtet sich auch an Schuhliebhaber, die etwas tiefer in das alte Handwerk einsteigen möchten, um beispielsweise den Unterschied zwischen rahmen- und zwiegenähten Schuhen kennenzulernen.

Gerade heute, wo viele Schuhmacher ihr Handwerk aufgeben, möchte ich dazu beitragen, das alte, traditionelle Schuhmacherhandwerk zu erhalten. Ich bin glücklich, dass ich das Buch mit Franz Kälin machen durfte, einem Schuhmacher par excellence.

Viel Spaß und Erfolg beim Schuhemachen!

Fesche Frauen tragen
Mella-Schuhe

KAPITEL 1 **GESCHICHTE UND GESCHICHTEN**

DREI JAHRHUNDERTE SCHUHWERK

Schuhwerk, das neben dem Schutz vor Witterungseinflüssen, Kälte und unebenen Untergründen auch dem Schmuckbedürfnis unterliegt, gibt es, seitdem sich der barfüßige Mensch ein Stück Leder so geschickt um den Fuß band, dass er schneller, weiter und sorgloser laufen konnte. Die Art und Weise, wie er das Leder band und befestigte, musterte oder färbte, machte seine Fußbekleidung individuell und hob ihn von anderen ab.

Als schutzloses Geschöpf mit Intellekt ist der Mensch stets bemüht, seine Unzulänglichkeiten durch Erfindungen erträglicher zu machen. Das technische Know-how einer jeden Epoche wurde herangezogen, um das menschliche Bedürfnis nach Schutz und Schmuck zu befriedigen und zu optimieren. Von jeher beschäftigt sich der menschliche Erfindergeist daher auch mit Verbesserungen des Schuhwerks: Innovative Technologien und Kombinationen von Materialien, spezialisierte Ausrüstungs- und Herstellungsverfahren eröffnen ihm ungeahnte Möglichkeiten.

Schuhe sind heute Hightechprodukte, atmungsaktiv durch Superabsorber-Vliese und je nach Witterung luftdurchlässig oder absolut wasserdicht. Ventilationselemente und superabsorbierende Polymere versprechen uns immer angenehm trockene Füße, 3-D-Klimakomfort-Systeme absorbieren durch Laminate sekundenschnell jeglichen Wasserdampf im Schuh. Sogenannte Barfußtechnologien sorgen dafür, dass wir den Schuh sogar ganz vergessen, und eine ausgeklügelte Statik lässt uns komfortabel auf 15 cm hohen Absätzen gehen. Doch sind die modernen, schwindelerregend hohen *High Heels* oder Plateauabsätze keine Erfindung des 21. Jahrhunderts. Hochstehende Spanierinnen trugen bereits im 14. Jahrhundert *Stelzpantoffeln* und im Venedig des 16. Jahrhunderts wandelten Kurtisanen auf 50 bis 60 cm hohen Korksohlen, den *Zoccoli*.

Seitdem hat sich der Absatz konsequent in der Fußbekleidung gehalten und im 18. Jahrhundert wurde dann der nach hinten eingezogene, leicht gebogene „französische" Absatz vom Adel und gehobenen Bürgertum getragen.

SCHUHWERK IM 18. JAHRHUNDERT

Die Form des Schuhwerks war seit den 1690er-Jahren mit einer langen Spitze, einem hohen Absatz und einer hoch auf den Spann geschnittenen Ristlasche annähernd gleich geblieben und auch deren Herstellung erfolgte ohne weitreichende Veränderungen. Eine Stagnation, die vielerorts bemängelt wurde. Da die einzelnen Arbeitsgänge der Schuhherstellung traditionell innerhalb des Handwerkbetriebes weitergegeben wurden, überarbeitete man sie nur wenig. Die „Art, am Fuße Maaß zu nehmen, [war] selbst bey den berühmtesten und geschicktesten Schustern fehlerhaft", hieß es 1783 in Campers „Abhandlung über die beste Form der Schuhe". Denn ausgemessen wurde grundsätzlich im Sitzen mit der Folge, dass der Schuh für den belasteten Fuß und fürs Abrollen beim Gehen zu kurz war. Aus diesem Grund drückte der Schuh auf den großen Zeh, die Ferse und die „Gelenke sämmtlicher Zehen müssen sich in die Höhe geben, weil die Sohle zu hart ist, um nachzugeben". Die immer wiederkehrende Klage über Verwachsungen an den Füßen, offene Stellen, Hühneraugen und Geschwülste zeugen davon. Sind die Schuhe zu eng, kommt „oft eine Entzündung dazu, die uns einige Zeit am Gehen hindert", hieß es bei Camper weiter. Neben der unzulänglichen Art des Ausmessens behinderte auch die modische Passform der Schuhe, die die Anatomie des Fußes nicht berücksichtigte, den gesunden Gang.

In einer Epoche, in der Asymmetrisches als unschön galt und Schönheit mit Symmetrie gleichgesetzt wurde, griff man dieses Empfinden in den Schuhen auf und verlagerte die Schuhspitze in die Mitte des Schuhs. Beim Gehen blitzten auf diese Weise nicht zwei schräge, sondern zwei identische gerade Schuhspitzen unter dem langen Rock hervor. Diese Symmetrie vereinfachte auch die Schuhherstellung, denn ein Paar Schuhe wurde noch bis ins 19. Jahrhundert auf einem Leisten gezogen. Jedoch mit dem Resultat, dass die Schuhe mit mittig gearbeiteter Spitze erst qualvoll eingetragen werden mussten. Besonders bei festem und unnachgiebigem Leder schoben sich die Zehen schmerzhaft übereinander. Zum Eintragen der Schuhe wurde deshalb oft die Dienerschaft missbraucht. „Was für eine Schande für das verfeinerte XVIII. Jahrhundert", hieß es dazu im „Journal des Luxus und der Moden" 1789, „daß es auf schlechtern Füßen steht, als vormals das mitlere Zeitalter stund."

Nicht nur das Ignorieren der Anatomie des Fußes, sondern auch die Beschaffenheit der damaligen Straßenbeläge erschwerte das Gehen in modischem Schuhwerk außerordentlich. Denn Schuhe, die für die eine Stadt gut waren, funktionierten in der anderen nicht. Waren die einen Städte mit Steinen gepflastert, die weder zugehauen noch geglättet worden waren, so waren die Straßenbeläge auf beispielsweise Hamburgs oder Berlins Bürgersteigen so schlecht, dass man zuallererst lernen musste, die laut Camper zum „Gehen so unangenehmen Hindernisse zu vermeiden". Camper empfahl hohe Absätze, um auf unebenem Straßenbelag „umherzuwandeln", ohne sich an den spitzen Steinen der Straßen die Füße zu sehr zu stoßen. Aufpassen musste man allerdings, dass der Absatz nicht in den Steinzwischenräumen stecken blieb.

MÄNNERSCHUHE

Bei Männern war der Absatz als Zeichen hierarchischer Differenzierung bereits Mitte des 17. Jahrhunderts unverzichtbar. Unter Ludwig XIV. kam der Absatzschuh zu großer Blüte, war der Sonnenkönig doch ein kleiner Mann. Eine imposante körperliche Größe verschaffte ihm sein Hofschuhmacher, der seine *Schnallenschuhe* mit hohen Absätzen aus Kork ausstattete und diese mit rotem Leder überzog. Noch in den 1720er-Jahren steckten die weiß bestrumpften Füße der adligen Herren in Schuhen mit runder Kappe und roten Absätzen, die je nach Modediktat mit eckigen oder runden, ovalen, mal kleineren, mal auffällig riesigen, auswechselbaren Schuhschnallen geschmückt waren, einem wichtigen modischen Accessoire. Doch musste die Platzierung der metallenen Zierschnalle gut bedacht werden, da sie bei Bewegungen des Fußes schmerzhaft auf den Spann drückte. Die Schnalle sollte idealerweise nicht zu hoch, nicht zu niedrig, sondern mittig auf dem Spann des Fußes sitzen. „Unterdessen unterwirft die Mode doch die Füße unserer Herren dieser Quaal, und die Eitelkeit erstickt ihre Klagen“, wusste Camper zu berichten. Nichtsdestotrotz verbreitete sich die Schnallen- und Absatzmode vom französischen Hof ausgehend in allen europäischen Fürstenhäusern. Das Tragen rot gefärbter Schuhe und Absätze blieb allerdings noch bis zur Französischen Revolution ausschließlich dem Adel vorbehalten.

Während der Französischen Revolution galten Schnallenschuhe mit roten Absätzen als Zeichen reaktionärer Ideologie, während schwarze oder lederfarbene Schnürschuhe nun opportun waren. Mit der Revolution sympathisierende adlige Männer glichen ihr Schuhwerk der bürgerlichen Machart an.

Um 1790 verschwand der Absatz ganz, die Quartiere der Schuhe wurden hinten sehr niedrig und flach gearbeitet und die Ergebnisse glichen eher einem Pantoffel als einem Schuh. Als Napoleon Bonaparte 1799 die Louis-XIV-Absätze verbot, waren die hohen, unbequemen Schnallenschuhe aber bereits aus der Mode gekommen. Anstelle der Schnalle schmückte ein kleines, plissiertes Band oder eine feine Schleife den nun flachen und weit ausgeschnittenen, pumpsartigen *Escarpin*. Außer Haus wurde ein flacher *Stiefel* mit und ohne Stulpe, der auch im Theater und Salon erlaubt war, die wichtigste Fußbekleidung des Mannes.

FRAUENSCHUHE

Das Rokoko war die Glanzzeit des zierlichen und als erotisch geltenden Frauenschuhs. Als feingliedrige Füße am Anfang des 18. Jahrhunderts zum weiblichen Schönheitsideal avancierten, gestaltete man Schuhe zu kleinen, grazilen Meisterwerken und kürzte die breiten Reifröcke, um die zarten Füße und kleinen Schuhe auch zu zeigen. Damit der Fuß „kleiner und niedlicher in die Augen falle", hieß es 1783 in Campers Abhandlung, tragen „unsere artigen Damen, alt und jung, [...] sehr dünne Absätze an ihren Schuhen, die, so weit als möglich, bis unter den Rücken des Fußes, vorwärts gebracht werden". Spitz, zart und mit einem ca. 15 cm hohen Absatz, schienen die zierlichen Damen förmlich auf ihren kunstvoll bestickten Schühchen dahinzuschweben. „Unsere Bürgerweiber und Töchter", hieß es in der Abhandlung weiter, „haben aus lächerlicher Eitelkeit diese abgeschmackte Mode gleichfalls angenommen."

Camper, 1783, Damenschuhe aus Samt und Seide mit rotem Absatz

War der Absatz ursprünglich eine von den Kreuzzügen im 12. und 13. Jahrhundert aus dem Orient übernommene funktionale Einrichtung am männlichen *Reiterstiefel*, um das Herausrutschen aus den Steigbügeln zu verhindern, so wurde er bereits am Ende des 16. Jahrhunderts von der weiblichen Modewelt adaptiert. Das Bahnbrechende dieser Erfindung war das Zusammenspiel von Erhöhung der Gestalt und Verschiebung der Körperhaltung, die das Becken nach vorne drückte und so das Dekolleté betonte. Auch der etwas unsichere Gang, dieses, wie Honoré de Balzac es beschrieb, „graziöse Schwanken", signalisierte Erotik, aber auch ein Hilfebedürfnis der Frauen. Der schmale, sehr hohe Absatz wurde immer weiter unter die Fußmitte geschoben, sodass es wirklich Geschicklichkeit erforderte, „sich mit diesen Stelzen ohne Gefahr vom Platze zu bewegen", schilderte das „Journal des Luxus und der Moden" 1796. Die Damen schwankten, strauchelten und stürzten. Um die Balance nicht zu verlieren, beschrieb die „Elegante Welt" 1913 rückblickend, trennten sich die Damen des 18. Jahrhunderts nur ungern „vom Arm eines cavalier servant – den sie im Notfall durch einen Stock" (daher der Name *Stöckelschuh*) oder Schirm ersetzten.

Robust und fest war das Schuhwerk der adligen oder bürgerlichen Damen nicht. Leder wurde nur als empfindliches Sämischleder, zartes Futterleder oder dünne Sohle von den Schuhmachern verarbeitet, daneben bestanden die Schuhe aus exklusiven textilen Materialien wie Samt, Seide, Brokat sowie Spitze und wurden mit Schleifen oder Schnallen verziert. Besonderes Schuhwerk wurde sogar mit wertvollen Edelsteinen besetzt. Diese empfindlichen, dünnsohligen Schuhe boten wenig Schutz, die Damen stießen auf den unebenen Pflastersteinen der Straßen an jeden Stein, schlechtes Wetter und Straßenkot ruinierten ihr Schuhwerk gänzlich. Also fand das Leben der Damen hauptsächlich im Haus statt. Denn klein und zart wie ihre Füße sollten auch die Schuhe

sein, und wenn ihnen der Schuhmacher wunschgemäß nicht die richtige Form und Größe gab, drückten sie und verursachten „unausstehliche Schmerzen".
Vielleicht war die Qual des Absatzschuhs ein Grund, lieber zum hinten offenen *Pantoffel* zu greifen, der nicht nur innerhalb des Hauses gern getragen wurde. Mit reich bestickter hochgeschnittener Kappe und mit Seidenfalbeln und Metallspitzen besetzt, war er dem Stöckelschuh ebenbürtig. Auch die „gemeinen Weiber [...] gehen lieber in Pantoffeln", hieß es im „Journal des Luxus und der Moden", „weil sie alsdann von der Verkürzung der Sohle weniger leiden, als wenn sie Schuhe tragen, die fast immer übel gemacht sind". Sie konnten sich den Luxus schmerzender Füße nicht leisten. Nur ein Mensch, der bloß in seinem Haus oder Garten „umherwandelt, über Straßen in einer Kutsche fährt, seine Füße folglich meistentheils nur zum Stehen braucht, oder bloß zu seinem Vergnügen spaziert, kann seine Schuhe machen lassen, wie es ihm gefällt". Daher gingen auch „Frauenzimmer, welche viel gehen müssen, insbesondere auf dem Lande, am liebsten in Mannsschuhen", hieß es dort weiter. Auch die auswechselbaren, wertvollen Schnallen der Männerschuhe waren bei Damenschuhen bis 1780 in Mode. 1775 während der Englischen Mode wurden die Röcke zur Polonaise gerafft und gehoben, um den Beinen Bewegungsfreiheit zu gewähren und auch um das Schuhwerk zu zeigen.

Am Ende des 18. Jahrhunderts war das modische Ideal mit den hohen Absatzschuhen nicht mehr vereinbar. Mit dem radikalen Wechsel der Mode nach der Französischen Revolution wurde auch die weibliche Schuhmode revolutioniert. Die antikisierende Modelinie forderte absatzlose Schuhe. Auf die dicken ledernen Schuhsohlen folgten, nach dem allgemeinen Gebrauch der Kutschen, dünnsohlige *Slipper* aus feinsten, kostbarsten Seiden. Klassizistisch inspiriertes Schuhwerk harmonierte mit dem weißen Chemisenkleid „à la Grecque" und dem kurz geschnittenen Tituskopf. Am Ende des Jahrhunderts wurden die Baumwoll- und Leinenkleider vorn extra gekürzt, um die Chaussure nicht zu verdecken, die aus *Sandalen* oder kleinen, flachen, spitzen und oft reich bestickten Escarpins aus weißem Atlas bestand, die man mit einem breiten Band an den Fuß schnürte. Allerdings erwiesen sich die Schnürbänder der *Kreuzbandschuhe* schnell als lästig, da sie immer herunterrutschten. Abhilfe schaffte eine Erfindung, die die Kreuzbänder bereits in die Strümpfe einarbeitete. Auch wenn die Kreuzbänder nun nicht mehr mit dem Schuh verbunden waren, blieb so der modische Schein erhalten.

Die dünnen, ungeschützten Ledersohlen der Escarpins und Absatzschuhe förderten die Entwicklung von Überschuhen, *Galoschen*, auch für Frauen. Diese bestanden aus einer Sohle, die mithilfe von zwei Seitenteilen unter den Schuh gebunden wurde. Einige Galoschen waren zusätzlich auf einen eisernen Laufring montiert, der Schutz vor nassen Wegen bot. „Trotz schwacher Gesundheit braucht man so keinen Weg und kein Wetter zu fürchten und kann trockenen und warmen Fußes durch die kothigen Straßen wandern und Luft und Bewegung genießen", hieß es im „Journal des Luxus und der Moden" 1795. Doch war die Konstruktion der Galoschen wegen des weiten Ausschnitts und der oft sehr hohen Absätze der feinen Schuhe und wegen der „Gebrechlichkeit des Materials, was höchstseltens von Leder", sondern überwiegend aus Seidenstoff bestand, schwierig. Auch die „sonderbare und unnatürliche Form", aber hauptsächlich die „Abneigung der Damen etwas Solides an den Füßen zu haben, macht tausend Schwierigkeiten ein Frauenzimmer bey üblem Wetter auf die Beine, oder ihr Galoschen an die Füße zu bringen", schrieb das Journal. So ließ sich die Dame lieber kutschieren oder sie blieb bei schmutzigem Wetter im Haus.

SCHUHHERSTELLUNG

Das Schuhmacherhandwerk war im Gegensatz zu vielen anderen Handwerken relativ leicht zu erlernen und erforderte kaum teures oder qualifiziertes Werkzeug. Die Arbeit gliederte sich in Fußausmessen, Schnittanpassung, Ausschneiden von Ober- und Futterleder mit einem scharfen Messer und Verbinden des Schaftes durch Handnähte, Zuschneiden der Brandsohle und Nageln an den Leisten. Anschließend befestigte der Schuhmacher den Schaft auf dem Leisten und passte ihn durch Zwicken der Form des Leistens an. Beim Einstechen verband er dann Schaft und Brandsohle durch eine feste Handnaht mit einem selbst gedrehten Pechdraht und zum Schluss befestigte er Brand- und Laufsohle sowie Absatz beim Durchnähen. Das Nähen war seit Beginn der Schuhmacherei die wichtigste Art der Verbindung von Schaft, Brandsohle und Laufsohle. Fester und wasserdichter wurde das Schuhwerk durch den Zusatz des Rahmens, eines breiten Lederriemens, der rings um den Schuh genäht wurde, um daran die Sohle mit einer kräftigen Handnaht zu befestigen. Die rahmengenähte Machart der Schuhe war bereits im hohen Mittelalter entwickelt worden.

Da die verhältnismäßig einfache und im Prinzip immer ähnliche Arbeit nur geringe Qualifikationen und nur wenige finanzielle Auslagen für Leder, Leisten und Werkzeug voraussetzte, entwickelte sich das Schuhmacherhandwerk im 18. Jahrhundert zu dem quantitativ größten Handwerkszweig. Unterstützt wurde dieser Ausdehnungsprozess während des Merkantilismus durch den Preußenkönig Friedrich Wilhelm I., der die heimische Wirtschaft mit dem Ziel förderte, viele selbstständige Kleinbetriebe hervorzubringen. Da eine von ihm verfasste Schusterordnung jedem Meister nur die Beschäftigung von zwei Gesellen und einem Lehrling, also drei Arbeitsstühle, erlaubte, standen die Schuhmacher nun unter großem Konkurrenzdruck. Um der daraus resultierenden schlechten Auftragslage wiederum entgegenzuwirken, erließ der König 1726 ein Edikt, „Daß keine hölzerne Schuhe und Pantoffeln in der Churmark getragen werden sollen“. Wollte er bei Strafe von Halseisen und Gefängnis den Schuhmachern zu mehr Bestellungen verhelfen, verloren nun die Holzschuhmacher ihre Arbeit. Dieses 1726 verfasste Edikt wurde 1781 aufs Neue gedruckt und verbreitet. Dabei, so schrieb ein unbekannt bleibender Journalist im „Journal des Luxus und der Moden“ 1789, wäre es ein „Hauptmittel den Debit der Schuhe in Deutschland zu vermehren, wenn Sie die Damen dahin bringen könnten, mehr als jetzt zu Fuß zu gehen“. Ein heilsames Mittel „zum Besten der weiblichen Gesundheit, und des Schuhmacherhandwerks [...]. Sie müssen den Damen nur eine neue Mode daraus machen, und ihnen verkünden, daß es in Paris und London von der Königin bis zum Fischweibe herab, jetzt neueste Mode sey, immer selbst zu Fuße zu gehen, und nicht mehr heben, tragen und fahren zu lassen, wenn man noch gehen kann. Ich wette darauf sie thun es in Deutschland nach.“ Und das taten sie. Als eine der vernünftigsten Moden wurde bereits 1786 im gleichen Journal die Reform der Absätze beschrieben. Denn die meisten Damen „tragen schon, wenn sie nicht im vollen Putze sind, zur Promenade und zum gewöhnlichen Ausgehen dicke Englische Sohlen, und breite niedrige Absätze, von Kork mit Leder überzogen“. Absätze, die sich an denen der Männerschuhe orientierten und den Vorteil hatten, dass die Damen nun ohne „Fatique mehr gesunde Bewegung machen können, nicht bey der geringsten Feuchtigkeit des Bodens naße Füße und Schnupfen bekommen, und nicht mehr mit ihren spitzigen Absätzen zwischen den Pflaster-Steinen stecken bleiben, fallen oder die Füße vertreten“, hieß es 1786 weiter. Die Kunst des Damenschusters wurde am Ende des Jahrhunderts ebenso wichtig wie die des Schneiders oder Coiffeurs, wie eine Dame zehn Jahre später in den „Briefen einer Dame“ erklärte.

De Garsault, 1779.
Werkzeug und Schuhmacherwerkstatt.
Die einzelnen Arbeitsschritte
sind hier gut zu erkennen.

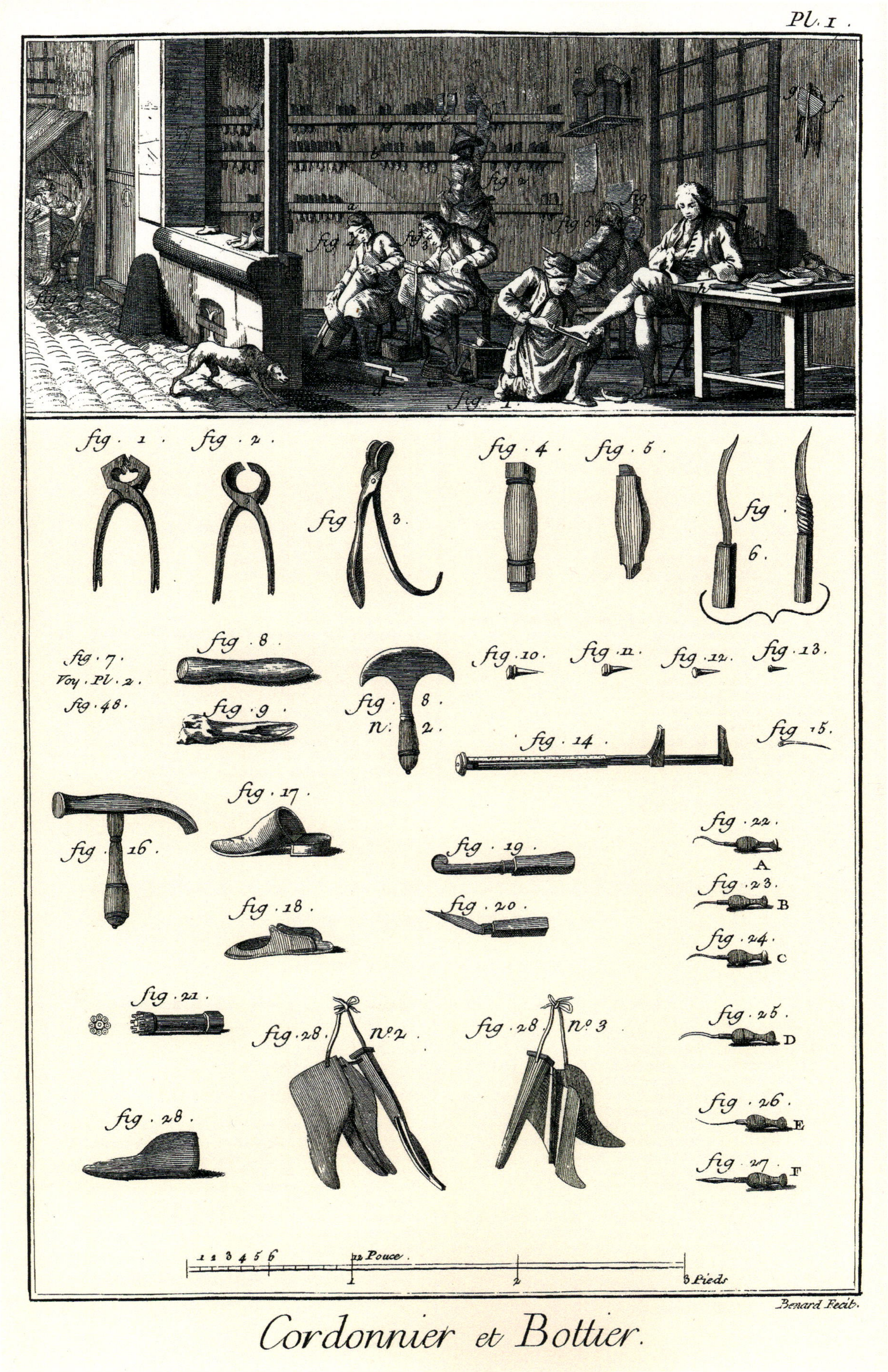

SCHUHWERK IM 19. JAHRHUNDERT

Auch ohne ein Kind zu sein, konnte man sich mit kindlichem Vergnügen an den Boutiquen der Schuhhändler in Paris erfreuen. 1808 beschrieb ein Pariser Modenbericht im „Journal des Luxus und der Moden" die Vielfalt der Modelle: „Die Farben der einzelnen Schuhe und die Farbmischung, sowohl an den Verzierungen, als an dem Stoffe, woraus die Schuhe gemacht sind, gehen ins unendliche; auch der Geruch sogar befördert die Täuschung, die Schuhe riechen nicht nach Leder oder Juchten, sondern nach Eau de Cologne, nach Bisam, wohl gar nach Rosen und Nelken. Da sind Schuhe von Leder, Saffian, von Taffet, von Sammet, von Schuhzeuch oder Prünelle, von Nankin, von Baumwollentuch, von lackiertem Felle." Diese französischen Schuhe bester Qualität gaben zu Beginn des 19. Jahrhunderts die Mode vor, so auch in England und Deutschland, wo jede Dame, die etwas auf sich hielt, zum französischen Schuh griff. Den heimischen Schuhfabrikanten sollte geholfen werden, indem man die französische Ware 1829 mit hohen Zöllen belegte, sodass ein Paar nun das Doppelte kostete. Während diese Preissteigerung einige Damen nicht hinderte, weiterhin täglich ein neues Paar französische Schuhe zu tragen, retteten sich ortsansässige Schuster und fertigten sogenannte französische Schuhe, die sie für zwei Drittel des Preises verkauften.

Damenschuh mit Absatz, 1820, Schuhmuseum Weißenfels

Inzwischen verbreitete eine Vielzahl von Journalen die neuesten Modestile auch von Schuhen bis in die entlegensten Winkel des Landes und der zunehmende Stellenwert des Schuhmacherhandwerks wurde durch die rege Teilnahme der Schuhmacher auf Messen, Gewerbe- und Industrieausstellungen bemerkbar.

MÄNNERSCHUHE

Bereits Mitte des 18. Jahrhunderts wurde in England die überladene französische Hofkultur als Modevorbild abgelehnt und die Kunstfigur „Dandy" begann, die Herrenmode zu kultivieren. Mit schlichter Eleganz von Material sowie Schnitt und nuancierten, gedeckten Farben von Kleidung und Schuhen tat sich nun England modisch hervor. Als wollte sich der Dandy gegen die expandierende „Industrie-Eleganz" behaupten, ließ er seine Schuhe und Stiefel bei exklusiven Schuhmachern auf Maß fertigen. Die Etikette sah für ihn zum Frühstück bestickte indische Pantoffeln vor, zur Morgentoilette Stiefel mit Sporen, zum Dinner Schuhe, auf der Straße Halbstiefeletten zu schmalen Hosen und zum Ball feine, zarte *Pumps*. Da es einem Dandy untersagt war, Schuhe länger als eine Woche zu tragen, bezog er wöchentlich neues Schuhwerk und gab sein gebrauchtes in Zahlung. Die Gepflogenheiten der modernen Geschäftswelt erlaubten dem bürgerlichen Geschäftsmann in England, auf dem Kontinent und in Amerika diesen Schuhluxus nicht, man orientierte sich jedoch an der neuen Schlichtheit, der Bequemlichkeit und Eleganz des Schuhwerks.

Um die Jahrhundertwende dominierte der Stiefel mit hohem Schaft und flachem Absatz das männliche Schuhwerk, noch immer nicht in rechts und links unterschieden. Der *Absatzstiefel* und die Kniehose des 18. Jahrhunderts hatten ausgedient. Der aus dem Militär und der Reitkleidung übernommene Stiefel eroberte die Tages- und die Abendkleidung und wurde zu langen Hosen, den Pantalons, getragen.

Über einen Leisten gearbeiteter Theaterherrenschuh des Biedermeier (Rossleder), Schuhmuseum Weißenfels

Im Biedermeier büßte der hohe Stiefel der napoleonischen Zeit seine Höhe ein und wurde zum engen *Halbstiefel* mit Ziersporen und kleinem Absatz, der sich wegen seiner Zweckmäßigkeit unter den langen Hosen beharrlich hielt. Um einen faltenlosen Sitz der mal schmaler, mal weiter geschnittenen Hosen zu erreichen, wurden diese mit einem Steg versehen, der unter dem Schuh, zwischen vorderer Laufsohle und Absatz gelegen, die Hose straffte. In den Sommermonaten konnten die Halbstiefel auch farbig sein, im Winter wurden sie ausschließlich in Schwarz getragen. Um das Abfärben der mit bituminöser Braunkohle hergestellten Schuhcreme auf die Kleider und die oft weißen Strümpfe zu vermeiden, wurde 1808 das Lackieren der Schuhe erfunden. Eine Lackierung, die neben ihrem schönen Glanz auch so pflegeleicht war, dass sie nach dem Spaziergang nur mit einem trockenen Tuch gereinigt zu werden brauchte. Der schwarze *Lackschuh* mit niedrigem Absatz und abgestumpfter Spitze galt in den 1830er-Jahren als elegantestes Schuhwerk zu Frack und Smoking. Als pumpsartiger Slipper zu feierlichen Anlässen und Bällen getragen, stand er in Konkurrenz zum Halbstiefel, der sich immer mehr zum Alltagsschuh herausbildete. Geschnürt, geknöpft und nach der Entwicklung von Elastikgewebe ab 1846 auch als Zugstiefel mit einem eleganten elastischen Gummieinsatz versehen, schaute seine abgestumpfte mittige Schuhspitze unter den Pantalons hervor.

Als Standardschuh hielt sich der schmucklose, sachliche Halbstiefel, farblich dunkel in Blau, Braun oder Schwarz passend zum Anzug gehalten, bis ins 20. Jahrhundert. Die modisch erwünschte Straffheit der Hose, bisher durch den Hosensteg erreicht, brachte um die Jahrhundertwende die Bügelfalte zustande. Halbschuhe waren das Schuhwerk junger Männer.

FRAUENSCHUHE

Inzwischen war auch in Deutschland die Promenade zum allgemeinen Zeitvertreib der Dame geworden, und das erforderte bequemeres Schuhwerk. Nachdem die antikisierenden Sandalen und die Kreuzbandschuhe langsam aus der Mode gekommen waren, kündigte sich 1809 ein leichter *Frauenstiefel* unter der Bezeichnung *Stiefelette* an. Der zierliche *Kurzstiefel*, der meist vorn geknöpft oder geschnürt wurde, war leicht, bequem und schützte den Fuß vor Staub und Sand. Außer der Sohle bestand oft nur die Schuhspitze aus meist schwarzem Leder, der Rest war aus edlen weißen oder grauen Stoffen gearbeitet. Mit der Stiefelette kam auch der Absatz wieder in Mode.

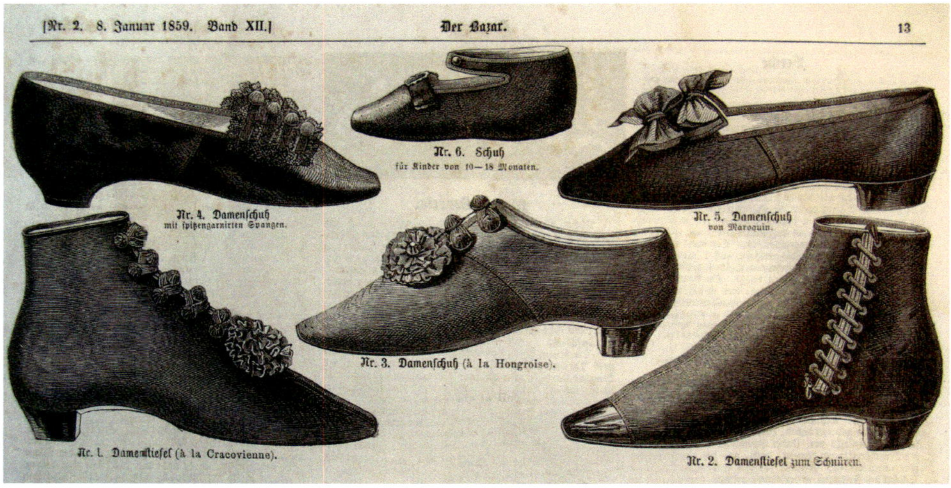

Damen-, Kinder- und Knabenschuhwerk, 1858

Im Haus, bei gutem Wetter und auf Bällen wurden weiterhin dünnsohlige Kreuzbandschuhe getragen, nun nicht mehr spitz, sondern rund. Neben feinem Leder fertigte man die zierlichen Slipper überwiegend aus Tuch und Atlas. Da das feine, sensible Material schnell verschliss, wurden gleich mehrere Paare eines Modells zusammen gekauft.

Die um 1850 durch Wespentaille und Reifrock geformte Figur der Frau erforderte geradezu wieder den Absatz, um die Silhouette optimal herauszubilden. Während dieser Zeit, dem sogenannten Zweiten Rokoko, verdeckte der voluminöse und raumgreifende Krinolinenrock das Schuhwerk der Modedame nur fast, denn unter dem schwankenden und wogenden Rockgestell lugte hier und da ein Schuh mit Stöckel hervor. Im Alltag waren Stiefeletten mit kleinem, geschwungenem Absatz beliebt, die seitlich oder mittig geknöpft oder geschnürt wurden, wenn sie keinen Elastikeinsatz hatten. Am Abend oder auf dem Ball trug die Dame Halbschuhe, oft mit sehr hohen Absätzen, Braun und Schwarz waren die bevorzugten Farben. Auch wenn die Kleidermode durch die industrielle Produktionsweise immer schneller wechselte, blieben Halbschuh und Stiefelette, modisch in Detail und Farbe angepasst, noch über Jahrzehnte aktuell. Um die schlanke Silhouette in den 1890er-Jahren zu unterstützen, streckte nun ein hoher Stöckelschuh den Körper der Frau, ein Pumps mit geschweiftem Absatz und ausgeschnittenem Rist, der Platz für Dekorationen bot.

Unpaarig gearbeitete Frauenpumps, um 1890

Erst durch den Sportenthusiasmus gegen Ende des 19. Jahrhunderts wurde das Schuhwerk an die neuen Bedürfnisse der modernen Frau angepasst. In gehobenen Kreisen wurde Tennis gespielt und geritten, die Frauen entdeckten den Radsport für sich oder sie turnten, und das veränderte auch ihr Schuhwerk. Trugen in den 1880er-Jahren Spielerinnen noch normale Tageskleidung und Absatzschuhe zum Tennis, so spielten die Frauen um 1900 Tennis in weichen Schnürschuhen aus cremefarbenem Leder oder beschichteten, festen Leinen- und Baumwollgeweben, Rutschsicherheit gaben ihnen durchgehende, profilierte Gummisohlen.

Die Schuhe wurden elastisch und flexibel und förderten die Mobilität der Frau. Im Alltag und auf der Straße setzte sich um die Jahrhundertwende der praktische Halbschuh durch, zu besonderen Anlässen auch als *Lacklederpumps*.

SCHUHHERSTELLUNG

Das 19. Jahrhundert war das Jahrhundert der beschleunigten industriellen Entwicklung. Bereits mit der Wende zum 19. Jahrhundert wurden Schuhe fabrikmäßig in Großwerkstätten in Handarbeit arbeitsteilig hergestellt. Wurden anfangs nur die zarten Ballschuhe in den Manufakturen vorproduziert, die nur für den einen Tag des Balles hielten, so sollte sich das im Laufe des Jahrhunderts gravierend ändern. Noch war diese erste Fertigware von minderwertiger Qualität. Doch sollte dem Schuhhändler kein Vorwurf gemacht werden, wenn „man etwa mit dem Chausson zu Fuß auf den Ball gegangen ist, und dadurch die ephemerische Existenz desselben aus eigener Schuld abgekürzt hat", hieß es in einem Modenbericht von 1808. Haltbar waren diese Schuhe demnach nicht.

Fig. 522. Das Zwicken des Oberleders.

Schuhmacherwerkstatt um 1850

Obwohl erste Schuhmanufakturen und Großwerkstätten bereits um 1800 Schuhe in arbeitsteiliger Handarbeit produzierten, setzte die eigentliche Phase der Industrialisierung hierzulande erst um 1850 ein. Schrittweise wurde die mühsame Handarbeit durch produktive Maschinen ersetzt. Die Idee, die einzelnen Etappen beim Aufbau eines Schuhs als Spezialarbeit auszugliedern und zu verselbstständigen, bedeutete den entscheidenden Schritt zur Großfabrikation. Auch wenn Fabriksystem, Arbeitsteilung und Massenproduktion die Arbeit in der Schuhproduktion revolutionierten, ist die Machart der Schuhe dabei relativ gleich geblieben. Eine Fülle von mehr oder weniger nützlichen Erfindungen, Inventionen und Innovationen wurde um 1850 zum Patent angemeldet, die alle das Ziel hatten, Teilschritte des Handwerks zu maschinisieren. Zunächst erwies sich das Herstellen naturgetreuer Leisten als hilfreich, um wirklich bequeme und an den Fuß angepasste Fußbekleidung herzustellen. 1848 wurde dazu ein Patent angemeldet, bei dem ein originalgetreuer Gipsabguss vom Fuß in einem Kistchen abgenommen wurde. Nach einem solchen Abguss konnte der Schuhmacher nun mühelos einen naturgetreuen Leisten aus Holz anfertigen. Schrittweise ersetzten innovative Maschinen die Handarbeit. Das Handnähen wurde beispielsweise 1854 durch eine Schäftenähmaschine ersetzt, 1857 konnten die Holznägel nun maschinell eingetrieben werden und 1858 wurde die Sohlenfräsmaschine entwickelt. 1859 erleichterte die Brandsohlen-Rangiermaschine die Rangierung. Die Lippen der Rangierung wurden aufgestellt und zusammengeklebt, ein starkes Textilband wurde innen angeklebt. Der nächste Arbeitsschritt – das Nähen – wurde anfangs noch von Hand ausgeführt. Ab 1880 ersetzte eine Zweifaden-Sohlennähmaschine das körperlich anstrengende Annähen der Sohle.

Besonders die Entwicklung der flexiblen, langlebigen und wasserdichten Gummisohle öffnete das bis dahin vorwiegend im Haus stattfindende Leben der Frauen und befreite die Frauenfüße von der unpraktischen Galosche. Obwohl erster Rohgummi bereits 1736 zu wasserdichter Kleidung verarbeitet wurde und 1751 erste Rohgummischuhe entwickelt wurden, brauchte es noch bis 1839, bis die bahnbrechende Erfindung von Cresson-Dorval das Schuhwerk revolutionierte und die von ihm erfundene und zum Patent angemeldete Kautschuksohle in die Schuhproduktion Einzug fand. Bis 1870 hatte sich dieses Verfahren so weit durchgesetzt, dass das Straßenschuhwerk meistens mit einer wasserdichten, flexibel vulkanisierten Gummisohle versehen wurde. 1872 erleichterte eine Maschine zum Aufnageln des Absatzes von innen her die Arbeit und stabilisierte gleichzeitig den Absatz, 1883 wurde das Zwicken maschinisiert und 1892 konnten die Lederabsätze maschinell gefräst werden.

Der technische Fortschritt führte in der Schuhherstellung zu hochproduktiven Verfahrensweisen. Das wiederum beförderte gravierende Veränderungen sowohl in der Schuhmode als auch in der Produktionsorganisation. Denn das eigentliche Schuhhandwerk wurde immer mehr vom Fabriksystem verdrängt. Laut einer in „Meyers Großem Konversations-Lexikon" 1902 veröffentlichten Zählung von 1895 gab es im Schuhmachergewerbe in Deutschland 261 322 Betriebe, darunter 24 162 Filialen, mit insgesamt 402 186 Beschäftigten. Vergleicht man die Entwicklungsgeschichte von verschiedenen Handwerken, zum Beispiel der Putz- oder Korsettmacherei, stellt man fest, dass das Schuhmachergewerbe ein Berufszweig ist, der traditionell von Männern ausgeübt wurde. Denn von den 402 186 im Schuhgewerbe Beschäftigten waren nur 15 209 Frauen (das sind nicht einmal vier Prozent!), wie in „Meyers Großem Konversations-Lexikon" von 1905 zu lesen war.

Maschinen und Rationalisierungen machten es möglich, Schuhe in großen Mengen schneller und billiger anzufertigen und auf Modeströmungen prompt reagieren zu können. Die innovativen Materialentwicklungen veränderten nicht nur die Tätigkeit der Schuhmacher, sondern auch deren Alltag. So reduzierte sich die Zahl der weiterhin im konventionellen kleinbetrieblichen Handwerk arbeitenden und in Innungen organisierten Schuhmacher auf nur etwa 20 000 von den insgesamt über 400 000 im Schuhmachergewerbe Beschäftigten.

Dominierte in der Fabrik die dequalifizierende und zergliederte Arbeitsteilung, ein Arbeitsplatz fernab vom Wohnort und Maschinenarbeit das Leben der Fabrikarbeiter, so wurde das Aufgabenfeld der Handwerker als Flickschuster auf Reparaturarbeiten und auch auf orthopädisches Schuhwerk reduziert. Demnach hatte die Entwicklung der Technik einen großen Einfluss auch auf die Verdrängung des Maßschuhs. Der rasante Wandel ist anhand der Produktionsbetriebe zu erkennen: Wurden die Schuhe 1875 noch zu 90 Prozent von Handwerksbetrieben und nur zu zehn Prozent in Fabriken hergestellt, so waren es um 1900 nur noch fünf Prozent Handwerksbetriebe. Eine analoge Entwicklung vollzog sich im Verkauf. Die Einheit von Produktion und Verkauf, die jahrhundertelang das Handwerk dominierte, hatte sich bereits zu Beginn des neuen Jahrhunderts aufgelöst. Die im Handwerk auf Maß produzierten Schuhe wurden noch direkt an den Kunden abgegeben. In den sich entwickelnden Magazinen wurden dagegen keine Schuhe mehr hergestellt, sondern die dort ausgestellten Schuhe waren bereits fertig eingekauft oder von hauseigenen Schuhmachern in einer „Universalfabrik" vorproduziert worden. Um 1870 wurden die Fabrikschuhe dann in angegliederten Detailhandlungen und Schuhgeschäften von speziell dafür angestelltem Verkaufspersonal abgesetzt.

SCHUHWERK IM 20. JAHRHUNDERT

Reformbestrebungen, Sport, der Erste Weltkrieg und die sogenannten Goldenen Zwanzigerjahre prägten das Schuhwerk im ersten Drittel des 20. Jahrhunderts und führten zu einem umfangreichen Angebot an verschiedensten Stilen und Formen, die noch heute zum Bestandteil der weiblichen und männlichen Fußbekleidung gehören.

Im Zuge der Kleiderreform am Ende des 19. Jahrhunderts wurde vernünftige und gesunde Kleidung gefordert. Zeitgleich war auch die Passform der Schuhe durch die Rechts-links-Differenzierung und die zweiballige Machart von Sohle und Blatt schließlich wieder eingeführt und an die natürliche Fußform angepasst worden. Zu Beginn des 20. Jahrhunderts wurden sowohl Funktionalität als auch die Anpassungsfähigkeit des Schuhwerks (beispielsweise für jeden Sport den passenden Schuh) sukzessive weiter verbessert.

Herrenknöpfstiefel aus schwarzem Boxleder und feinem, hellem Saffianleder, Anfang 20. Jahrhundert

MÄNNERSCHUHE

Herrenschuh aus der Schuhfabrik BOA, 1923

Die sportlichen Halbschuhe für den Tag wurden mit einer praktischen und flexiblen Schnürung am hohen Rist versehen. Obwohl Modelle im Stil des *Oxford* bereits 1830 in England gefertigt wurden, verbreitete sich der elegante Herrenhalbschuh unter dieser Bezeichnung erst in den 1880er-Jahren und wurde nach und nach vervollkommnet. Mit der Flachheit der Sohle, der geschlossenen fünfpaarigen Schnürung, mit gerader oder geflügelter Vorderkappe und der charakteristischen Lage des Vorderblatts unter dem Quartier wurde der Oxford im 20. Jahrhundert zum Barometer zeitloser Eleganz. Beim *Derby* mit offener Schnürung liegen die Quartiere auf dem Vorderblatt auf. Neben unterschiedlicher, aber meist gedeckter Farbgebung prägten die Modelle Oxford, Derby und der Schnallenschuh *Monk* in drei Ausführungen die Herrenschuhmode: *Plain, Semibrogue* und *Fullbrogue.*

Werbung in der „Marie-Claire" für Herrenslipper, 1958

Während der Plain glatt- und dekorlos gehalten ist, ist der Semibrogue mehr oder weniger, der Fullbrogue reich mit Lochmustern, Zackenlinien und Ziersteppungen verziert. Gern wurde mit verschiedenfarbigen, kontrastreichen Lederarten gespielt.

Der meist aus nur einem oder zwei Schaftteilen bestehende leichte Slipper oder *Loafer* mit dünner, flexibler Kautschuksohle kommt ohne Verschlusssystem aus und passt sich bequem an die neuen Freizeitaktivitäten im 20. Jahrhundert an, ob am Strand, auf dem Segelschiff, dem Golfplatz oder auf der Straße. Wurde ein zu den Slippern zählender, leichter *Mokassin* bereits 1958 in strahlendem Weiß oder knalligen Rot- und Gelbtönen mit kleinem Absatz in der Werbung gepriesen, so wird diese unkomplizierte Schuhform noch heute in vielfältigen Varianten getragen.

Die Schäfte der Stiefel büßten ihre Höhe ein und zu winterlichen Temperaturen wurden vorn oder auch seitlich zu schnürende *Boots* zum bevorzugten Schuhwerk des Mannes. Material und Machart stimmten mit den Halbschuhmodellen überein, nur wurde durch eine doppelte Sohle und eine Laufsohle aus profiliertem Gummi mehr Schutz und Stabilität geboten.

Je nach Typ und Situation existieren noch heute die klassischen Herrenschuhe Oxford, Derby und Monk neben einfachen Slippern, *Sneakers*, Mokassins, *Cowboy*- oder *Bikerstiefeln*, flexiblen Turnschuhen, verschiedenen Formen von Boots und im Sommer Sandalen.

FRAUENSCHUHE

Zu der unnatürlich zur S-Linie verschobenen Modesilhouette mit den bodenlangen schmalen Röcken zu Beginn des 20. Jahrhunderts wurden weiterhin bevorzugt weit ausgeschnittene Stöckelschuhe mit geschwungenen Louis-XIV-Absätzen getragen. Doch bereits im zweiten Jahrzehnt wurden die Röcke kürzer und gaben nun den Blick auf die Schuhe frei. Die exponierte Lage dieses bisher halbwegs verborgenen Fußbekleidungsstückes rief einen regen Modewechsel ins Leben. Form, Farbe und Dekoration des Schuhwerks wechselten sich ab. So verhalfen Goldschmiede den verschiedensten Arten von Schnallenschuhen zu großem Luxus. Der Absatz wurde höher und mit Strass sowie bei wertvollen Schuhen mit Edelsteinen besetzt. Gold- und Silberbrokat- sowie feine Seidenschuhe in leuchtenden Farben belebten die Abendtoilette. Zu schlichten Vormittagsanzügen wurden Pumps, *Spangenschuhe*, Halbschuhe oder Stiefeletten aus schwarzem Atlas, Moiré oder Samt getragen.

Damenschuhmode um 1913

„Die Schuh-Schlacht", 1913

Dieser Rausch an Schuhmodellen, -farben und -materialien der 1910er-Jahre gab die nötige Inspiration für ein Gesellschaftsspiel. Bei dieser „Schuh-Schlacht", einem kurzweiligen Gymkhanaspiel, zogen alle beteiligten Damen ihre Schuhe aus und warfen sie wild durcheinander auf einen Haufen. Auf ein Zeichen hin stürzten sich die Damen auf den Schuhberg, um ihr eigenes Paar schnellstmöglich zu ergattern. Siegerin wurde diejenige, die sich als Erste in ihrem Paar Schuhe meldete. Im Vorteil waren hier die Frauen, deren Schuhe in auffallenden Farbnuancen gefärbt waren und die keine Schnür- oder Spangenschuhe, sondern einfache Slipper trugen.

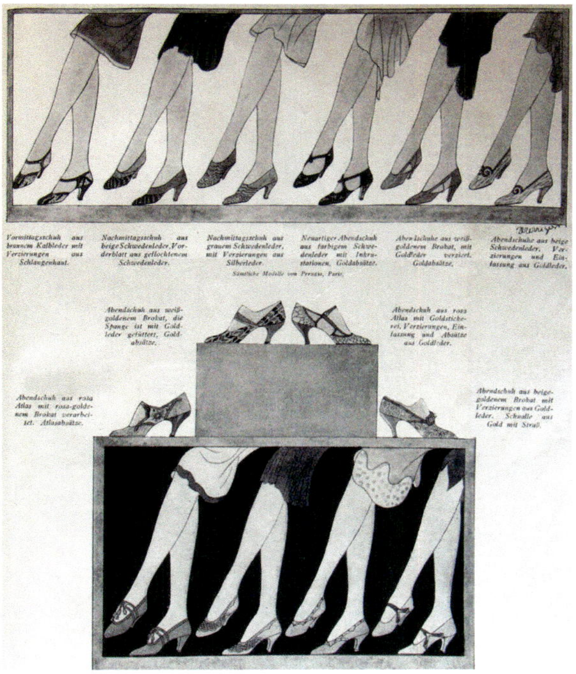

Damenschuhmode 1925,
aus: Die Dame, 1925, Heft 16, S. 21

Aus den Lederwerkstätten kam in den 1920er-Jahren ein neues Material: folienbeschichtetes Gold- und Silberleder, welches zu hohen Spangenschuhen verarbeitet wurde, die mit den glamourösen, mit Strass und Pailletten besetzten, kniekurzen Flapperkleidern aus Chiffon harmonierten. Neben den Pumps und Spangenschuhen mit hohen geschweiften Absätzen blieben *Schnürstiefeletten* mit verstärkender Vorder- und Hinterkappe in Gebrauch, die oft zweifarbig und, wie der Herrenschuh, mit Lochmustern verziert waren. Allerdings ist deren Form für den heutigen Betrachter verblüffend schwerfällig und unelegant, als hinkte die Schuhmode der Kleidermode der 1920er-Jahre hinterher. Sportliche Modelle blieben flach und schlicht in Material und Farbe.

Frauenpumps, 1920er-Jahre

Stiefeletten, 1920er-Jahre

Keilabsatzschuhe, 1930er-Jahre

Satinpumps mit Strassdekoration, 1940er-Jahre

„Ein neues Paar Schuhe erhöht das Selbstgefühl jeder Frau“, hieß es 1931 in einer Werbeanzeige der Zeitschrift „Die Schuhmode“. Mit einem eleganten Pumps mit halbhohem bis hohem Absatz, auch als Keilabsatz oder Plateausohle, „fühlt sie ihre Frauenwürde, ihr Frauenansehen gehoben“, hieß es dort weiter. Die aus Kork oder Holz gearbeiteten Keilabsätze und Plateaus hielten sich noch bis 1945. Zu den glockig femininen Röcken des „New Look“ der späten 1940er-Jahre passten die klobigen Sohlen und Absätze nicht mehr. Die Sohlen der Pumps wurden flacher und die Absätze schmaler.

In der Zeit nach dem Zweiten Weltkrieg favorisierte die Dame einfarbige, schlichte Pumps. Hatten die klassischen pastellfarbenen Pumps der 1950er-Jahre einen Absatz von ca. 6 cm, schmälerte er sich gegen Ende des Jahrzehnts zu dem sehr hohen, überschlanken Bleistift- oder Pfennigabsatz. Dieser Pumps, spitz und aus bonbonfarbenem Moiré, war gemacht, um damit die ganze Nacht durchzutanzen. Als Reaktionen auf diese überspitzen und hohen Schuhe kamen der Blockabsatz, die abgestumpfte Karreespitze und der ganz flache, flexible *Ballerina* auf, der vor allem bei den jungen Mädchen sehr beliebt war. 1950 war auch das Geburtsjahr des schlichten *Desert Boot* aus naturfarbenem Rauleder.

Zu den Miniröcken der 1960er-Jahre wurden die Bleistiftabsätze der Pumps niedriger und wieder breiter. Die Weltraumtechnik brachte mit dem Astronautenlook metallisches Leder,

Satinpumps mit Pfennigabsatz, 1958

Moirépumps, Werbeanzeige aus der „Marie-Claire", 1958

den Blockabsatz und breite Schuhspitzen. Gegen Ende des Jahrzehnts kamen die Pumps aus der Mode. Mit der Hippiemode entstanden bunte Sandalen und die Plateausohlen kehrten zurück.

In den 1970er-Jahren bestimmten Schuhe mit breiter, abgeflachter Spitze und Keilabsätzen sowie sehr hohen Plateausohlen den Schuhstil. Im Vordergrund standen Korkplateaus, die an die Korkabsätze der Kurtisanen im Venedig des 16. Jahrhunderts erinnerten.

Ein Material- und Farbmix setzte Plastikschäfte und Plexiglasabsätze in klaren Rot-, Grün-, Lila- und Orangetönen in Szene. Als Gegenbewegung wurde auch gesundes Schuhwerk aus natürlichen Materialien mit an den Fuß angepasster Sohlenform getragen.

Die 1980er-Jahre brachten knallige Schuhfarben, *Overknee-Stiefel*, schlichte schwarze Pumps, mit Schnallen verziert, aber auch spitze Halbschuhe mit seitlichen Reißverschlüssen und weiterhin hohe Absätze und Plateaus. Fitness, Jogging und Aerobic machten den *Turnschuh* nicht nur alltagstauglich, sondern auch gesellschaftsfähig.

In der heutigen Vielfältigkeit der Schuhstile kann die Frau derbe Cowboystiefel oder flexible Turnschuhe zum Cocktailkleid tragen und edle High Heels zu zerrissenen Jeans. Jede Schuhform, die wir heute tragen, hat ihren Bezug zur Vergangenheit: Ob als *Plateauschuh*, *Stiletto*, Pumps, Halbschuh, Schnürstiefelette oder als Boot tragen wir immer ein Stück Geschichte an unseren Füßen.

Metallic-Sandale mit Blockabsatz, Ende 1960er-Jahre

Plateausandalen, Farbmix, Ende 1970er-Jahre

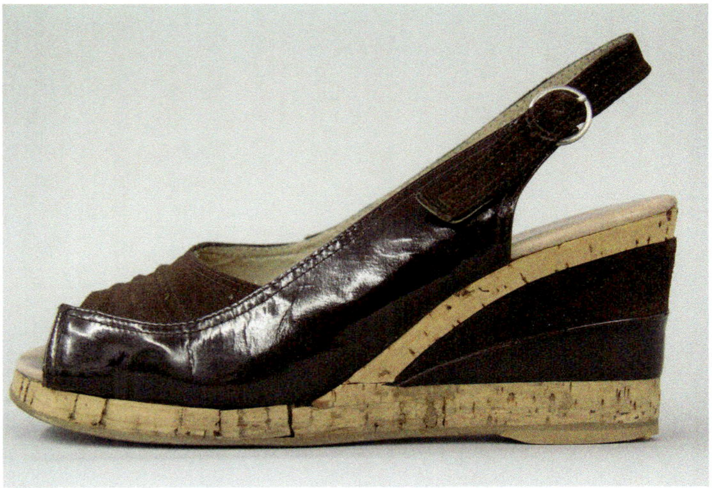

Keilabsatz aus Kork, 1970er-Jahre

SCHUHHERSTELLUNG

Die Verdrängung des Schuhhandwerks durch Manufakturen und Fabriken setzte sich auch im 20. Jahrhundert fort. Doch hielt sich eine kleine Nische der Coutureschuhmacher, die allerdings nicht für die Allgemeinheit produzierten, sondern nur für eine ausgewählte Klientel. Die „Elegante Welt" berichtet 1914 von zwei Fußbekleidungskünstlern im „Zentrum der europäischen Eleganz", in Paris. Verkaufte der eine Schuhkünstler seine Maßschuhe für einen ziemlich überhöhten Preis von ca. 50 Mark, so zeichnete sich der andere dadurch aus, dass man zunächst gar keine Schuhe bekam. Sollte man die Ehre haben, von ihm bedient zu werden, so wurde nach sorgfältigem Ausmessen des Fußes ein Paar Leisten modelliert, auf denen er Schuhe aus bestem Leder anfertigte. Passten diese Schuhe nicht optimal, fertigte er ein zweites und drittes Paar, bis aber auch nichts mehr zu bemängeln war. So hatte der Kunde die Gewähr, wirklich passendes Schuhwerk zu erstehen. Dieser perfekt gearbeitete Schuh galt allerdings nur als Modell, auf dessen Grundlage der eigentliche Schuh entstand. Aus dem edelsten und feinsten Material fertigte der Meister nun zehn Paar Schuhe für den einen Kunden. Weniger wären seiner selbst und seines Kunden unwürdig, hieß es in der „Eleganten Welt". Diese zehn Paar verkaufte er für zusammen ca. 5000 Mark, das machte also ca. 500 Mark pro Paar. Obwohl die Kunden bei ihm Schlange standen, pries die „Elegante Welt" im Jahr 1914 verschiedene Schuhhäuser in Deutschland, die vergleichbar sorgfältig arbeiteten, aber nur einen Bruchteil des Preises verlangten. Die Produktion in den Fabriken sei mittlerweile so ausgereift, dass auch die maschinell hergestellten Luxusschuhe mit qualitativ hochwertiger Verarbeitung und einer Variationsbreite in Bezug auf Form, Materialien und Gestaltung diesen französischen Maßschuhen in nichts nachstünden. Auch stünden gleich zehn Paar identische Schuhe dem rasanten Modewandel der Zeit entschieden entgegen, schrieb die „Elegante Welt" weiter.

Waren am Ende des 19. Jahrhunderts noch ca. fünf Prozent der Schuhmacher im Handwerk beschäftigt, so reduzierte sich die Anzahl der nun fast ausschließlich als Flickschuster arbeitenden Handwerker um 1925 auf nur drei Prozent der insgesamt in der Schuhproduktion Beschäftigten. Allerdings ermöglichten es die Entwicklung des Ago-Klebeverfahrens und Verbesserungen am elektrischen Kleinmotor dem Kleinhandwerker in den 1920er-Jahren, wieder konkurrenzfähiger zu werden. Wurden Schuhe für „abnorme" Füße von jeher im Handwerk auf Maß gefertigt, entwickelte sich um 1930 das Orthopädieschuhmacherhandwerk zu einem eigenständigen Berufsbild.

Um sich am Markt behaupten zu können, wurde angeraten, dass die Schuhmacherkunst auch vom modernen Fabrikarbeiter von Grund auf erlernt werden sollte. Da die Lehrfolge Meister–Geselle–Lehrling in der Fabrik nicht gegeben war, wurden Schuhmacherschulen eingerichtet, die in 14-tägigen bis sechsmonatigen Kursen angehende Schuhmacher praktisch und theoretisch unterrichteten. Laut „Meyers Großem Konversations-Lexikon" wurde 1904 beispielsweise eine Fachschule für die Schuh- und Schäfteindustrie eingerichtet, in der Interessenten innerhalb von zwei Jahren zum Betriebsleiter ausgebildet wurden. Für die praktische Ausbildung war die Schule mit einer Musterwerkstatt verbunden.

In den Fabriken vergrößerte sich der Maschinenpark immer mehr. Um 1925 gab es kaum noch einen Arbeitsschritt, der nicht von einer Maschine übernommen werden konnte. Ab ca. 1940 lösten Polymersohlen die Kautschuksohlen ab, um 1960 gab es dann Plastik für Sohlen und Gelenkstücke, Anfang der 1970er-Jahre eroberten Polyurethan(PUR)-Sohlen den Markt. Die Erfindung dauerhafter und langlebiger Klebstoffe ab ca. 1925 (hart klebende Ago-Zelluloidklebstoffe) und mit Beginn der 1950er-Jahre (flexibel klebende Neoprenklebstoffe: Kontaktklebung) verdrängte die aufwendig genähten Macharten, sodass man heute im Schuhhandel fast keine genähten Schuhe mehr bekommt. Bei verschiedenen Modellen wurde eine Pseudohandnaht aufgeklebt, um anspruchsvolle Kunden zu täuschen.

Parallel zum Oxford, Derby, Schnürstiefel sowie Slipper, Spangenschuh und Pumps fanden bereits seit Beginn des Jahrhunderts funktionale *Sportschuhe* Einzug in die tägliche Fußbekleidung. Pionierarbeit leistete die Firma Reebok, die 1900 in England als erste reine Sportschuhfabrik gegründet wurde. 1923 folgten Adidas und Puma in Deutschland und richteten Firmen für Sportschuhe ein – eine damals wie heute experimentierende wie expandierende Branche. Flexibel, funktional, aber sehr schwer, hatten diese frühen Sportschuhe noch nichts mit den heutigen federleichten Hightech-Sportprodukten gemein.

Nachdem Leder in den Schuhläden immer mehr von Kunststoffen verdrängt wurde (seit 1970 gibt es reine Kunststoffschuhe), spielen heute neben einem individuellen Schuhdesign Umweltschutzmaßnahmen, Nachhaltigkeitsaspekte und eine faire Produktion eine große Rolle in der Schuhbranche. Neben einer Schwemme von billigen Wegwerfmodellen werden vermehrt Sneakers und stylishes Schuhwerk aus komplett vegetabil gegerbtem Leder, aus Leinen, Baumwolle oder recyceltem Material (wie Autoreifen) nach traditionellen Fertigungsmethoden produziert. Das Verfahren erhöht deren Lebensdauer, da sie sich dadurch leicht reparieren und besohlen lassen.

Schuharbeiter in der Schuhfabrik BOA in Berlin, 1923

Da wir heute als bewusste Konsumenten großen Wert auf Gesundheit, Nachhaltigkeit und eine natürliche Umwelt legen, sollten wir die alte Handwerkskunst der Schuhmacherei wieder aufleben lassen: Aus schadstoffarmem Leder, mit Latex oder Naturkautschuk besohlt, lässt sich mit etwas Zeit, Geschick und dem Kapitel 9 dieses Buches nachhaltiges Schuhwerk selbst anfertigen!

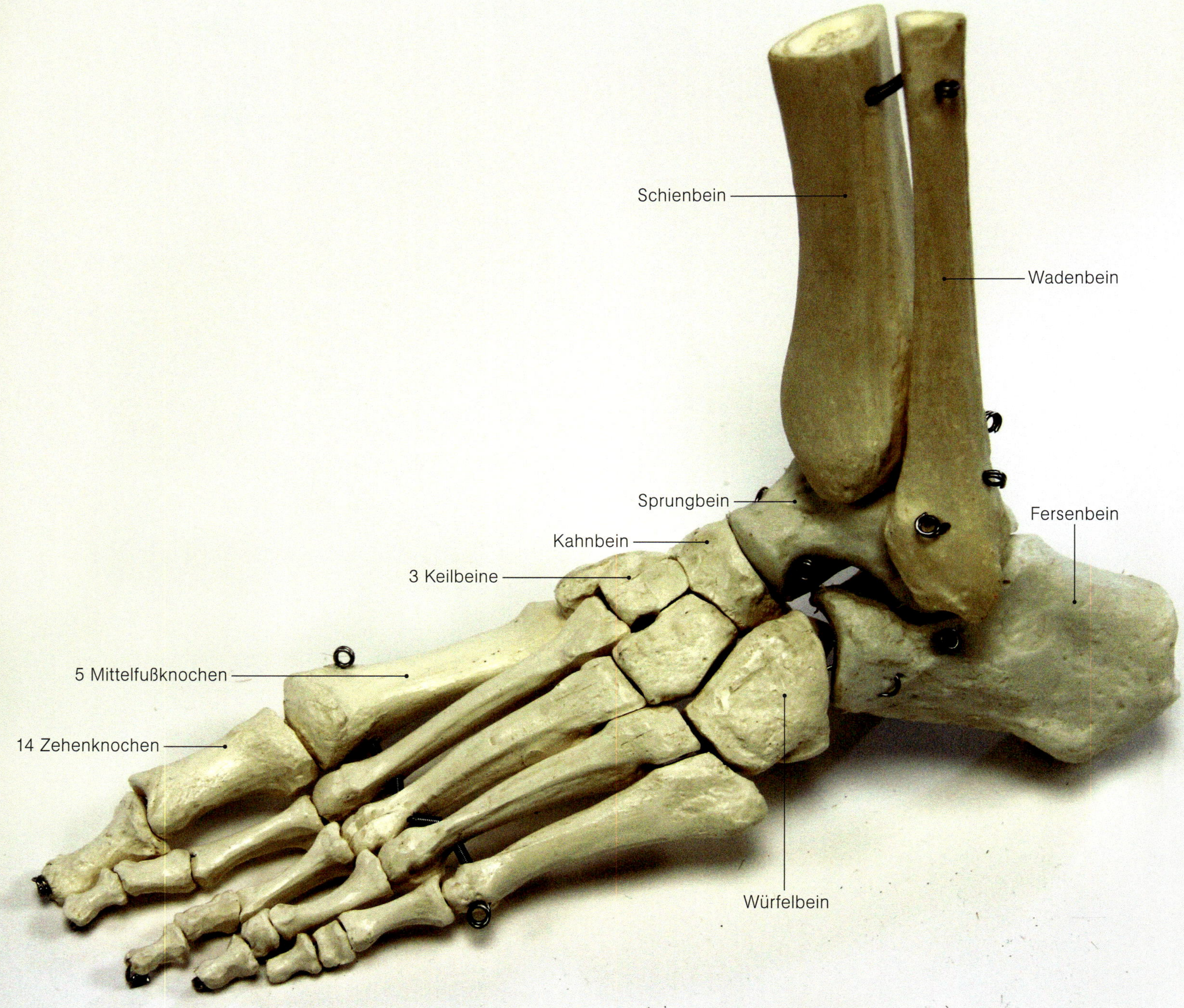
Schienbein
Wadenbein
Sprungbein
Fersenbein
Kahnbein
3 Keilbeine
5 Mittelfußknochen
14 Zehenknochen
Würfelbein

KAPITEL 2 **WUNDERWERK FUSS**

Der Fuß trägt uns durch unser ganzes Leben. Wer sich intensiv mit dem Fuß befasst, bemerkt, was für ein beeindruckender Teil unseres Körpers er ist – ein wahres Kunstwerk der Natur. Denn der Fuß verbindet Statik mit Dynamik, zwei konträre Funktionen, die wir benötigen, um sicher zu stehen und leichtfüßig zu gehen. Das Fußskelett besteht aus 26 Knochen sowie zwei unter dem Mittelfuß angeordneten Sesambeinchen. Der Fuß bildet ein Gewölbe aus Ferse, innerem und äußerem Ballen, dem wir einen sicheren Stand verdanken. Die Federung in Längs- und Querrichtung ermöglicht einen elastischen Auftritt und leichten Gang. Für das Abrollen sorgen die runde Ferse und die beweglichen Zehen. Muskeln, Sehnen, Bänder und Knochen müssen dabei optimal aufeinander abgestimmt sein.

Der Fuß reagiert in vielfältiger Weise auf den Boden. So ist er in der Lage, Unebenheiten durch ein fein abgestimmtes Muskelspiel auszugleichen und die Härte des Bodens abzufedern, um Knie-, Hüft- und Wirbelgelenke zu schonen. Der Fuß ist wie die Hand ein sehr sensibler Körperteil, der durch Reflexzonen mit den inneren Organen verbunden ist und auf diese wirkt. Diese Funktionen erfüllt der Fuß natürlich nur, wenn er gesund ist.

Viele Fußkrankheiten, die einen Großteil der Bevölkerung plagen, wären vermeidbar, wenn auf folgende Bedingungen geachtet würde:

DER FUSS BRAUCHT PLATZ.

DER FUSS BRAUCHT AUSREICHEND LUFT.

DER FUSS BRAUCHT EINE NATÜRLICHE STELLUNG.

DER FUSS BRAUCHT BEWEGUNG.

Das menschliche Fußskelett

DER FUSS BRAUCHT PLATZ: In der Schuhmode gibt es immer wieder einen Trend zu schmalen, spitzen Schuhen. Doch nicht nur zu enge oder zu kleine Schuhe sind ungesund, auch Schuhe, die nicht richtig sitzen, schaden dem Fuß (was sich durch Druckstellen oder Blasen bemerkbar macht). Sind Fuß und Fußskelett dauerhaft einer solchen Belastung ausgesetzt, verformen sie sich, was häufig zu bleibenden Beschwerden im Ballen- und Zehenbereich führt (z. B. Hallux valgus, eine Großzehfehlstellung, sowie Hammer- oder Krallenzehen). Darüber hinaus leidet die Blutzirkulation unter zu engem Schuhwerk. Schadet schmales Schuhwerk dem Fuß, so behält er in breiten „Bequemschuhen" seine natürliche Breite bei.

Die optimale Passform ist ein banaler, aber entscheidender Faktor. Beim Schuhkauf und der Schuhherstellung sollte unbedingt auf eine gute Passform geachtet werden. Der Schuhmacher hilft, die Passform bereits vorhandener Schuhe zu verbessern – ein Aufwand, der sich immer lohnt.

DER FUSS BRAUCHT LUFT: Eine gesunde Fußhaut braucht Luft, damit der Fußschweiß verdunsten kann. Ein feuchtwarmes Klima im Schuh kann Fußpilz, Hautausschläge und üble Gerüche bewirken. Aus diesem Grund ist es außerordentlich wichtig, die Schuhe regelmäßig zu wechseln, damit sie genügend Zeit zum Durchtrocknen haben. Für das beste Klima sorgen offene Schuhe. Wenn die Sohle gut isoliert ist, können offene Schuhe auch in kälteren Jahreszeiten getragen werden.

Natürlich spielt auch das Material der Schuhe eine große Rolle. Qualitativ hochwertiges Leder ist noch immer unübertroffen. Allerdings wird das Oberleder oft so stark bearbeitet, dass es seine natürlichen Eigenschaften verliert. So beeinträchtigen beispielsweise Beschichtungen mit Kunststoffen die Atmungsaktivität und Dehnbarkeit des Leders. Ein gutes Oberleder soll wasserabstoßend und gleichzeitig luftdurchlässig sein. Das Futterleder hat wiederum die Aufgabe, Fußschweiß aufzunehmen und den Fuß möglichst trocken zu halten.

DER FUSS BRAUCHT EINE NATÜRLICHE STELLUNG: Da das natürliche Auftreten für die optimale Kräfteeinwirkung am Fuß entscheidend ist, sollte dieser eine natürliche, das heißt eine flache Stellung haben. Schuhe mit hohen Absätzen haben einen ungünstigen Einfluss auf Knochen und Gelenke und sollten häufig gegen flache ausgetauscht werden.

Auch auf schräg abgetragenen Hacken zu gehen ist schädlich, da sie den Fuß bei jedem Schritt zu einem unnatürlichen Bewegungsablauf zwingen – eine große Belastung für die Gelenke. Voraussetzung für einen gesunden Fuß ist also ein Schuh mit einem flachen Absatz, der repariert werden sollte, wenn er abgetragen ist.

DER FUSS BRAUCHT BEWEGUNG: Nur ein kräftiger und trainierter Fuß kann seine Aufgaben erfüllen. Ist die Muskulatur zu schwach, führt das zu Beeinträchtigungen des vitalen Fußgleichgewichts. Mögliche Folgen sind Knickfuß, Senkfuß, Plattfuß oder Spreizfuß.

Häufiges Barfußlaufen über natürliches Gelände (z. B. Rasen) trainiert und massiert die kurze Fußmuskulatur. Beim Gehen mit Schuhen auf ebenen, harten Böden (Asphalt, Stein) ist dies nicht möglich, da helfen auch keine Fußstützen. Barfußlaufen und Fußgymnastik, aber auch das Training der Waden- und Schienbeinmuskulatur fördern einen funktionstüchtigen Fuß. Also gebrauchen wir unsere Füße, sei es beim Gehen, Springen, Spielen oder beim Sport!

DEN FUSS AUSMESSEN

Um aus einem Schuh einen Maßschuh zu machen, der optimal und ohne Druckstellen bequem passt, sollten so viele Informationen wie möglich über die Füße des späteren Trägers eingeholt werden. Im Anhang finden Sie ein Maßblatt, mit dessen Hilfe Sie die erforderlichen Angaben für die Form der Brandsohle des Leistens ermitteln können. Das Anpassen eines Maßschuhs umfasst folgende Aspekte:

1. **KONTROLLE ALTER SCHUHE**
2. **BEGUTACHTEN DER FÜSSE**
3. **ZEICHNEN DES FUSSUMRISSES**
4. **AUSMESSEN DER FÜSSE**

KONTROLLE ALTER SCHUHE: Das Begutachten alter, getragener Schuhe gibt Aufschluss über eventuelle Fehlstellungen des Fußes. Je älter und abgetragener der Schuh, umso besser. Die besonders abgenutzten Stellen des Schuhfutters geben Hinweise auf Druckstellen, zum Beispiel an Ferse, Hallux oder Zehennägeln. Die Abnutzung der Schuhsohle und des Absatzes liefert Anhaltspunkte über die Belastungsverhältnisse des Fußes, beispielsweise ob eine Mittelfußsenkung, ein Senkfuß oder Knickfuß vorliegt. Um Hinweise auf Fehlstellungen zu erhalten, stellen Sie den Schuh auf den Tisch und kontrollieren Sie die Schuhachse von hinten.

BEGUTACHTEN DER FÜSSE: Wo drückt der Schuh? Beide Füße sollten begutachtet und auf Druckstellen hin untersucht werden; diese treten am häufigsten an Ferse, am Fersensporn, am Rist, an den kleinen Zehen, am Hallux valgus oder am äußeren Knöchel auf. Auch sollte man den zukünftigen Träger fragen, ob er beim Schuhkauf Probleme hat, ein passendes Paar zu finden, denn solche Schwierigkeiten geben ebenfalls Aufschluss über eventuell vorhandene Besonderheiten. Durch eine Stellungskontrolle von hinten lässt sich ein möglicher Knickfuß feststellen.

Auch die unterschiedlichen Fußtypen spielen eine große Rolle – diese sind an der Form der Zehen zu erkennen. Hier wird hauptsächlich unterschieden zwischen dem ägyptischen Fuß, bei dem der Großzeh der längste Zeh ist, dem römischen, meist breiten Fuß mit relativ gleich großen Zehen und dem griechischen Fuß, bei dem der zweite Zeh der längste ist. Zum Schluss sollten auch die Zehennägel kontrolliert werden: Falls sie nach oben gerichtet sind, benötigen die Zehen mehr Platz im Schuh.

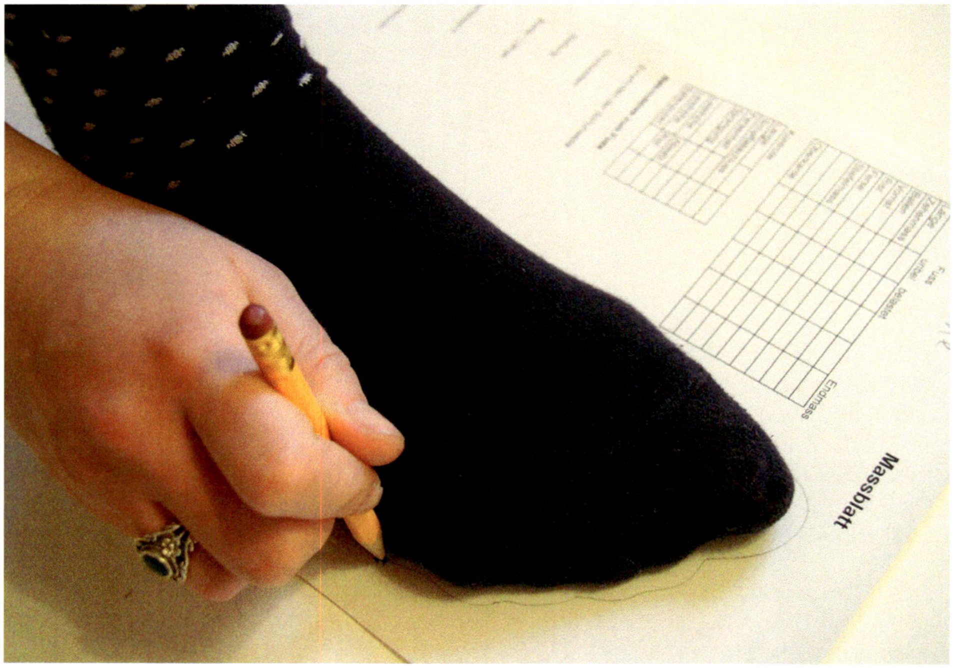

Fußumriss

ZEICHNEN DES FUSSUMRISSES: Die Fußumrisse beider Füße – belastet und unbelastet – werden mit einem kurzen, senkrecht gehaltenen Bleistift auf das Maßblatt oder ein Blatt Papier gezeichnet. Notieren Sie alle nötigen Korrekturen und gleichen Sie sie mit dem Brandsohlenmuster ab, um eine optimale Passform zu erhalten.

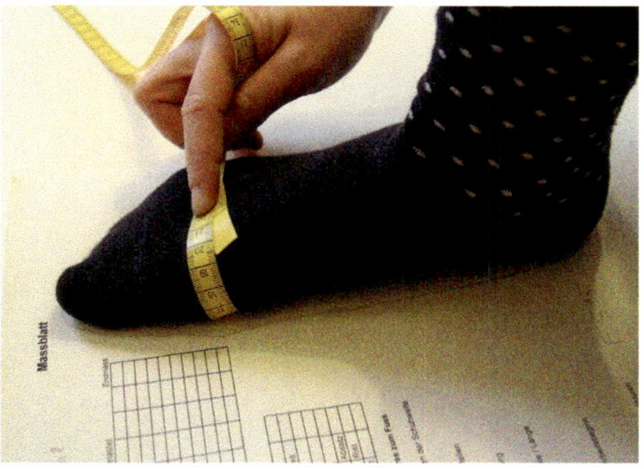

Zehenmaß

Ballenmaß

AUSMESSEN DER FÜSSE: Es sollten immer beide Füße ausgemessen werden, denn zwei identische Füße gibt es nicht. Oft ist sogar die Fußlänge unterschiedlich. Die Umfangmaße werden an fünf Stellen bestimmt: an den Zehen, dem Ballen, dem Vorrist, dem Rist und der Ferse. Gemessen wird mit Strümpfen, und zwar einmal unter der Belastung des Körpergewichts, also stehend, und ein zweites Mal unbelastet, also sitzend. Dabei müssen die Unterschenkel jeweils senkrecht und parallel zueinander stehen. Das ist wichtig, denn die Fußgröße kann bis zu 1 cm in der Breite variieren, wenn sich das Fußgewölbe unter Belastung etwas senkt, eine Belastung, die die Fußgröße beim Gehen widerspiegelt.

Vorristmaß

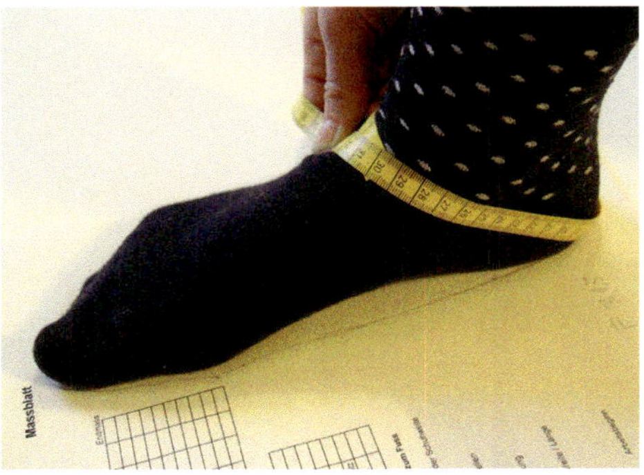

Fersenmaß

Ristmaß

1507
2
742
1507
1507

KAPITEL 3 **MODELLENTWURF UND -GESTALTUNG**

Am Anfang steht der Entwurf. Im Vorfeld sollten Sie sich auf die Entwicklung des Schuhmodells konzentrieren. Die offenste Variante des Modellentwurfs ist das freie Konstruieren eines Musters über einer vom eigenen Fuß abgenommenen Maquette, ganz ohne Leisten. Sie können sich auch vorab für einen der Schuh-Grundtypen entscheiden und diesen dann hinsichtlich Form, Farbe oder Material verändern.

GRUNDTYPEN

Im Lauf der Geschichte haben sich diverse Grundtypen herauskristallisiert, die sich durch kreative Modellvariationen, Dekorationen und Kombinationen untereinander immer wieder neu gestalten lassen. Zu den Grundtypen zählen bei den Damenschuhen unter anderem Pumps, Ballerina, Pantolette, High Heel oder Stiletto. Während es reine Damenschuhmodelle gibt, werden Herrenschuhmodelle heute auch gerne von Frauen getragen. So haben viele ursprüngliche Herrenschuhe heute die Frauenfüße erobert, beispielsweise der Oxford, oft mit Fullbrogue-Verzierungen oder kontrastfarbenem Leder. Viele Schuhe, etwa Stiefel in verschiedenen Formen, Stiefeletten, Espadrilles, Sandalen und Boots, sind somit Unisexmodelle, das heißt, sie werden von Frauen und Männern gleichermaßen getragen.

ENTWURF

Schuhdesigner halten ihre Entwürfe, die sie mit sicherem Blick für aktuelle und kommende Modetrends wie Tendenzen bei Farbkombinationen, Absatzhöhen oder Spitzenformen entwickeln, als Zeichnung auf Papier oder digital fest. In der Fabrikation werden die Entwürfe in Maquetten übertragen, die den herzustellenden Schuh visualisieren.

Mithilfe eines Probeschuhs – eines sogenannten Pullovers – aus minderwertigem Leder, der über einen Leisten gezogen wird, lassen sich Fehler oder Unstimmigkeiten im Design oder bei der Konstruktion aufdecken, die in diesem Stadium noch leicht zu beheben sind. Anschließend wird ein Prototyp aus Originalmaterial und in der Machart für den endgültigen Schuh gefertigt.

Maquetten

Pullover

Auch für Ihre eigenen Entwürfe sollten Sie vorab genaue Überlegungen zu Design, Form, Stil, Farbe und Verschlussart anstellen. Legen Sie dabei auch Lederkombinationen oder spezielle Materialien fest und notieren Sie Besonderheiten des Entwurfs. Die Farbe des Schuhs sollte mit der Kleidung harmonieren. Denn passt der Schuh später nicht zum Outfit, werden die Gelegenheiten, ihn zu tragen, eingeschränkt sein – und das wäre schade. Auch Details wie Schmuckelemente, Einfassungen, Paspeln, Stanzungen, Lochmuster etc. müssen frühzeitig bedacht und am besten in einer detaillierten Zeichnung skizziert werden. Denn auf dem Papier lassen sich Unstimmigkeiten noch leicht beheben.

DIE SCHUHSPITZE ist der auffälligste Teil des Schuhs und lugt auch unter langen Hosen hervor. Die speziellen Spitzenformen können laut Zeichnung
a) natürlich, b) voll, c) rund, d) spitz oder e) ein Karree sein.

a) b) c) d) e)

Auch der **OBERE ABSCHLUSS** sollte rechtzeitig festgelegt werden. Hierfür gibt es ebenfalls vielfältige Möglichkeiten:
a) offene Schnittkante, b) gebugte Abschlusskante, c) Einfassung, d) Paspel.

Bei den Abschlusskanten besteht viel kreativer Spielraum, beispielsweise können mit Stanzeisen spitzenartige Muster ausgestanzt oder die Kanten mit einem Lederbändchen umhäkelt werden.

VERSCHLUSSARTEN: Der Verschluss des Schuhwerks kann sehr dekorativ sein. Selbst bei einfachen Schnürsenkeln ist die Variationsbreite groß. Hier zur Inspiration einige Verschlussarten:

- **Schnürsenkel:** Schnürsenkel können durch einfache gestanzte Löcher, Schnürösen, Haken, Schlaufen oder einfache Schlitze im Schaft gezogen werden. Dabei wird laut Zeichnung zwischen klassischer, gekreuzter und Schaufensterschnürung unterschieden.

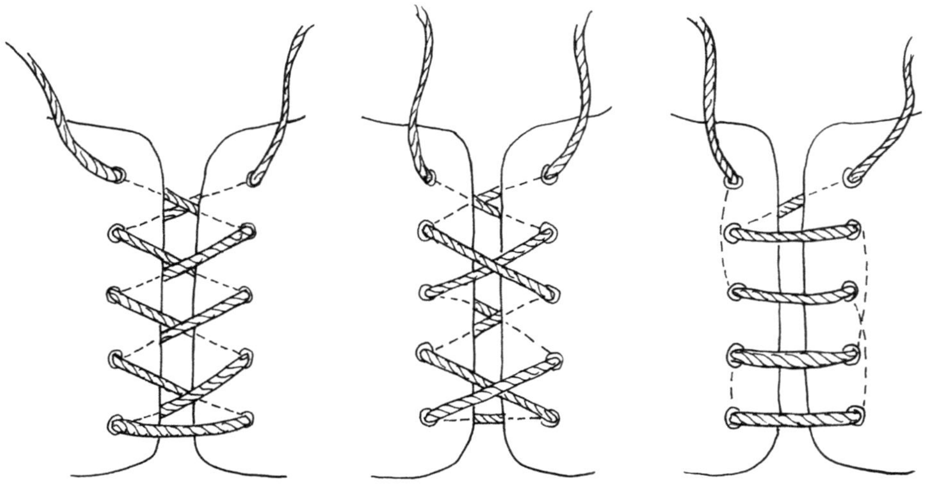

- **Klettband:** Der Klettverschluss ermöglicht ein schnelles An- und Ausziehen der Schuhe. Er besteht aus zwei starken Nylon- oder Polyesterbändern, wovon eines aus kleinen, kräftigen Widerhaken, das andere aus weichen, flauschigen Schlingen besteht. Durch Aufeinanderdrücken verhaken sich die beiden ungleichen Bänder fest ineinander.
- **Schnallen:** Mehr modisch als praktisch sind Schnallen, da das Öffnen und Schließen etwas umständlich ist. Sie eignen sie sich eher für Dekorationen ohne tatsächliche Funktion.
- **Reißverschluss:** Seit 1893 ist es möglich, Schuhe mit Reißverschlüssen herzustellen, die das An- und Ausziehen von Schuhwerk erleichtern. Vor allem Stiefelträgern erspart der Reißverschluss langwieriges Schnüren: Ein „Zip" genügt und der Stiefel ist geöffnet, ein weiteres „Zip" und er ist wieder geschlossen!
- **Elastverschluss:** Ein Schuhelastikband an den Seitenteilen des Schuhs ermöglicht es beispielsweise, in eine fußnahe Stiefelette ohne Verschlüsse zu schlüpfen.
- **Tunnelzug:** Dank eines Tunnelzugs im oberen Schaftabschluss liegt beispielsweise ein Ballerina eng am Fuß an. Ein Schleifchen ergibt die ballerinatypische Dekoration.

MOODBOARD: Es lohnt sich, ein Moodboard zum Festhalten, Zusammenstellen und Sammeln von Ideen, Zeitschriftenartikeln, Fotos, Lederproben und Materialien anzulegen. Ein solches Skizzenbuch kann in der Entwurfsphase für Anregungen sorgen und Inspirationen für die optimale Schuhform und Dekoration liefern.

MODELLENTWURF HEISST ZUSAMMENGEFASST:

1. Das Modell festlegen, möglichst mit genauen Skizzen von allen Seiten
2. Sich für ein Material (Oberleder, Futterleder, Besohlung) entscheiden
3. Absatzform und -höhe festlegen
4. Verschlussart und -ort festlegen
5. Schaftabschluss (z. B. Höhe von Stiefeln, Öffnung bei Ballerina) festlegen
6. Schaftabschlussart festlegen
7. Fersenverstärkung (Form, innen oder außen) festlegen
8. Besonderheiten (spezielle Materialien, Dekorationen, Broguings) notieren

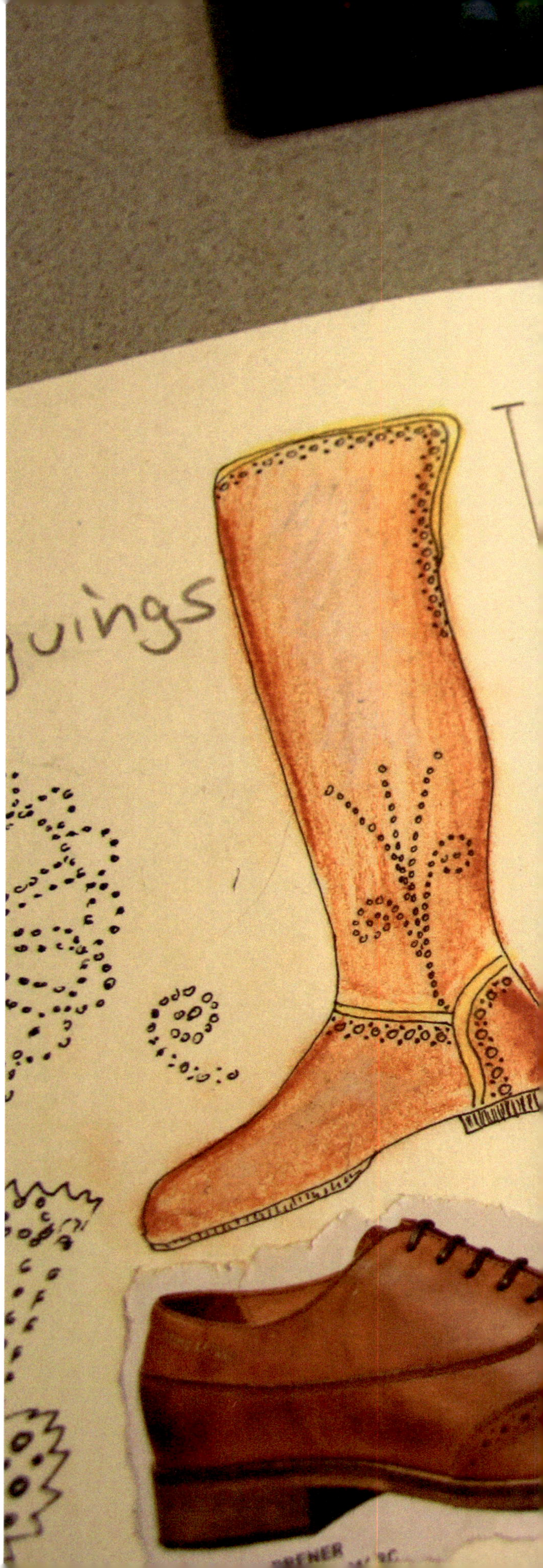

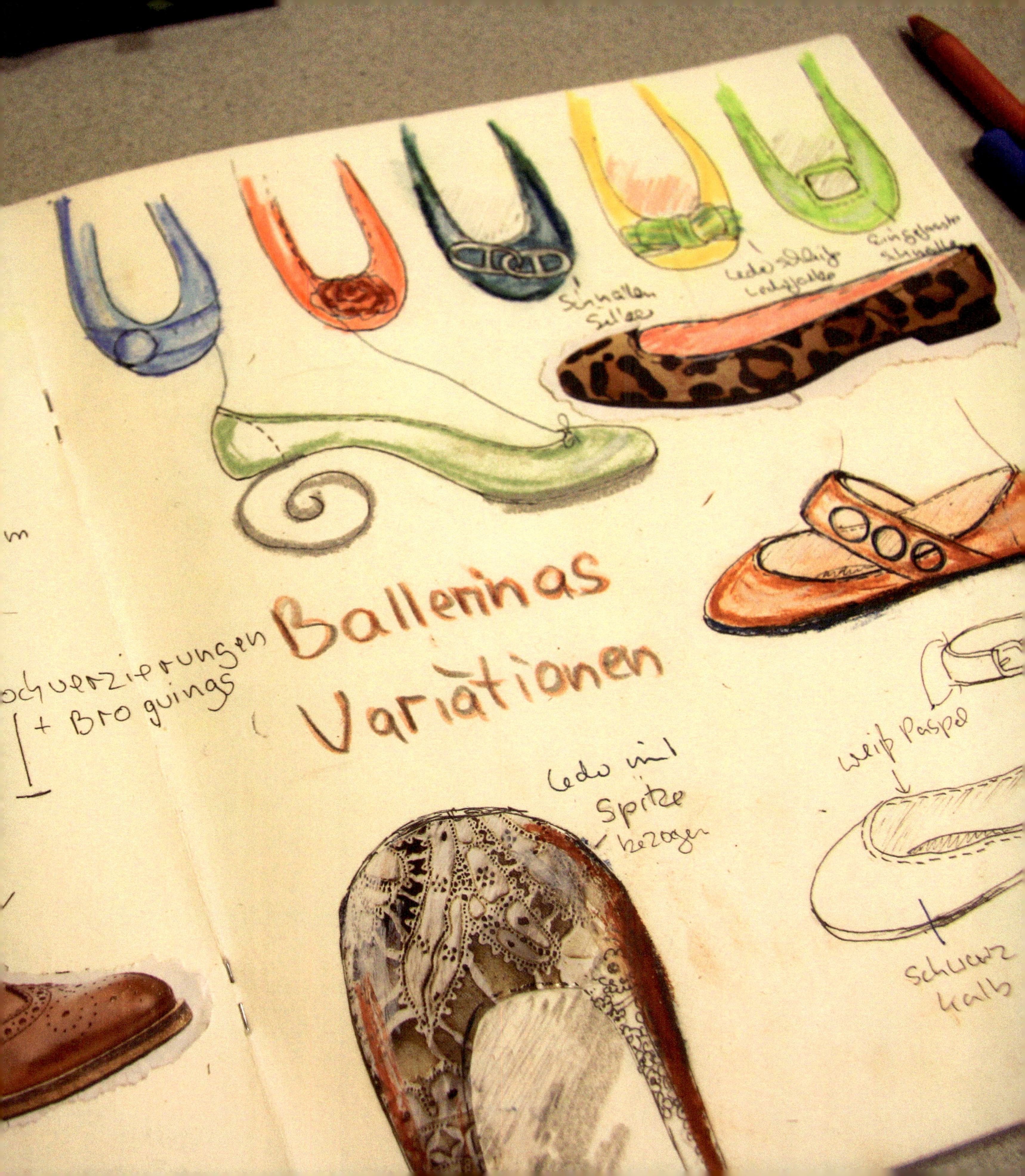
Ballerinas
Variationen
+ Broguings
Leder mit
Spitze
bezogen
Weiß Paspel
Schwarz
kalb

Schaft
Futter
Quartier
Vorderblatt
Hinterkappe
Vorderkappe
Rahmen
Zwischensohle
Laufsohle
Lederabsatzfleck
Laufabsatzfleck
Boden

KAPITEL 4 **ANATOMIE DES SCHUHS**

Shuhe gibt es in den unterschiedlichsten Formen und Varianten. Doch ganz egal ob Sommer- oder Winterschuh, Männer- oder Frauenschuh, Boot oder Ballerina, Pantoffel oder Sandale – die Teile aus denen unsere Fußbekleidung besteht, sind immer gleich. Sie setzen sich aus dem Schaft, dem Schuhoberteil, und dem Boden, den Sohlenteilen, zusammen. Diese Hauptteile lassen sich noch weiter differenzieren.

SCHAFT: Der Schaft prägt den Charakter und das Aussehen des Schuhs. Die von außen sichtbaren Bestandteile des Schuhs werden als Oberschaft bezeichnet. Während ein Ballerina aus einem ganzen Schaftoberteil, dem Entier, besteht, kann beispielsweise ein Oxford aus Vorderblatt, Quartier, Vorder- und Hinterkappe sowie Zunge zusammengesetzt werden. Die unterschiedliche Form, Anordnung, Verarbeitung, Farbe und Dekoration von Oberschaft und Einfass machen das Erscheinungsbild und somit den Stil des Schuhs aus. Modische Einflüsse wirken am stärksten auf den Oberschaft ein.

Oft stabilisiert ein zusätzliches Zwischenfutter den Oberschaft, besonders bei sehr geschmeidigen Oberledern, die durch Hinterkleben verstärkt werden. Durch das Füttern des Schuhs mit Futterschaftteilen wird der Fuß geschützt. Der Schuh wird atmungsaktiv und das Schuhklima kann reguliert werden. Da der Futterschaft aus möglichst wenigen Teilen zusammengesetzt wird, gibt es nur wenige Futternähte, die zudem flach gehalten werden, damit sie nicht drücken.

BODEN: Der Boden besteht je nach Modell aus Brandsohle, Rahmen, Gelenk, Zwischensohle, Decksohle, Laufsohle, Unterflecken, Absatz und Laufabsatzflecken (Oberflecken).

Die 2,5–3,5 mm dicke **Brandsohle** bildet die Basis des Schuhs, auf die der Schaft aufgebaut wird, und fungiert als Verbindungsstelle von Schaft und Bodenteilen. Die weiche **Decksohle** aus Futterleder hingegen deckt die Brandsohle ganz oder teilweise ab. Brandsohle und Decksohle sollten farbecht und schweißunempfindlich sein. Unter der Brandsohle wird die ca. 10 cm lange und 1,5 cm breite **Gelenkfeder** (aus Holz, Stahl oder Kunststoff) angebaut, um den Übergang zwischen Sohle und Absatz zu stabilisieren. Die beim Rahmennähen entstandenen Hohlräume werden durch eine **Ausballung** (aus Kork, Gummi, Leder oder Filz) ausgeglichen. Zusätzlich sorgt die Ausballung für eine Federung und Stabilisierung des Bodens. Die **Zwischensohle** (aus Leder, Gummi oder Synthetik) verstärkt den Schuhboden besonders bei festem Schuhwerk und wirkt abfedernd. Der **Rahmen** ist ein ca. 60 cm langer, 2 cm breiter und 3 mm dicker Lederstreifen, der Schaft, Brandsohle und Sohle verbindet. Geklebte Schuhe können auch mit einem Zierrahmen ausgestattet werden. Die **Laufsohle** (aus Gummi, Leder oder Kunststoff) ist der größten Abnutzung ausgesetzt, denn sie ist die unterste Schicht des Schuhbodens. Um die gewünschte Absatzhöhe zu erreichen, werden **Lederflecke in der Form des Absatzes** auf die Unterseite der Laufsohle geklebt. Ein **Laufabsatz-** oder **Oberfleck** aus abriebfestem Gummi bildet den unteren Abschluss.

KAPITEL 5 **DIE SCHUHMACHER-WERKSTATT**

Wie auf dem Foto der historischen Werkstatt im Freilichtmuseum Ballenberg zu erkennen, war die Beleuchtung in den alten Schuhmacherwerkstätten häufig nicht besonders gut; nur wenig Licht fiel durch die kleinen Fenster. Oft half eine mit Wasser gefüllte gläserne Kugel, den Lichtstrahl vom Fenster oder einer Kerze auf das Werkstück zu bündeln. Eine mit einem Handrad zu bedienende Steppmaschine wurde ab Mitte des 19. Jahrhunderts eingesetzt. Die damit gearbeiteten Steppnähte ersetzten die mühevoll gearbeiteten Handnähte am Schaft. Lederschürzen schützten vor Schmutz und Verletzungen. Zum Inventar einer Schuhmacherwerkstatt gehörten auch ein Leistenlager sowie Schnittmustervorlagen, wie im Foto an den Wänden der Werkstatt zu sehen. In einem Nagelkarussell (auf dem Tisch) wurden Täckse und Holznägel aufbewahrt. Die Tische waren relativ niedrig gehalten, denn Schuhmacher arbeiteten nicht am Tisch, sondern fertigten die Schuhe auf dem Schoß und nutzten den Tisch nur zur Ablage. Die Schemel waren flach, ohne Rückenlehne, um die raumgreifende Arbeit des Handnähens nicht zu behindern.

Das Handwerkszeug des Schuhmachers hat sich über Jahrhunderte kaum verändert. Eine Lederschürze bietet auch heute noch den besten Schutz. Die klassischen Werkzeuge werden bei der Herstellung von Maßschuhen noch immer eingesetzt. Und ein passender Leisten ist heute ebenfalls unerlässlich.

oben: Schuhmacherwerkstatt um 1900
links: Historische Schuhmacherwerkstatt, Freilichtmuseum Ballenberg, Schweiz

DER LEISTEN

Leistenlager von Franz Kälin

GESCHICHTE

Erste Belege für Leisten gibt es in der römischen und griechischen Antike um 400 v. Chr. Und bereits im 2. Jahrhundert fertigten griechische Schuhmacher Sandalen über paarweise gefertigten Leisten, über denen sie die Riemen anordneten. Auch die römischen Schuhmacher nutzten Leisten. Sie unterschieden bereits Leisten für Sandalen und für geschlossene Schuhe sowie Stiefel – Schuhformen, die teilbare Leisten benötigten, denn bei geschlossenem Schuhwerk ist eine Teilung nötig, um den Schuh auch wieder ausleisten zu können. Obwohl schon die Römer über hölzernen Leisten asymmetrisch in rechts und links differenzierte Schuhe herstellten, ging diese paarweise Unterscheidung im 16. Jahrhundert bis zum Ende des 19. Jahrhunderts verloren und die Schuhmacher arbeiteten nur mit einem einzelnen symmetrischen Leisten. Auf diese Art und Weise kam man zwar für ein Paar Schuhe mit nur einem Leisten aus, aber das Eintragen des falsch konstruierten Schuhwerks war sehr schmerzhaft und die Schuhe drückten an vielen Stellen.

Um 1821 konnten die Schuhleisten auf der Drehbank, das heißt industriell, hergestellt und somit in Serie produziert werden. Zu diesem Zeitpunkt der Industrialisierung begann sich auch die Konfektion vom Maßhandwerk zu trennen – bei der Produktion von Kleidung genauso wie bei den Schuhen. Nun war es nötig, die Schuhleisten zu gradieren, das heißt, bestimmte Maßstrecken, wie die Höhe des Spanns oder die Länge des Fußes, mussten gemittelt und genormt werden, damit der vorproduzierte Schuh einem breiten Abnehmerkreis passte. Während des 19. Jahrhunderts nahm der Bedarf an passenden Schuhen kontinuierlich zu. Doch dauerte es noch bis ins 20. Jahrhundert, bis sich der asymmetrische Leisten allgemein durchgesetzt hatte.

Der Leisten ist die „Seele des Schuhs“ und das Geheimnis des guten Gangs. Als Innenform des späteren Schuhs ist der Leisten noch heute das wesentliche Arbeitsgerät für die Schuhfertigung, in der industriellen Produktion genauso wie beim Maßschuhmacher.

Da die Leistenform den Tragekomfort und die Lebensdauer der Schuhe bestimmt, können nur auf einem gut geformten Leisten auch gut geformte Schuhe entstehen. Was kann mehr Individualität ausdrücken als ein nach den eigenen Fußmaßen gefertigter Leisten? Denn erst ein durch die Synthese von genauem Abbild des Fußes und gewünschter Schuhform optimal gestalteter Leisten verleiht dem Maßschuh seine individuelle Note.

Rohleisten können heute beim Hersteller bestellt werden *(siehe Bezugsquellen im Anhang)*, gebrauchte historische Leisten können ersteigert oder auf Flohmärkten gefunden werden.

Verschiedene Leisten und Zoccolisohlen aus der historischen Schuhmacherwerkstatt im Freilichtmuseum Ballenberg, Schweiz

HOLZ

Das Holz für den Leisten muss hart, aber gleichzeitig federnd sein. Es soll Feuchtigkeit, Temperaturunterschiede und Druck (z. B. Hammerschläge) aushalten. Anforderungen, die das Holz von Rot- oder Weißbuche optimal erfüllt, denn es ist besonders hart und wasserresistent. Nach dem Fällen im Winter muss das Holz erst einige Monate im Freien lagern, danach wird es grob in Form gesägt, um dann fast zwei Jahre überdacht und geschützt zu lagern und dabei langsam durchzutrocknen. Nach mehr als zwei Jahren ist das fertig abgelagerte Holz bereit, um zu haltbaren und widerstandsfähigen Leisten verarbeitet zu werden.

GRÖSSE

Die Leistenlänge wird, genau wie die deutsche Schuhgröße, in Stich gemessen (3 Stich = 2 cm). So ist der Leisten für die Größe 37 24,7 cm lang, für die Größe 45 genau 30 cm. Rohleisten werden immer etwas größer als dieses Endmaß hergestellt, damit genügend Material vorhanden ist, um dem Maßleisten die gewünschte Form geben zu können.

ROHLEISTENBAU

Wurden die Formen der Leisten früher mit Papierschablonen auf das Holzscheit übertragen und Wölbungen und Vertiefungen durch Raspeln und Schleifen von Hand herausgearbeitet, was sehr zeitintensiv war, so veränderte sich die Herstellung des Rohleistens ab 1819 grundlegend, nachdem in Amerika eine Kopiermaschine patentiert worden war, mit der man auch unregelmäßige Zuschnitte aus Holz drehen konnte. Während der Industrialisierung Mitte des 19. Jahrhunderts ermöglichte die Drehmaschine die mechanisierte Produktion der Leisten in Fabriken – allerdings wurden zu dieser Zeit noch viele Schuhpaare rechts und links gleich über einen Leisten gezwickt.

Erst in den 1920er-Jahren wurden nach exakten Fußmaßen konstruierte Leistenschablonen als Kopiervorlage in die Vorläufer heutiger Kopiermaschinen eingespannt und gleichzeitig asymmetrische, jeweils in rechts und links unterteilte, aber ansonsten identische Leistenpaare hergestellt. Die Herstellungszeit verkürzte sich wesentlich und liegt heute bei 5–6 Minuten pro Paar.

Verschiedene Holz- und Kunststoffleisten

Ist das Holz in der Leistenfabrik angekommen, gliedert sich der Herstellungsprozess in verschiedene Phasen: das Grobkopieren, das millimetergenaue Feinkopieren sowie abschließende Arbeiten. Zu den Endarbeiten gehört beispielsweise das Bohren je eines waagerechten Lochs im oberen Drittel des Leistens – eine Hilfe beim späteren Ausleisten des Schuhs, denn der fertig gezwickte und den Leisten fest umschließende Halbschuh lässt sich nur schwer ausleisten. Eine weitere Hilfe ist ein gebogener Keil, der mit einem senkrecht durch Keil und Leisten geführten Schlüssel oder Bolzen während des Zwickens fixiert wird und nach Fertigstellung des Schuhs zum Ausleisten abgenommen werden kann. Solche sogenannten Schlüsselleisten sind die charakteristischen Maßleisten, die im Schuhhandwerk Verwendung finden.

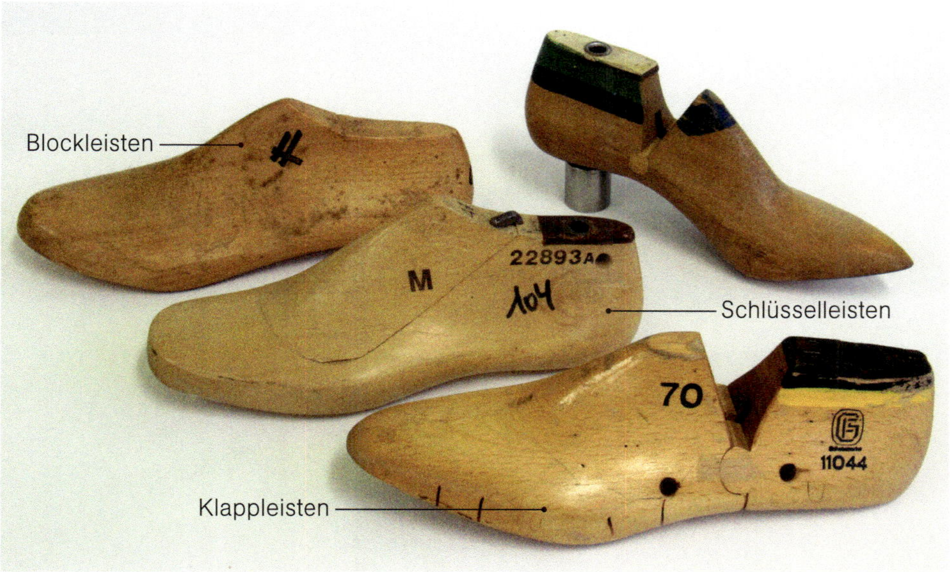

Verschiedene Leistenformen

LEISTENFORMEN

Zwar gibt es viele verschiedene von Größe, Stil, Moden und persönlichen Vorlieben abhängende Leistenformen für Absatzschuhe oder flache Schuhe mit spitzen, eckigen oder runden Spitzen, dennoch unterscheiden wir nur drei Leistentypen:

a) Blockleisten
b) Schlüsselleisten für das Schuhhandwerk
c) Klappleisten für die industrielle Schuhproduktion

Außerdem können Leisten über die ganze Sohle mit einem Blech beschlagen sein, denn als um 1860 begonnen wurde, Schaft und Sohle mit Täcksen auf dem Leisten zu befestigen, wurden die Bleche nötig, um den mit Kraft eingeschlagenen Täcks umzubiegen.

WERKZEUGE UND MASCHINEN

Werkzeuge für die Schuhherstellung: Bleistift, Etui, Messer, Bohrer, Schraubenzieher, Hammer, Bürste, Zwickzangen, Raspel, Schere, Lederschere, Beißzange und Maßband

Für die Herstellung eines guten Schuhs braucht man gutes Werkzeug und auch an guten Materialien darf nicht gespart werden, wenn man lange Freude an einem Schuh haben will. Hier ein Grundstock an Werkzeugen, der für die Schuhherstellung vonnöten ist:

UNTERLAGE

Arbeiten Sie nie direkt auf dem Tisch! Dieser würde durch Messerschnitte und Klebstoffreste in Mitleidenschaft gezogen und unbrauchbar für nachfolgende Arbeiten. Verwenden Sie daher immer Schneideunterlagen. Als Unterlage beim Schneiden und Stanzen eignen sich auch Küchenbrettchen aus Hartkunststoff, Polypropylen oder Holz. Wenn Sie mit Klebstoff hantieren, sollten Sie ausrangierte Telefonbücher unterlegen, aus denen die beschmutzten Seiten leicht herausgerissen werden können.

Die Schneide des Messers sollte immer scharf gehalten werden.

Das Messer sollte immer im Etui aufbewahrt werden.

ZWEI SCHEREN

Sie benötigen eine leichte Schere für Papier, leichte Oberleder und Futterleder und eine stärkere für dicke Leder, Bodenleder und Gummiböden.

SCHUHMACHERMESSER

Dieses dient zum Lederausschneiden, zum Ausschärfen und zum Ausschneiden des Sohlenmaterials. Das Schuhmachermesser sollte immer scharf gehalten und im Etui aufbewahrt werden.

SCHLEIF- ODER WETZSTEIN
Er dient zum Scharfhalten des Schuhmachermessers. Hier eignet sich auch ein mit Leder bezogenes Holz, das mit Messerschleifpaste eingestrichen wurde.

ZIEHKLINGE
Eine Ziehklinge wird zum Abziehen der Narbenschicht beim Bodenleder gebraucht. Eigentlich ist sie ein Werkzeug der Tischler.

HAKENMESSER
Dieses dient zum gleichmäßigen Beschneiden der überstehenden Sohle bei den Endarbeiten.

RASPEL
Eine Raspel benötigen Sie zum Bearbeiten der Holzleisten, der Bodenleder und Sohlen. Raspel immer in einer Schatulle aufbewahren!

HAMMER
Der Schuhmacherhammer dient zum Umbugen des Leders und zum Anklopfen der Sohle.

Wetzstein zum Scharfhalten des Messers

Ziehklingen

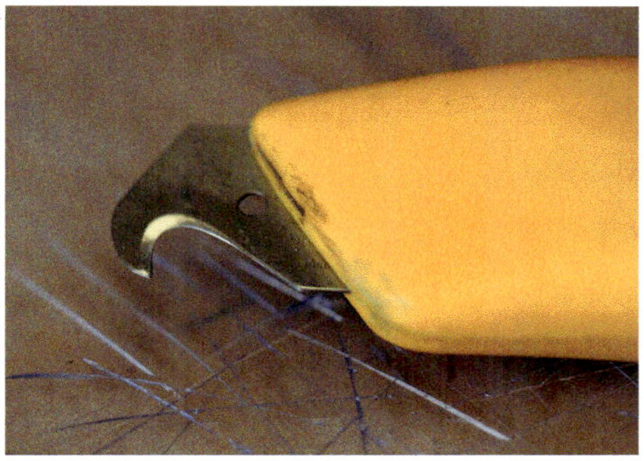

Hakenmesser

STECHZIRKEL
Einen Stechzirkel brauchen Sie zum gleichmäßigen Ausmessen von Randabständen.

BÜRSTE
Eine Staubbürste müssen Sie einsetzen, damit die Materialien beim Einkleben staubfrei sind.

AHLE
Die Ahle ist das bekannteste Utensil des Schuhmachers. Es handelt sich um ein spitz zulaufendes Werkzeug, mit dem Löcher für Handnähte im Leder vorgestochen werden.

BOHRER
Zum Bohren von Löchern ins Leder dient auch ein Bohrer, der wesentlich stärker ist als die Ahle.

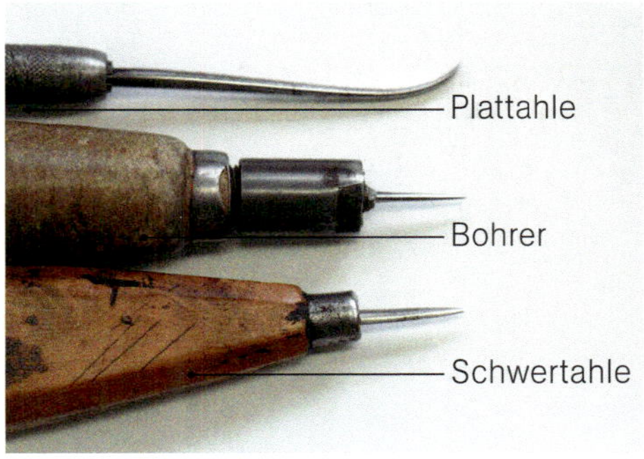

Plattahle, Bohrer, Schwertahle

Ahlen

Prickrad

Zwei Spindelpressen (grün und blau) im Vordergrund

Nähguthalter

PRICKRAD

Zum gleichmäßigen Markieren der Nählöcher bei Handnähten ist das Prickrad geeignet.

SPINDELPRESSE

Zum Stanzen der Näh- oder Schnürlöcher sowie zum Anbringen von Nieten und Ösen nutzen Sie die Spindelpresse.

SATTLERNADELN

Sattlernadeln sind starke, stumpfe Nadeln mit großem Öhr, durch das der dicke gewachste Sattlerfaden passt.

NÄHGUTHALTER

Zum Einklemmen des Schuhs dient ein Nähguthalter; so bleiben beide Hände frei fürs Nähen.

TIPP
Es lohnt sich, im Zusammenhang mit der Anschaffung einer Ledernähmaschine mit einem Nähmaschinenmechaniker zu sprechen, der auch später helfen kann, wenn Schwierigkeiten auftauchen. Bedenken Sie: Eine billige Maschine ist nicht in jedem Fall die richtige Maschine.

DIE NÄHMASCHINE

SCHUHREPARATURMASCHINE

Diese Maschinen sind speziell für Reparaturen konzipiert. Mit dem dünnen Freiarm und dem in alle Richtungen drehbaren Fuß kann auch im Inneren des Schuhs sehr gut genäht werden. Schuhreparaturmaschinen sind im Handel zu erschwinglichen Preisen erhältlich. Sie sind sehr robust und arbeiten oft noch ohne Motor, was die Bedienung noch einfacher macht. Das große Handrad an der Schuhreparaturmaschine hilft dabei, die Geschwindigkeit beim Nähen optimal anzupassen und so eine exakte gerade Naht sauber zu steppen, die nur 2 mm von der Kante entfernt liegt. Schuhreparaturmaschinen nähen fast alle Materialien, haben jedoch ein paar Nachteile gegenüber der Oberledernähmaschine: Die Stiche werden nicht ganz so präzise wie mit der Oberledernähmaschine und die Unterfadenspule ist recht klein und muss deshalb oft nachgefüllt werden.

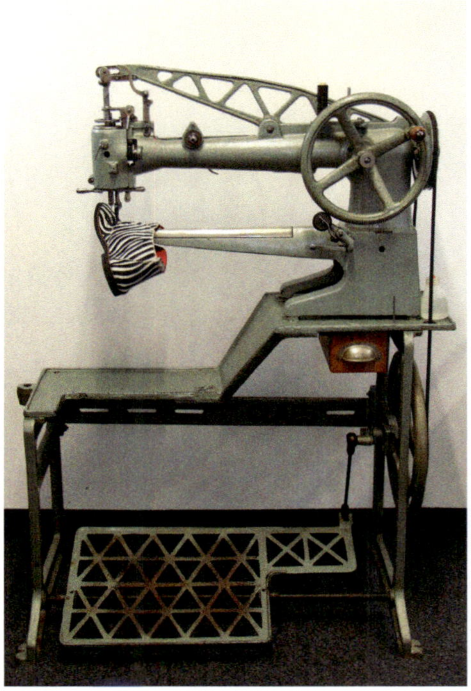
Schuhreparaturmaschine

Oberleder- oder Schaftnähmaschine

OBERLEDERNÄHMASCHINE

Eine Oberledernähmaschine ist speziell für Lederarbeiten geeignet. Sie ist im Handel seltener zu finden und auch teurer als die Schuhreparaturmaschine. Es gibt die unterschiedlichsten Varianten: mit Rollfuß, mit Dreifachtransport usw. Falls man nicht nur flache Leder nähen will, lohnt es sich, keine Flachbett-, sondern entweder eine Freiarm- oder eine Säulenmaschine auszusuchen. Kupplungsmotoren sind wesentlich anspruchsvoller zu bedienen als elektronische Motoren, mit denen man gut auch Stich für Stich nähen kann. Bei Kupplungsmotoren wird das Handnähen an der Maschine erleichtert, wenn man den Keilriemen lösen und so ohne Motorenwiderstand nähen kann.

Rollfüßchen

HAUSHALTSNÄHMASCHINE

Leichtere Leder können auch gut mit einer Haushaltsnähmaschine genäht werden. Man braucht lediglich eine stärkere Nadel und eventuell einen Teflonfuß. Alternativ kann man den Nähfuß mit einem Scotchband abkleben, damit er besser gleitet. Ein Obertransport (bereits integriert oder als Zubehör) verbessert das Nähresultat. Haushaltsnähmaschinen funktionieren allerdings nur da, wo keine Freiarmmaschine nötig ist. Nähen Sie nicht mit einer Ledernadel, sondern mit einer Jeansnadel der Stärke 90 oder 100. Ledernadeln zerschneiden das Leder und beim Rückwärtsnähen auch den Faden.

Flachzangen

Schleifmaschine

Heißluftföhn

Stanzeisen

BESCHLAGSTOCK

Ein Beschlagstock diente früher zum Anklopfen der Laufsohle unter den Schuh. Heute wird hierfür eine pneumatische Presse eingesetzt.

FLACHZANGE

Zum Andrücken des Randes beim Verkleben von Brandsohle und Laufsohle braucht man eine Flachzange.

SCHLEIFMASCHINE

Die Schuhmacherschleifmaschine begleitet die Herstellung eines Schuhs von den Vor- bis zu den Abschlussarbeiten. Sie wird gebraucht, um den Leisten sowie den Maßschuh zu schleifen, und wird bei den Projekten in diesem Buch zum Egalisieren der Brandsohlen und beim Besohlen eingesetzt.

HEISSLUFTFÖHN

Thermopalstische Materialien wie Laufsohlen aus Kunststoff, die für einen Absatz in eine geschwungene Form gebracht werden sollen, lassen sich mit dem Heißluftföhn erhitzen und geschmeidig machen. Hitze löst den Schuhmacherkleber. So werden bereits verklebte Teile wieder weich und lassen sich entfernen, beispielsweise wenn sie falsch aufgeklebt wurden oder wenn neu besohlt werden muss.

STANZEISEN

Sie dienen zum Ausstanzen von Näh- und Schnürlöchern, Mustern und Broguings. Schlitze können mit **LANGLOCHEISEN** gestanzt werden, die in Größen von 4 x 2 mm bis 30 x 4 mm im Orthopädiehandel angeboten werden.

SCHÄRFMASCHINE

Sie wird zum Schärfen und Spalten von Leder eingesetzt.

ALTERNATIVE WERKZEUGE

Der **SILBERSTIFT** lässt sich gut durch einen Filzstift, Kugelschreiber oder Bleistift ersetzen, aber nur an Stellen, die später am Schuh nicht zu sehen sind.

Die **RASPEL** kann durch starkes Schleifpapier ersetzt werden.

Das **PRICKRAD** kann durch ein scharfes Kopierrädchen aus dem Schneidereibedarf ersetzt werden. Außerdem sorgt die Nähmaschine dafür, dass man gleichmäßige Abstände für die Handnähte bekommt: Ohne Faden, also leer laufend, und von Hand mit dem Schwungrad reguliert, lassen sich mit ihr gleichmäßig angeordnete Nählöcher erzielen. Eine Methode, die in der Industrie für hochwertige Uhrenarmbänder eingesetzt wird.

Kopierrädchen

Eine **SCHUHREPARATUR-** oder **OBERLEDERNÄHMASCHINE** kann durch die Haushaltsnähmaschine *(siehe S. 51)* ersetzt werden, wenn Näharbeiten am Schaft vorgenommen werden.

Ist weder **SCHNELLPRESSE** noch **BESCHLAGSTOCK** vorhanden, lässt sich die Schuhsohle auch mit einem Hammer und einem Dreibein festklopfen, der früher in jeden Haushalt gehörte.

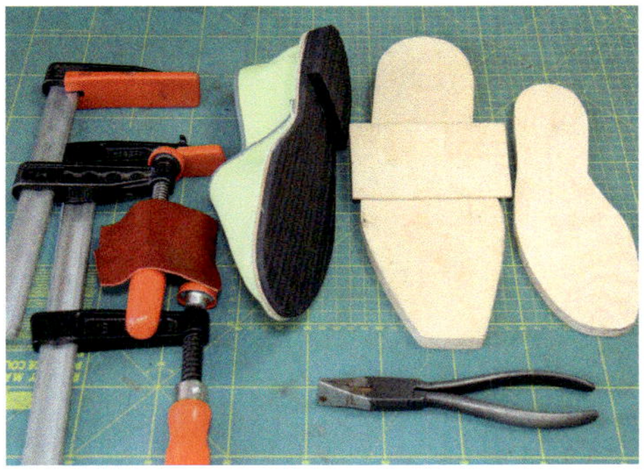

Alternative Sohlenpresse

Die **SOHLENPRESSE** ersetzen zwei Schraubzwingen und zwei Holzbretter: Ein Brett wird auf das Schuhinnenmaß zugeschnitten, das andere, das außen angelegt wird, etwas größer (eine Stoff- oder Lederunterlage zum Schutz des Leders unterlegen!). Zudem kann der ortsansässige Schuhmacher beim Sohlen- und Absatzpressen sowie beim Sohlenschleifen helfen.

Dreibein

KAPITEL 6 **WERKSTOFFE FÜRS SCHUHWERK**

LEDER

Als der Mensch lernte, sich ein Stück Leder um die Füße zu binden, um sie vor Steinen und Dornen zu schützen, konnte er schneller, weiter und stressfreier laufen. So ist die Geschichte des Leders annähernd so alt wie die Geschichte lederner Fußbekleidung. Früheste Hinweise sind auf Steinbildern von ca. 4000 v. Chr. zu finden, auf denen die Gerberei und die Herstellung von Sandalen gezeigt werden. So waren Lederartikel in Ägypten genauso wertvoll wie Gold und Elfenbein, denn wenn sie nicht barfuß gingen, trugen die alten Ägypter der höheren Klassen Sandalen aus Leder. Diese ersten Sandalen, die bezeugt sind, waren sehr einfache Modelle und bestanden aus einer Sohle und einer dreieckigen ledernen Riemenkonstruktion, die ähnlich dem heutigen Flipflop zwischen der großen und der zweiten Zehe gehalten wurde. Erst später kamen eine Hinterkappe und eine reichere Schnürung hinzu.

Im alten Griechenland kannte man schon das Pflanzen-, Sämisch- und Weißgerben. Dank der Entwicklung neuer Färbeverfahren gelang es den Römern, viele Gegenstände des täglichen Lebens, so auch Fußbekleidung, mit vergleichsweise geringerem Aufwand farbig herzustellen. Die Ledersandale wurde zum Schuhwerk der einfachen Leute. Römische Senatoren trugen *calceus*, hohe schwarze oder rote Lederschuhe mit einer Schnürung über dem Spann.

Neben ihrem eigentlichen Handwerk, der Herstellung von Schuhen, gehörten auch Herstellung und Vertrieb des lohgaren Leders bis ins hohe Mittelalter zur Aufgabe der Schuhmacher. Erst während eines Differenzierungsprozesses und einer Neustrukturierung der Zünfte im 15. Jahrhundert wurde dem Schuhmacher untersagt, mehr Leder zu produzieren, als er selber verarbeiten konnte, und die Zunft trennte sich in die der Gerber und die der Schuhmacher. Hier sieht man die enge Verbindung zwischen der Gerberei und der Schuhmacherei. Noch heute werden Stabilität und Stil des Schuhs durch die Qualität des verwendeten Leders bestimmt. Denn was nützt die beste handwerkliche Arbeit bei minderwertigem Material? Das gilt für das Bodenleder ebenso wie für das Oberleder.

Das Leder der Schuhe folgt den Bewegungen des Fußes viele Jahre lang über viele Kilometer, ohne auszuleiern, zu reißen oder brüchig zu werden. Noch heute ist tierisches Leder das beste Material für Schuhe, ist es doch besonders haltbar, strapazierfähig, atmungsaktiv, anpassungsfähig und optimal zu verarbeiten. So kann der ganze Schuh von der Einfassung bis zur Laufsohle aus Leder gearbeitet sein.

Doch Leder ist nicht gleich Leder. Für jede Funktion am Schuh kommen andere Abschnitte des Leders, andere Lederarten und andere Gerbmittel zum Einsatz. Die Leder verschiedener Tierarten haben unterschiedliche Eigenschaften und zeigen auch verschiedene Narbenbilder, an denen die Tierart erkannt werden kann.

LEDER

DAS NARBENBILD

Die einzelnen Ledersorten sind an ihrem charakteristischen Narbenbild zu erkennen. Die Außen- oder Narbenseite des Leders ist die glatte Seite mit den typischen Einbuchtungen der Papillarschicht, die von Haar- und Wollaustritten, Poren, Borsten, Federkielen und Schuppenauswüchsen geprägt ist. Deren Form, Größe und Lage zueinander bilden das charakteristische Aussehen der Narbenseite.

Rindleder

KALB / RIND: Das Kalb hat ein feineres und weicheres Fell als das Rind. Dementsprechend sind auch die Poren wesentlich kleiner und feiner und haben einen geringeren Durchmesser als die des ausgewachsenen Tieres. Die Poren stehen in ungleichmäßigen Abständen nah beieinander und wirken, als wären sie mit einem spitzen Gegenstand schräg eingestochen worden. Je nach Alter, Rasse und Geschlecht ergeben sich viele Zwischenstufen, die bis zum grobnarbigen Bild des Rindleders reichen.

PFERD: Beim Pferdeleder ähneln Verteilung und Form der Porenaustritte denen des Rindleders, wirken aber noch etwas unregelmäßiger. Auch sind die Poren unterschiedlich groß, die kleinen stammen von der feinen Unterwolle, die größeren vom Oberfell mit den Grannenhaaren. Ein typisches Pferdeleder ist Cordovan, bei dem der Narben abgerieben wird. Die Gruben der Haarwurzeln oder Haarbälge werden durch Eincremen verschlossen. Meist wird die Fleischseite als Oberseite verarbeitet, der durch Polieren die typische spiegelglatte und hochglänzende Oberfläche verliehen wird. Dadurch ist beim Cordovan auch keine Zugrichtung mehr erkennbar.

Cordovan

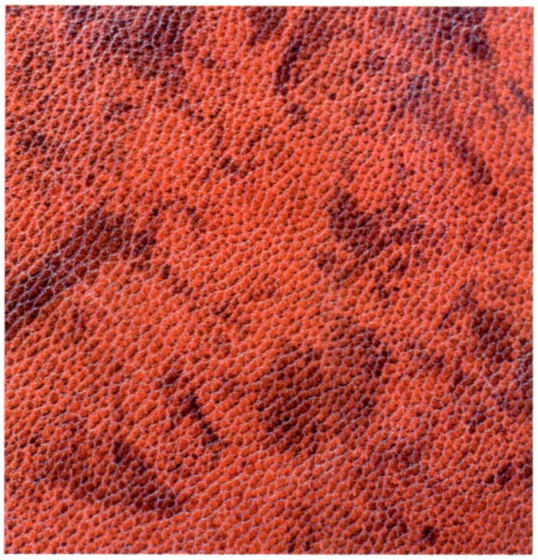

Ziegenleder

ZIEGE: Bei der Ziege liegen die Poren der Woll- und Grannenhaare streng geordnet nebeneinander. Das typische Narbenbild der Ziege ist an den Poren der zwei bis fünf halbmondförmig in einer Reihe angeordneten Grannenhaare zu erkennen und den in der nächsten Reihe dahinterliegenden Poren der vier bis acht Wollhaare. Die Größe der einzelnen Poren variiert je nach Alter und Rasse des Tieres.

SCHAF: Auch beim Schaf sind die Grannen- und Wollhaare streng in Gruppen geordnet. Die Poren laufen dabei in verschiedenen wellenförmigen Linien. Die Haare treten senkrecht aus der Haut. Da Wolle mal bogig, das heißt stark gewellt, mal korkenzieherartig oder auch dicht und glatt wächst, können die Poren je nach Schafrasse von sehr unterschiedlicher Größe sein. Schafleder hat einen hohen Fettgehalt und eine lockere Faserigkeit.

Schafleder

SCHWEIN: Das Narbenbild von Schweinsleder ist daran zu erkennen, dass die Poren aufgrund der dicken Borsten einen großen Durchmesser haben und sehr weit voneinander entfernt liegen. Typisch ist, dass immer drei Borsten als Gruppe ein Dreieck bilden. Da die Lederhaut des Schweins ausschließlich aus der Papillarschicht besteht, wachsen die Borsten durch den gesamten Lederquerschnitt.

Schweinsleder

VON DER HAUT ZUM LEDER

Die für die Schuhherstellung wichtigsten Häute stammen von pflanzenfressenden Säugetieren: Rindern, Pferden, Hirschen, Ziegen und Schafen. Die als Rohmaterial des Leders dienende tierische Haut ist ein Nebenprodukt der Fleischwirtschaft. In Schlachthöfen eingekauft und nach Rasse, Größe und Geschlecht des Tieres sortiert, werden die Rohhäute konserviert – heute nicht mehr durch Salzen, sondern durch Kühlen. Die Kühlung ist wesentlich umweltschonender als die klassische Salzkonservierung, die die Gewässer stark belastete.

Die Blöße

Die Haut ist das Organ, welches den Körper nach außen abschließt und ihn widerstandsfähig gegen äußere Einflüsse macht. Als Ausscheidungsorgan reguliert die Haut durch Schwitzen den Wasserhaushalt des Körpers. Als Sinnesorgan fühlt sie Temperaturunterschiede, Berührungen, Druck und Schmerz. Haut wird durch Gerben haltbar gemacht und behält nach der Gerbung viele ihrer Eigenschaften bei, besonders die Atmungsaktivität und die Elastizität.

Die tierische Haut besteht aus drei Schichten: aus **OBERHAUT** (Epidermis) mit Horn und Schleimschicht, aus **LEDERHAUT** (Corium) mit Haarwurzeln, Talg- und Schweißdrüsen sowie kollagenen Fasern und aus **UNTERHAUTBINDEGEWEBE** (Subcutis) mit Fleisch, Blutgefäßen und Fetteinlagerungen. Die Oberhaut als eigentliches Sinnes- und Schutzorgan ist der lebende Teil der Haut, der sich immerfort erneuert. Sie wird vor der Gerbung entfernt. Genau wie die Unterhaut, die vorwiegend aus Binde- und Fettgewebe besteht. Für die Lederherstellung wird nur die mittlere Hautschicht, die Lederhaut, verwendet. Sie macht etwa 85 Prozent der Gesamtdicke der Haut aus. Alle an ihr vorgebildeten Eigenschaften entfalten sich beim Gerben.

Die Lederhaut besteht aus zwei Schichten: der Narben- oder Papillarschicht, die unter der Oberhaut liegt, und der netzartigen Retikularschicht, die dem Leder Festigkeit, Haltbarkeit und Strapazierfähigkeit verleiht. Hat eine Lederhaut im Verhältnis eine dickere Retikularschicht als Papillarschicht, so ist das Leder robuster (bei strapazierfähigem Rindbox liegt das Verhältnis von Narben- und Retikularschicht bei 1 : 3,5). Die Papillarschicht (abgeleitet von Papille, warzenartige Erhebung) ist durchbrochen von Einbuchtungen der Haarwurzeln und Ausscheidungsgängen der Talg- und Schweißdrüsen. Sie bestimmen als Narben das Aussehen des späteren Leders. Zur Oberfläche hin verdichtet und verfeinert sich das Fasergefüge der Papillarschicht und bildet mit der Narbenmembran den Abschluss.

Bevor die Tierhaut gegerbt wird, wird sie im Äscher, einem rotierenden Fass, durch gelösten Kalk und Schwefelnatrium von den Substanzen chemisch befreit, die nicht zum Leder beitragen, wie Verschmutzungen, Haare, Oberhaut- und Unterhautgewebe, Naturfett und Eiweiß. Die geäscherte, von Haaren befreite und gesäuberte Lederhaut erscheint wie eine milchig weiße, sehr geschmeidige Membran – die Blöße. Das Unterhautbindegewebe, Fleisch und Fettreste werden mechanisch durch Messerwalzen in der Entfleischmaschine entfernt. Beim Egalisieren wird die Blöße durch die Messerwalzen einer Spaltmaschine horizontal auf eine gleichmäßige Dicke zugeschnitten und in Narben- und Fleischspalt geteilt. Durch anschließendes Beizen werden die Fasern der Haut gelockert und für die Gerbung vorbereitet.

Vorbereitungsarbeiten zum Gerben: Wässern, Entfernen von Fett- und Fleischresten sowie Haar und Oberhaut mit dem Scherdegen, aus: Diderot/d'Alembert, L'Encyclopédie

Gerbbecken im Gerberviertel in Fez, Marokko

GERBUNG

Erst die Gerbung verwandelt die leicht verderbliche, gereinigte und von Haaren, Ober- und Unterhaut befreite Tierhaut in haltbares Leder und ist folglich der zentrale Arbeitsgang. Im Vorfeld wird die Blöße durch Kohlensäure wieder entkälkt und anschließend mithilfe von Enzymen gebeizt. Die tierische Haut besteht zu ca. 65 Prozent aus Wasser und ihr hoher Wassergehalt bietet eine gute Lebensgrundlage für Fäulnisbakterien. Deshalb wird das Wasser beim Gerben zum großen Teil entfernt. Der Pickel, bestehend aus Säure und Neutralsalz, senkt den pH-Wert der Haut auf ca. pH 3. Die Rohhaut ist jetzt bereit für den Gerbprozess. Beim Gerbprozess dringen die Gerbstoffe in die Blöße ein und verbinden sich mit den Hautfasern, um eine permanente Konservierung zu erreichen. Die Gerbung macht die Tierhaut geschmeidig und widerstandsfähig gegen Nässe, Trockenheit sowie Hitze und Kälte. Je nach Anwendungsgebiet werden dem Leder durch verschiedenartige Gerbstoffe und Nachbehandlungen auch verschiedene Eigenschaften verliehen, die von fest und stabil (für Bodenleder), flexibel, strapazierfähig und anpassungsfähig (für Oberleder) bis weich, atmungsaktiv und feuchtigkeitsaufsaugend (für Futterleder) reichen können.

Lohgerbung, Werkstatt mit Grubengerbung, aus: Diderot/d'Alembert, L'Encyclopédie

DIE SÄMISCH- ODER FETTGERBUNG: Die Sämischgerbung ist vermutlich die älteste Form der Modifizierung von Tierhäuten, die hauptsächlich von Wildtieren wie Hirsch, Reh, Gazelle und Antilope stammen, aber auch schwache Rinderhäute, Kalb-, Ziegen- und Schafleder werden fettgegerbt. Keine Gerbstoffe, sondern Fette und Trane (Dorschlebertran, Thunfischtran, Eidotter, Kuhbutter und Leinöl) werden dazu in die Haut eingearbeitet. Nachdem die Narbenschicht der Haut zum besseren Diffundieren gleich mit den Haaren und der Oberhaut entfernt wurde, wird die Blöße mit Tran bestrichen und mehrere Stunden in einer Walke geknetet. Beim Walken verbindet sich der Tran mit dem in der Blöße noch vorhandenen Wasser und dringt in das Zellgebilde ein. Die gerbende Wirkung wird erreicht, indem die Trane und Fette Sauerstoff aus der Luft aufnehmen, oxidieren und ranzig werden. Das Leder bekommt dadurch eine blassgelbe Farbe und seinen typischen Geruch.

Restliche Fette werden mit einer Soda- oder Pottaschelösung entfernt, das Leder wird gewaschen, gepresst und durch mechanische Bearbeitung weich und schmiegsam gemacht. Die durch Fettgerbung erreichte Geschmeidigkeit hat dem Leder seinen Namen gegeben: Sämischleder, denn „sämisch“ bedeutet „weich“. Sämischleder ist das „Urleder“ der Mokassins.

DIE MINERAL- ODER CHROMGERBUNG: Die Weißgerbung mit Alaun ist eines der frühesten mineralischen Gerbverfahren, das schon im alten Ägypten bekannt war. Bei der Weiß- oder Alaungerbung sorgt ein Gemisch aus Alaunsalz und Kochsalz für den konservierenden Einfluss auf das Leder und gibt ihm eine weiße Farbe. Die gründliche Entfernung von Fett ist bei dieser Gerbung essenziell, weshalb die enthaarten Häute erst im Kalkäscher ruhen, um anschließend ausgespült und auf dem Schabebaum mit einem stumpfen Messer bearbeitet zu werden. Erst vollständig gereinigt kommen die Blößen in das Gerbbad, werden anschließend nass aufgeschichtet und sollen sich noch einen Tag nachentwickeln. Die Tonerde des Alauns geht dabei mit der Hautfaser eine Verbindung ein, die sich allerdings im fertigen Leder unter großer Feuchtigkeitseinwirkung wieder herausschwemmen kann. Weißgegerbtes Leder sollte daher nicht für Allwetter- oder Straßenschuhe, sondern ausschließlich für Luxusschuhe eingesetzt werden.

Die Chromgerbung hat aufgrund der Schnelligkeit und Wirtschaftlichkeit des Verfahrens alle anderen Gerbverfahren in der Oberlederherstellung bestimmter Ledersorten (Kalb, Rind und Pferd) zurückgedrängt. In anorganischen Gerbmitteln, wie den Chromsalzen, bilden assoziierte Hydroxokomplexe als basische Salze den Gerbanteil. Chromsalze werden aus Chromeisenstein gewonnen und durch Soda oder Natronlauge basisch gemacht. In der Schuhledergerbung wird ausschließlich dreiwertiges Chromsalz eingesetzt, ein, wie angegeben wird, natürliches und ungiftiges Element.

Für Schuhleder kommen entweder Ein- oder Zweibadverfahren zur Anwendung. Bei der Einbadgerbung werden die Blößen in die fertige Chromlösung gelegt, wodurch sie während der Gerbung eine gelbliche Farbe annehmen. Im ersten Bad der Zweibadgerbung wirkt die Chromsäure auf die Blöße ein, im zweiten Bad wird die Chromsäure in Chromoxyd umgewandelt, das eine irreversible Verbindung mit der Hautfaser eingeht.

Dieses Chromleder zeigt später an der Schnittkante eine grünliche Färbung, einbadgegerbtes Chromleder eine bläuliche. Die Gerbung findet in rotierenden Fässern bei steigender Konzentration der Gerbflüssigkeit statt, die Chromsalze gelangen so von allen Seiten in die Haut. Da die Chrommoleküle sehr klein sind, können sie gut in die Blöße eindringen und sich in den Hautfasern einlagern. Je nach Stärke der Blöße kann das sechs bis zwölf Stunden dauern (beim Altgerben mit Eichenlohe dagegen mehrere Jahre). Nach der Gerbstoffeinwirkung ruht das Leder ein paar Tage, bis sich das Kollagen mit den Chromsalzen verbunden hat und sich die Strukturveränderung in allen Fasern vollziehen kann. In der Abwelkpresse wird dem Leder nun zwischen zwei Filzrollen überschüssiges Wasser ausgepresst. Im trockenen Zustand ist das Leder nach der Gerbung erst einmal hart und die einzelnen Fasern sind untereinander verklebt. Stark vibrierende Metallstifte klopfen das Leder weich, wobei sich die einzelnen Fasern lockern und das Leder geschmeidig machen. Dieser Vorgang wird Stollen genannt. Um dem Leder eine glänzende Oberfläche zu geben, wird es leicht auseinandergezogen und bei 90 °C gebügelt. Wenn das feuchte Leder auf einen Metallrahmen gespannt wird und dort trocknet, vergrößert sich die Fläche. Bei der Zurichte wird das Leder durch Auftragen von hauchdünnen Schichten grundiert. Durch anschließende Färbebäder, Deckfarbaufträge, Prägungen, Appreturen, Glanzpressen sowie durch besondere Narbeneffekte erhält es sein endgültiges Aussehen. Schuhschaftteile werden heute hauptsächlich aus chromgegerbtem Leder gearbeitet, ist es doch griffig, weich, biegsam und wärmebeständig.

DIE PFLANZLICHEN GERBSTOFFE: Viele Bäume und Pflanzen enthalten Gerbstoffe. Die Konzentration ist aber nicht bei allen so hoch, dass sich die Gewinnung wirtschaftlich lohnt. Gerbstoffe sind pflanzeneigene Insektizide, die das Eiweiß von Schädlingen angreifen. Besonders hohe Anteile an Gerbstoffen sind in Eichenrinde, Kastanie, Weide, Mimose und Rhabarberwurzel vorhanden. Aber auch Galläpfel, Quebrachoholz sowie Fichtenrinde liefern brauchbare Gerbstoffe. Am häufigsten dient Eichenrinde zur Gerbstoffgewinnung. Die Rinden werden gemahlen und kommen dann als Lohe in die Gerbereien.

Heute werden nur noch wenige Schuhoberleder mit vegetabilen Gerbstoffen gegerbt. Der Vorteil von vegetabil gegerbtem Leder liegt in seiner guten Formbarkeit, es ist ökologischer als chromgegerbtes Leder, aber weniger schweißresistent. Außerdem ist es fester als das flexible Chromleder; das Gerbverfahren dauert allerdings wesentlich länger.

Im großen Maßstab wird die Lohgerbung noch heute zum Gerben des Futterleders und des Boden- und Sohlenleders eingesetzt.

SOHLEN- ODER BODENLEDER

Als Sohlen- oder Bodenleder eignet sich das Leder vom Rind am besten, egal ob die Häute europäischer Rinder, die Zahmhäute, zum Einsatz kommen, oder die aus Südamerika eingeführten Wildhäute.

Bodenleder wird entweder nach Quadratfuß oder nach Gewicht verkauft, wobei nicht der Kilopreis ausschlaggebend sein sollte, sondern die Qualität. Allerdings machen die unüberschaubar vielen verschiedenen Qualitäten, die auf dem Markt angeboten werden, den Kauf von Bodenleder kompliziert. Die Stärke des Leders spielt dabei genauso eine Rolle wie die Hautstellung. Auch sollte man sich nicht von einer gleichmäßigen hellen Farbe blenden lassen, denn diese wird leicht durch eine chemische Bleiche erreicht. Die Bleiche, wie jeder chemische Einfluss überhaupt, beeinträchtigt die natürliche Beschaffenheit der Haut.

Boden- und Sohlenleder können auf unterschiedliche Art mit meist vegetabilen Gerbstoffen gegerbt werden. Das für Sohlenleder beste Gerbverfahren ist das **ALT- ODER GRUBENGERBEN** mit reiner Eichenlohe in Gruben. In mindestens zwölf Monaten durchdringt die Gerbsäure langsam in immer stärker werdenden Lösungen die Haut. Bei der **GEMISCHGERBUNG** wird sowohl in Gruben gegerbt als auch in Fässern. Um Zeit einzusparen, erfolgt die **SCHNELLGERBUNG** des Leders heute ausschließlich in Fässern innerhalb kürzester Zeit. Diese schnellgegerbten Leder sind schwerer als die nach alten Verfahren in neun bis zwölf Monaten in Fässern mit Eichenlohe gegerbten Leder. Das zusätzliche Gewicht von ca. 20 Prozent kommt durch die Gerb- und Füllstoffe zustande, die beim späteren Eindampfen des Leders allerdings zum Teil wieder ausgeschwemmt werden.

Eine Probe kann helfen, die Gerbmethode zu identifizieren. Weicht man je ein Stück schnellgegerbtes und altgegerbtes Leder gleich lang in heißem Wasser ein, so wird man feststellen, dass das Wasser des schnellgegerbten Leders von Gerbstoffen und Füllmitteln getrübt wird, das des lohgegerbten Leders bleibt dagegen ziemlich klar. Leider lassen sich solche Versuche nicht bereits beim Lederhändler machen und man muss sich auf dessen Angaben verlassen. Auch wenn es etwas teurer ist, ist das altgegerbte Leder dem schnellgegerbten weit überlegen, was seine Beschaffenheit und Haltbarkeit angeht sowie die Auswirkungen auf die Gesundheit der Füße. Es bietet Halt und Stütze bei gleichzeitiger Elastizität beim Abrollen.

SCHUHOBERLEDER

Oberleder kann aus den Häuten der unterschiedlichsten Säugetiere hergestellt werden. Neben Rind-, Kalb-, Pferde-, Ziegen- und Hirschleder liefern auch exotische Ledersorten vom Känguru und Strauß oder Reptilhäute von Krokodil oder Eidechse das Material für Schuhe. Unterschiedliche Eigenschaften, verschiedenartige Charaktere und Oberflächen erhalten diese Häute durch die angewendeten Gerbmethoden und Nachbehandlungsverfahren. Leder wird je nach Schuhmodell matt, rau oder glänzend, grob-, feinnarbig oder ganz glatt, schwarz, naturfarben oder farbig, dünn oder dick, trocken oder wasserabweisend fett, zügig, fest oder geschmeidig zugerichtet. Die am häufigsten für die Schuhherstellung verwendeten Leder sind Boxleder, chromgare Oberleder, die leicht angefeuchtet über den Leisten in Form gezwickt werden.

BOXCALF: Boxcalf oder Babycalf wird aus den Häuten junger, noch saugender Kälber gewonnen. Chromgegerbt ist es das favorisierte Material für feine, elegante Schuhe; es ist geschmeidig und dennoch straff. Da Kalbleder einen sehr feinen Narben hat, kann es glatt, als Rauleder oder Scotchgrain zugerichtet werden. Scotchgrain erhält seine Kunstnarbenschicht durch Grundieren und einen anschließenden deckenden Farbauftrag. Beim Auftragen der Farbschicht wellt sich die Oberfläche in kleine Noppen. Diese Noppen bekommen durch eine zusätzliche Farbschicht ihre charakteristische Prägung – mit hellen Vertiefungen und dunklen Noppen. Ein Schutzlack macht Scotchgrain widerstandsfähig, verhindert aber auch die Atmungsfähigkeit des Schuhwerks. Kalbleder sind ca. 1–1,2 mm stark und je nach Alter der Tiere zwischen 10 und 16 Quadratfuß groß. Aus einem Leder lassen sich ca. drei Paar Schäfte zuschneiden.

RINDERHAUT: Da die Fasern der Retikularschicht bei der Rinderhaut sehr stark sind, ist chromgares Rindbox ein gutes Material für festes Schuhwerk; es ist grobnarbig, robust, dick und massiv. Rinderhäute lassen sich aber auch dünn und geschmeidig zu feineren Schuhen verarbeiten. Die natürliche Oberfläche der Narbenschicht wird gerne bearbeitet. Durch Glanzappretur, Glanzstoßen und Bügeln wird es glatt und glänzend, durch feines Abschleifen der Narbenschicht entsteht Nubuk (sämischgegerbt) mit einer samtigen Oberfläche, durch Krispeln wird das natürliche Narbenbild der Rinderhaut herausgearbeitet. Da Rinderhäute eine Fläche von ca. 32 Quadratfuß haben, werden sie oft bereits in der Gerberei zur Hälfte entlang der Wirbelsäulenlinie geteilt. Handling und Weiterverarbeitung sind so unkomplizierter.

SCHAF- UND LAMMLEDER kommen als lose, lockere Qualitäten bis zu festen Ledern in den Handel, deren Narben und Festigkeit denen von Ziegenleder ähnelt. Schafe, die für die Fleischgewinnung gezüchtet wurden, haben eine fette, lockere Hautstruktur, wohingegen die Wollschafe grob in zwei Kategorien eingeteilt werden können: in die fein- und die grobwolligen Schafrassen. Je feiner die Wolle, desto dünner die Haut. Je gröber die Wolle, desto fester und brauchbarer das Leder und schöner der Narben. Aufgrund des lockeren Narbens und der eher losen Struktur kann Schafleder nur als Futterleder und nicht als Oberleder verwendet werden.

ZIEGEN- ODER CHEVREAULEDER (von franz. *chevreau:* Ziege) hat in der Schuhherstellung eine größere Bedeutung als Schafleder, weist es doch eine festere und gleichmäßigere Faserstruktur auf, verbunden mit einer feinen und dennoch festen Narbenstruktur. Auch haben die Leder der Ziegen weit weniger Hautfett als die der Schafe. Allerdings wirken sich Rasse, Geschlecht, Alter und klimatische Verhältnisse stark auf die Qualität des Leders aus. Kleine Ziegen, die noch kein Gras gefressen haben, haben die feinste Hautstruktur.

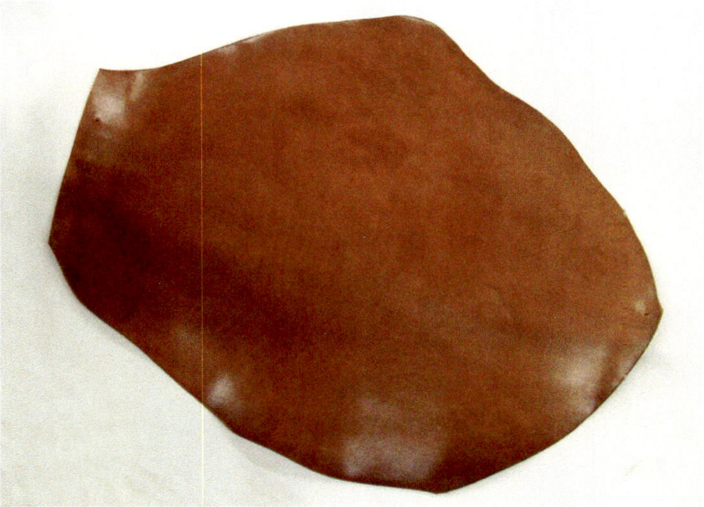

Cordovanspiegel

PFERDELEDER: Cordovan ist ein aufwendig pflanzlich gegerbtes und widerstandsfähiges Pferdeleder. Der natürliche hohe Fettgehalt macht Cordovan wasserresistent. Cordovan ist nicht schwerer als Boxcalf, aber so haltbar, dass es ein festeres, langlebiges Futter benötigt. Cordovan ist 1,6 –1,8 mm dick, fest und dennoch geschmeidig und hat weder Narben noch Zugrichtung. Denn seine spiegelglatte Oberfläche wurde nicht von der Narbenseite, sondern von der Fleischseite aus zugerichtet. Da seine eigentlich raue Oberfläche durch Ausrüsten so lange bearbeitet wird, bis sie porenlos, glatt und hochglänzend erscheint, sind beim Auslegen keine Anhaltspunkte wie Narben, die festere Wirbelsäulenlinie oder die weiche Struktur der Flämen auszumachen. Die Hautbeschaffenheit, Struktur und Dicke muss mit den Händen ertastet werden, um gleiche Schnittteile auch auf gleich strukturiertem und gleich dickem Leder auslegen zu können. Aus einer Pferdehaut werden nur zwei kleine ovale Spiegel von der Größe eines DIN-A3-Blattes aus der Kruppe des Pferdes gewonnen: ein Pferd – ein Paar Schuhe. Die pflanzliche Gerbung, die Zurichte von Hand, die geringe Ausbeute des Leders und seine exzellenten Eigenschaften machen Cordovan zu einem der teuersten Leder für Schuhoberteile.

FUTTERLEDER

Futterleder darf mehr kleine Fehler aufweisen als Oberleder, denn kleine Farbabweichungen oder Fehler im Narben sind im Schuh kaum zu bemerken. Futterleder darf allerdings nicht abfärben – es empfiehlt sich, eine Probe zu machen! Der Narben ist beim Futterleder gut zu sehen, denn um den Fußschweiß besser aufnehmen zu können, wird Futterleder nicht versiegelt. Je geringer die Behandlung, desto atmungsaktiver bleibt das Leder und desto besser kann es Feuchtigkeit aufnehmen. Oberleder dagegen soll Feuchtigkeit abweisen. Als Futterleder eignen sich nicht versiegelte Rind-, Lamm-, Ziegen- oder Schweinsleder.

Die Werkstoffe

WERKSTOFFE

Schuhe können aus den verschiedensten Werkstoffen hergestellt werden. Das Foto zeigt, für welche Partien am Schuh welche der in diesem Buch verwendeten Materialien zum Einsatz kommen.

HILFSSTOFFE

Klebstoffbehälter

KLEBSTOFFE: Die Entwicklung von Klebstoffen hat die Schuhherstellung revolutioniert. Mussten die Sohlen der Schuhe früher mit Nägeln oder Nähten mühsam von Hand verbunden werden, sorgen heute verschiedene Klebstoffe für flexible Stabilität. Aufgrund der sich ständig vergrößernden Vielfalt von Materialien müssen auch immer neue Klebstoffe und Klebeverfahren entwickelt werden. Für eine optimale Klebung müssen Material, Funktion und Klebstoff aufeinander abgestimmt werden.

WERKSTOFFE

Bei unseren Schuhprojekten kommen nur zwei Klebstoffe zum Einsatz:
1. **Dispersionsklebstoff,** Buchbinderleim: Lösungsmittelfreier Klebstoff auf Wasserbasis zum Verkleben von Futterleder, Bouts, Hinterkappen und Decksohlen. Die Klebung kommt zustande, indem sich die Moleküle bei Verdunstung des Wassers zu einem Klebefilm aneinanderlegen.

ACHTUNG!
Klebstoffbehälter immer schließen! Schnell ist das Lösungsmittel verdunstet und der Klebstoff hart.

2. **Schuhmacherkleber:** Ein meist blassgelber, lösungsmittelhaltiger Klebstoff. Vor dem Kleben müssen beide zusammenzuklebenden Teile wasser- und fettfrei, gut aufgeraut und entstaubt sein, um eine optimale und haltbare Klebung zu bewirken. Der Kleber wird beidseitig genau aufgestrichen, das Lösungsmittel verdunstet und ist nach ca. 10 Minuten klebebereit. Indem die Klebeflächen fest aufeinandergepresst werden, entsteht eine dauerhafte Verbindung. Sollte der Kleber zu trocken sein und nicht mehr gut kleben, kann er mit einem Heißluftföhn wieder aktiviert werden. Durch Hitze lassen sich auch falsch aufgeklebte Sohlen wieder lösen. Selbst bei fettgegerbten Ledern hält die Klebung, wenn man die entsprechende Stelle mehrfach einstreicht. Der erste Anstrich muss dabei verdünnt werden, damit der Klebstoff gut ins Material einzieht. Der Klebstoff muss gut antrocknen, erst dann die zweite Schicht aufbringen!

Nähgarnrollen

NÄHGARN

NÄHMASCHINENGARN: Schuhe können mit verschiedensten Materialien vernäht werden. Die Anforderungen sind hoch. Der Nähfaden muss vor allem auch bei Nässe flexibel, fest und haltbar sein. So wird für den Schaftbereich ein fester Polyesterfaden Nr. 40–60 verwendet.

Schustergarn in verschiedenen Farben

SCHUSTERGARN: Um die Brandsohle mit dem Schaft zu verbinden, eignet sich ein fertig gewachster, dicker synthetischer Faden, wie man ihn im Schuhmacherbedarfshandel kaufen kann. Der Spruch „langes Fädchen – faules Mädchen“ gilt hier nicht. Ein Schuh wird rundum mit nur einem Faden genäht. Der Faden muss demnach eine gewisse Länge haben – ein Kriterium, das Materialien aus der Natur nicht immer erfüllen. Deshalb wurden früher gedrehte Darmsaiten oder Sehnen vernäht oder gleichmäßig geschnittene Lederriemen eingezogen.

Pechdraht

PECHDRAHT: Noch heute werden rahmen- oder zwiegenähte Maßschuhe mit einem eigens hergestellten Pechdraht aus Hanf genäht. Die Herstellung eines Pechdrahts wird im Kapitel 10 beschrieben.

FILZ

Dank seiner Formbarkeit und Flexibilität wird Filz als Material für Fußbekleidung schon lange verwendet. So kann er beispielsweise als isolierende, ausgleichende und wärmende Zwischensohle Verwendung finden oder als ausgleichende Ausballung. Auch für Stulpen, Einlegesohlen und Pantoffeln ist das Material Filz optimal geeignet. Nur für die Schäfte von Straßenschuhen ist es kaum brauchbar. In unseren Breitengraden ist es zu feucht, Filz saugt Feuchtigkeit auf und wird klamm. Dennoch lassen sich unsere Schuhprojekte für den Hausgebrauch auch mit Industriefilz statt mit Oberleder herstellen.

GUMMI/ELASTOMERE

Die Entwicklung von Gummi war bahnbrechend in der Schuhherstellung, wie die folgende kurze Historie zeigt.

Bereits 1827 wurden Straßenschuhe produziert, deren Schaft aus einem Gummifadengewebe bestand, der auf eine Ledersohle genäht wurde. Um die Schuhe wasserdicht zu machen, wurden die Nähte verklebt.

Mit der Erfindung der Vulkanisation 1838, einem chemisch-technischen Verfahren, bei dem eine Rohkautschuk-Schwefel-Mischung durch Erhitzen in widerstandsfähiges und dauerelastisches Gummi überführt wird, wurde die Herstellung einer elastischen Laufsohle ermöglicht, die aus einer Gummiplatte geschnitten wurde. Eine Kautschuklösung verklebte Gummischaft mit Gummisohle. Durch Vulkanisieren wurde ein Schuh daraus. Das Problem, wie Leder und Gummi verbunden werden konnten, ließ sich vorerst noch nicht lösen, weshalb ausschließlich komplette Gummischuhe hergestellt wurden.

Verschiedene Laufsohlenmaterialien

Überschuhe aus Gummi, um 1900

In den letzten Jahren des 19. Jahrhunderts suchte man nach Möglichkeiten, um die stark beanspruchten Absätze der Lederschuhe durch Gummiauflagen schützen zu können. Dabei nutzte man die Entwicklungen in der Gummireifenfabrikation und schließlich wurden die Absatzflecke aus Gummi sogar von den Gummireifenfabrikanten produziert. Die ersten Gummiabsätze waren auffallend hart, denn um 1910 versetzte man sie noch nicht mit Weichmachern. Wurden die Absatzflecke anfangs aus glatten Gummiplatten geschnitten, gab man ihnen nach und nach, dem Autoreifen entsprechend, ein Profil. Das Problem bestand darin, dass man sie nicht fest genug verkleben konnte. Als Klebstoff diente Gummimilch (Pego), eine Klebung, die eine zusätzliche Fixierung durch Nägel erforderte. Die Nagelköpfe drückten sich durch das Gummimaterial, weshalb anfangs nur ausgesprochen derbe, robuste und nicht biegsame Schuhe mit Gummi besohlt wurden.

Werbeanzeige für Gummiabsätze, 1925

Der frühen kompletten Gummibesohlung wurden ein beißender Geruch und ein bleiernes Gewicht nachgesagt, zusätzlich brachen die Laufsohlen im Ballenbereich oder sie dehnten sich aus: Faktoren, die nicht zu einer weiten Verbreitung beitrugen. Also waren Ingenieure gefragt, um Abhilfe zu schaffen.

Um 1900 kamen bereits Sportschuhe mit kompletter Gummisohle auf den Markt. Für die amerikanischen Sportschuhe wurde eine neue Technik der Sohlenbefestigung entwickelt, die allerdings ein thermostabiles Obermaterial, also kein Leder, erforderte. Die aus hitzebeständigem textilem Schaftmaterial, meist Segeltuch, gefertigten Schuhe wurden auf einen Metallleisten gezogen, mit den vorgeformten, aber noch nicht vulkanisierten Kautschukteilen (Laufsohle, Spitzenkappe, Rand) mit Gummimilch verklebt und anschließend im Vulkanisierofen durch Erhitzen mit dem Textilschaft dauerhaft verbunden – der Ursprung unserer heutigen Turnschuhe.
Erst 1935 wurden die Gummiabsätze und -sohlen weicher und konnten nun auch bei Damenschuhen angebracht werden.
Sie wurden mit Gummimilch verklebt und zusätzlich genäht. Nun wurde Gummi zum idealen, abriebfesten, beliebig formbaren, elastischen und trittleisen Rohstoff für komplette Schuhsohlen.

Während des Zweiten Weltkrieges zwischen 1940 und 1945 konnte Kautschuk nicht mehr importiert werden und wie viele andere Rohmaterialien wurde auch Leder rar. Da man den Wert der Gummisohle schätzen gelernt hatte, musste ein Ersatzstoff her. Die Firma Bally in der Schweiz verwendete BMP, ein Mischpolymerisat, das sich allerdings mit dem verfügbaren Klebstoff nicht kleben ließ. Deshalb beschichtete man ein dickes textiles Material mit einer dünnen Schicht BMP und klebte es mit Klebstoff auf eine Zwischenledersohle. Am Sohlenrand wurde zusätzlich genäht. Dann wurde die Sohle unter Hitze aufgeschweißt. Der Ersatzstoff BMP war allerdings wirklich minderwertig, denn die BMP-Sohlen wurden bei Hitze größer und bei Kälte hart und rissig.

Bahnbrechend in den 1950er-Jahren war die Entwicklung eines lösungsmittelhaltigen Klebstoffs, des Schuhmacherklebers, der Leder und Gummi permanent verbinden konnte. Der Begriff Gummi ist allerdings heute irreführend, da er sowohl den natürlichen als auch den synthetischen Kautschuk bezeichnet.

Heute bestehen Absätze und Laufsohlen aus Polymerwerkstoffen, die festen Absatzflecke aus irreversibel dreidimensional geformten Duromeren, die flexiblen Laufsohlen aus verschiedenen Elastomermischungen. Vulkanisierter Naturkautschuk (NR) eignet sich gut für natürliche Laufsohlen. NR ist elastisch, reißfest, hat eine hohe Wechselbiegefestigkeit und springt immer in seine ursprüngliche Form zurück. Die hochflexiblen Rohgummisohlen aus nicht vulkanisiertem Naturkautschuk (Latexsohlen aus Naturkrepp) werden bei Wärme weich und bei Kälte spröde und hart. Sie sind empfindlich gegen Lösungsmittel und Öle und werden aufgrund ihrer Elastizität für Freizeitschuhe verwendet. Styrol-Butadin-Kautschuk (SBR) wird vorwiegend für hochwertige Sohlen verwendet. Hierbei handelt es sich um einen vulkanisierten synthetischen Kautschuk, der auch in Mischungen mit natürlichem Kautschuk angeboten wird. Er ist haltbarer als dieser, hat ein besseres Abriebverhalten und hält höhere Temperaturen aus, ist allerdings nicht so elastisch.

Häufig werden Kombinationen von Gummi und Polyurethan (PUR) angeboten, die das Gewicht der sonst schweren Gummisohlen reduzieren. Polyurethansohlen werden geschäumt, sind daher sehr leicht und auch als dickere Sohlen einsetzbar.
Bei der Vielzahl der verschiedenen Materialien, die im Fachhandel zum Besohlen angeboten werden, gilt es, darauf zu achten, dass sie in Dicke, Weichheit, Verwendungszweck, Farbe und Profil dem gewünschten Zweck dienen. Da oftmals eine ganze Platte gekauft werden muss, lohnt es, sich darüber Gedanken zu machen, ob das Material für weitere Schuhe ebenfalls eingesetzt werden kann. Abgesehen von speziellen Antirutschgummisohlen, sollten alle gebräuchlichen Materialien mit den gängigen Schuhmacherklebern verarbeitet werden können.

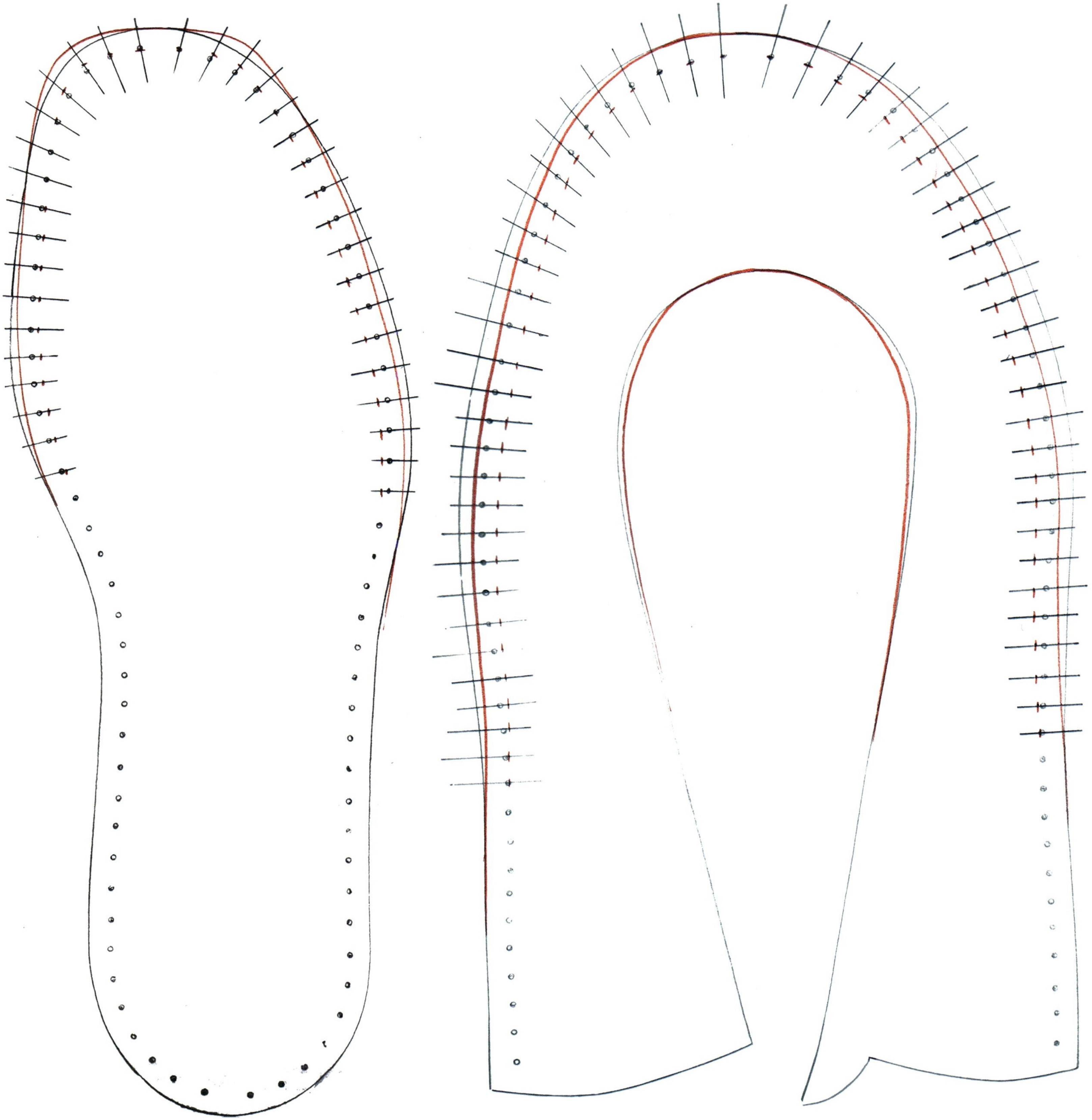

KAPITEL 7 **TECHNIKEN**

GRUNDLEGENDES

Schuhe herzustellen verlangt bei allen Arbeitsgängen ein präzises Arbeiten. Zusätzlich benötigt man ein gutes Auge für harmonische Formen. Erst das Zusammenspiel von Form und Präzision führt zu einem guten Resultat. Jeder Arbeitsgang wirkt sich auf den nächsten aus. Deshalb fängt das genaue Arbeiten bereits beim Musterausschneiden und -lochen an. Alle in Kapitel 9 gezeigten Modelle werden ohne Leisten gefertigt. Das heißt, das Oberleder wird nur durch Zusammennähen in Form gebracht. Da die Leder nicht gezwickt werden, können sich die Schuhe beim Tragen noch weiten und formen. Aus diesem Grund ist es gut, mit Ledersorten zu arbeiten, die sich nicht zu stark dehnen, oder die Leder wie beschrieben zusätzlich zu verstärken.

SCHNITTMUSTER KOPIEREN

Alle Schnittmuster im Anhang sind in Größe 37 abgebildet. Um eine andere Größe zu erreichen, reicht ein Fotokopierer mit Vergrößerungsfunktion. Nach den auf den Schnittmustern angegebenen Prozentzahlen können die Muster vergrößert und verkleinert werden. Die Muster sind so ausgearbeitet, dass man nirgendwo Zugaben braucht.

VERÄNDERUNGEN AM SCHNITTMUSTER

Unsere Schnittmuster sind am Leisten hergestellt und nach Normgrößen unterschieden. Die Schnitte können an die persönliche Fußform angepasst werden, indem Veränderungen vorgenommen werden, die beim Vermessen des Fußes herausgearbeitet wurden. Braucht man beispielsweise mehr oder weniger Breite, können die Linien auch leicht verschoben werden. Von zentraler Bedeutung ist aber: Die Anzahl der Löcher muss immer gleich bleiben. Das heißt, alle rundherum genähten Schuhe haben eine Sohlenlochzahl von 78 Löchern. Jedes abweichende Loch ist sichtbar *(siehe Abb. links).*

Damit die Nählöcher auch nach der Zugabe oder Abnahme weiterhin aufeinanderpassen, werden die Löcher laut Abbildung mit Lineal und Bleistift versetzt. Dabei muss immer der gleiche Abstand zum Rand eingehalten werden und auch die Zwischenräume zwischen den benachbarten Nählöchern dürfen nur minimal verschoben werden.

AUSLEGEN UND ANZEICHNEN

Das Anzeichnen der Schnittmuster auf den verschiedenen Ledern kann auf viele Arten erfolgen. Um die Vor- und Nachteile aufzuzeigen, hier eine kleine Zusammenstellung:

Bleistift:

- Vorteil: Besonders mit einem feinen Bleistift kann sehr präzise gearbeitet werden. Sein Einsatz empfiehlt sich auf dem Schnittmuster und, wenn die Linien gut genug zu sehen sind, auch auf der Brandsohle. Kann in den meisten Fällen wieder ausradiert werden.
- Nachteil: Ist auf Leder meist schlecht sichtbar.

Kugelschreiber:

- Vorteil: Sehr gut sichtbar, zeichnet auf fast allen Untergründen. Besonders für die Fleischseite geeignet.
- Nachteil: Nicht mehr zu entfernen, deshalb bei Leder mit großer Zurückhaltung einsetzen.

Silberstift: Ein dem Kugelschreiber ähnlicher Stift, der speziell für Leder entwickelt wurde (im Fachhandel erhältlich).

- Vorteil: Kann bei den meisten Ledern wieder abgewischt werden (immer auf Musterleder ausprobieren), auf dunklem Leder gut sichtbar.
- Nachteil: Schreibt nicht auf allen Materialien zuverlässig. Auf hellem Leder, wie Brandsohlenleder, schlecht sichtbar.

Farbstift:

- Vorteil: Zeichnet mit einer nassen Spitze sehr gut auf allen Materialien. Ist meist ohne Rückstände auswischbar. Die Farbe kann dem Leder angepasst werden (Kontrastfarbe wählen).
- Nachteil: Muster können nass werden.

Filzstift:

- Vorteil: Ist gut sichtbar, besonders auf hellen Ledern.
- Nachteil: Verschmiert gerne, ist nicht mehr auswischbar, je nach Typ geht die Spitze schnell kaputt. Am besten hat sich ein Filzstift bewährt mit einer Spitze von 0,7 mm Durchmesser.

DIE BRANDSOHLE ANZEICHNEN: Das Brandsohlenmuster wird auf der Narbenseite des Brandsohlenleders aufgelegt und angezeichnet. Die Narbenseite liegt beim Schuh immer nach oben. Hierzu die Nählöcher vom Schnittmuster übertragen und vordere und hintere Markierungen auf dem Leder einzeichnen. Mit der Lederschere ausschneiden, wobei der angezeichnete Strich noch knapp sichtbar sein sollte.

SCHNITT AUSLEGEN UND OBERMATERIAL ANZEICHNEN: Für die Schäfte der Schuhe eignen sich vor allem Rindshäute, Kalb- und Ziegenleder. Haarfelle sind vor allem vom Rind oder Pferd im Handel erhältlich.

Bevor man die einzelnen Schnittteile des Schaftes auf dem Leder auslegt, muss das Leder von der Fleisch- und von der Narbenseite auf eventuelle Fehler untersucht werden. Dazu das Fell auch gegen eine Lichtquelle halten, um kleinste Löcher zu entdecken.

Fehler im Leder können entstehen durch:

- Hautschäden am lebenden Tier
  - Stacheldrahtzäune
  - Brandzeichen
  - Parasiten (z. B. Dasselfliege)
  - Operationsnarben
  - Haltungsschäden (schlechte Pflege)
- Schlachtschäden
  - Metzgerschnitte vom Hautabziehen
  - Konservierungsschäden (Zersetzung durch Fäulnis)
- Gerbschäden
  - Farbfehler
  - Verletzungen durch Spaltmaschine
  - Mangelndes Durchgerben

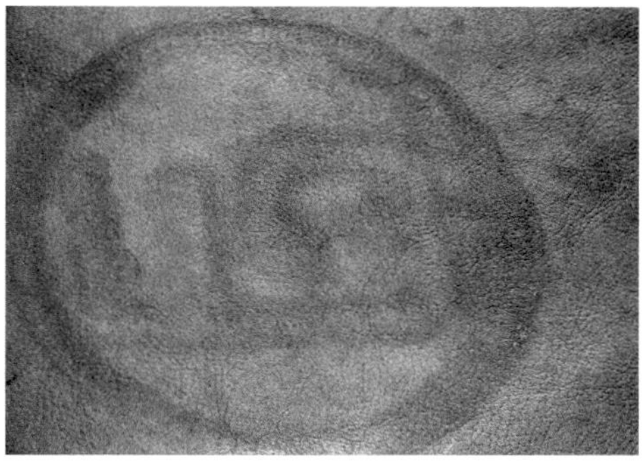

Brandzeichen im Leder

Fehler sollten so markiert werden, dass man sie beim Auslegen des Musters nicht übersieht. Das geschieht am besten mit dem Silberstift.

Bei Haarfellen sind neben Lederfehlern auch Haarfehler, Musterunterschiede und Farbfehler zu beachten. Auch auf ein gleiches Narbenbild sollte geachtet werden, damit beide Schuhe zum Schluss auch gleich aussehen.

Um die Schnittteile bestmöglich auf dem Leder auszulegen, reicht es nicht, allein nach ökonomischen Gesichtspunkten vorzugehen, sondern Leder und Schnittteile sollten entsprechend ihrer Struktur optimal aufeinander abgestimmt werden. Denn die einzelnen Abschnitte des Leders weisen unterschiedliche Narbenbilder auf und sind unterschiedlich fest, dick und zugfähig. Wichtig ist, die Zugrichtung des Leders zu prüfen und einzuberechnen. Die Zugrichtung muss bei beiden Schuhen gleich sein. In der Länge sollte das Leder möglichst wenig Dehnung haben, aber auch nicht querelastisch sein, da sich die Schuhe sonst unverhältnismäßig schnell weiten. Die Zugrichtung des Leders verläuft von der Rückenlinie zu den Seiten. Entsprechend der Zugrichtung werden die Schnittmusterteile längs aufgelegt. Das Leder an den Beinen, den Flämen, hat eine andere Beschaffenheit, das heißt, das Leder unter und zwischen den Beinen ist offenfaserig, dadurch am dehnbarsten und eignet sich nicht als Oberleder für den Schaft. So hat man auch bei gutem, fehlerfreiem Leder noch immer ca. 15 Prozent Abfall, bestehend aus Lederteilen, die nicht stabil genug für Schuhe sind.

Damit die Schuhteile gleichmäßig, das heißt symmetrisch werden, werden kleinere Leder entlang der Rückenlinie gefaltet, auf der Zeichnung zu erkennen an der eingezeichneten Mittellinie. Günstig ist es, die rechten und linken Schnittteile spiegelbildlich rechts und links der mittleren Rückenlinie auf dem Fell zu verteilen, um auf diese Weise die größtmögliche Gleichheit der Schuhe zu gewährleisten. Da das Leder an der Rückenlinie der Tiere eine andere Festigkeit hat, werden die Teile bis an, aber nicht über den Rücken gelegt. Aufgrund seiner Größe wird Rindsleder meist bereits vor dem Verkauf an der Rückenlinie geteilt. Man spricht dann von der „Hälfte".

Das Leder im Rückenbereich ist das hochwertigste und wird als „Croupon" bezeichnet. Bei der geteilten Rinderhaut werden die einzelnen Vorderblätter des Schuhs nun nicht gegenüberliegend, wie bei kleineren Fellen, sondern hintereinander auf der halben Haut ausgelegt.

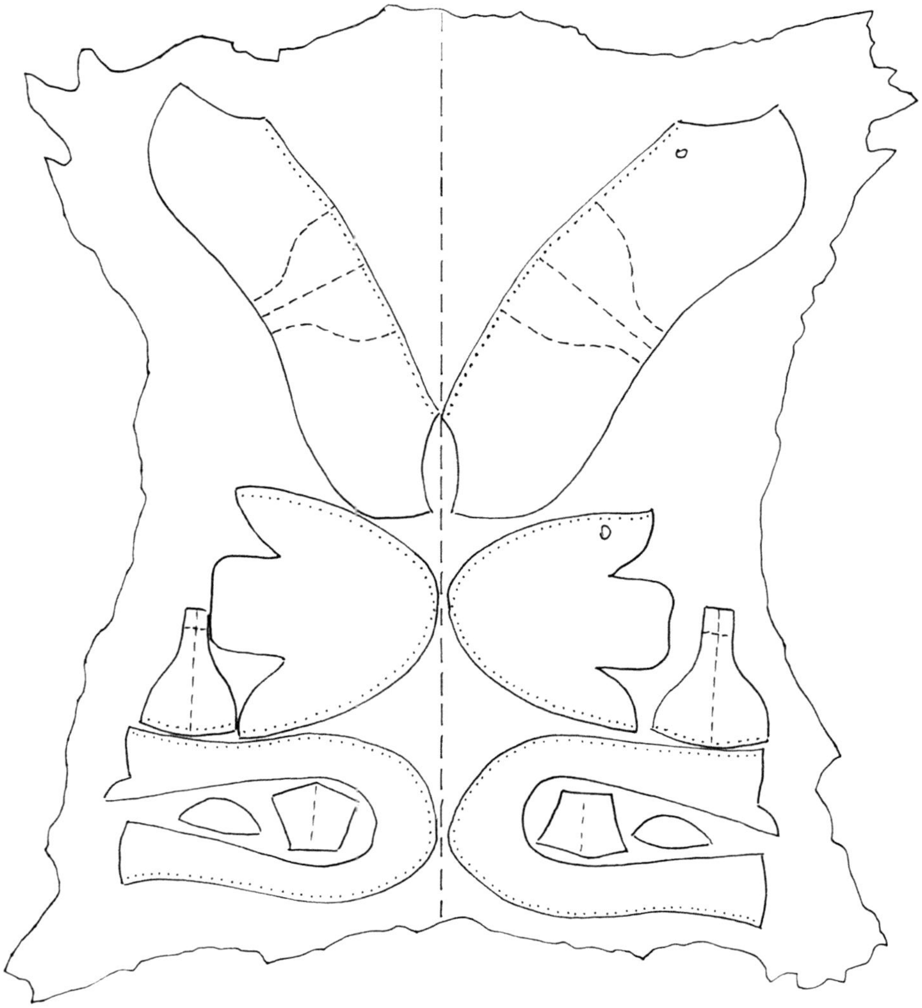

Das Auslegen der Muster auf dem Leder

TIPP
Bevor Sie mit einem Silberstift auf der Narbenseite zeichnen, sollte erst auf einem Reststück ausprobiert werden, ob sich die Markierung leicht wieder entfernen lässt oder nicht.

Auf der Zeichnung links ist zu sehen, wie die einzelnen Schnittteile auf dem Leder angeordnet werden. Anschließend sollte man sie mit einem Gewicht beschweren. In der Regel wird das Muster auf der Narbenseite angezeichnet.

- Vorteil: Auf der glatten Seite kann genauer markiert werden, die sichtbare Seite ist besser kontrollierbar.
- Nachteil: Striche lassen sich nicht immer vollständig entfernen, deshalb kann das Muster nicht mehr verschoben werden. Bei Haarfellen ist das Anzeichnen nur auf der Fleischseite möglich.
- Gleichmäßige Leder können auf der Hinterseite angezeichnet werden.
- Der Markierstift darf auf der Vorderseite nicht sichtbar sein.
- Geübte können sich das Anzeichnen sparen und direkt mit dem Messer um das Schnittmuster schneiden. Diese Methode ergibt zusätzlich glattere Schnittkanten als mit der Schere.

UNTERTRITTE UND MARKIERUNGSPUNKTE:

Untertrittpunkte:

- Genaue Markierung, um die Überlappung der Schaftteile zu definieren

Markierungspunkte:

- Für Druckknöpfe, Schnürlöcher, als Referenzpunkte zum Sohlennähen, als Punkte zum Aufkleben von Verstärkungen

Markierung für innen:

- Innenmarkierungen immer einzeichnen, um Verwechslungen zu vermeiden.

Alle Untertritte und Markierungspunkte müssen so angebracht werden, dass sie am fertigen Schuh nicht mehr sichtbar sind. Innenmarkierungen immer auf der Rückseite anbringen, alle anderen Punkte mit Bohrer oder Silberstift markieren.

ACHTUNG!
Erst mit dem Ausschneiden beginnen, wenn sämtliche Untertritte und Markierungspunkte angebracht sind!

AUSSCHNEIDEN

Dann mit dem Ausschneiden beginnen. Untertrittpunkte werden mit dem Bohrer leicht markiert.

Das Ausschneiden ist eine wichtige Arbeit, die mit großer Genauigkeit durchgeführt werden muss. Das beste Resultat erreicht man mit dem Messer, weil man damit ansatzlos fortlaufend schneiden kann. Besonders kleinere Radien sind anspruchsvoll. Dazu braucht es einiges an Übung. Beim leichten Unterschneiden mit dem Messer ergibt sich eine schönere Lederkante.

Ein sauberer Schnitt erfordert eine gute Schneideunterlage. Karton ist ungeeignet, da das Messer schnell stumpf wird. Von größter Bedeutung für eine gute Arbeit ist zudem ein scharfes Messer. Da sich die Klinge schnell abnutzt, muss man die Möglichkeit haben, die Klinge wieder zu schärfen. Ein auf Holz aufgeklebtes Leder, überzogen mit einer Schleifpaste, ist schon sehr hilfreich *(siehe Kapitel 5, S. 49)*.

Die Schere ist die Alternative zum Messer. Beim Schneiden mit der Schere fortlaufend, ohne abzusetzen, über die komplette Länge schneiden. Kleine Holprigkeiten können mit Schleifpapier egalisiert werden.

LOCHEN

Das Lochen geschieht am einfachsten mit einer Spindelpresse, die keinen Lärm verursacht und ohne großen Kraftaufwand bedient werden kann. Wir arbeiten für die Nählöcher immer mit einer Lochpfeifengröße von 1,5 mm. Außerdem brauchen wir eine kleine Kunststoffplatte, beispielsweise ein Stück eines Küchenschneidebretts, als Unterlage. Dadurch wird die Lochpfeife geschont. Musterpapier, Karton und Oberleder sind problemlos zu lochen. Allerdings geschieht es häufig, dass sich die Brandsohle beim Lochen verklemmt. Abhilfe schafft ein Stück Wachs, das auf die Narbenseite der Brandsohle gestrichen wird. Auf keinen Fall das Wachs auf die Fleischseite streichen, sonst klebt die Laufsohle nicht mehr!

Das Lochen der Brandsohle

VERSTÄRKUNGEN

Um speziell belastete Teile am Schaft zu schützen, bringen wir unterschiedliche Verstärkungen an. Stellen, an denen eine eingeschränkte Dehnbarkeit reicht, werden mit Leder verstärkt. Stellen, die keine Formveränderungen zulassen, werden mit Textilbändern oder mit Schnur fixierend verarbeitet. Jede Naht und jede Verklebung wirkt zusätzlich verstärkend.

Vordere und hintere Verstärkung beim Ballerina

Verstärkungen mit Textilband

HINTERKAPPE: Die meisten Schuhmodelle haben aus Konstruktionsgründen eine Fersennaht. Die stark beanspruchte Ferse sollte immer verstärkt werden, denn eine einfache, kräftige Naht reicht meist nicht aus oder drückt.

- Eine einfache Hinternaht benötigt innen oder außen ein verstärkendes Band. Dazu lässt sich ein Lederstreifen hinten innen aufkleben. Außerdem zusätzlich außen einen Lederstreifen aufsteppen.

- Wird das hintere Schnittteil aus einem Stück ohne Naht gearbeitet, empfiehlt sich eine innen angebrachte Hinterkappe, die, rundherum ausgeschärft, dem Hacken Stabilität verleiht. Beim Einkleben auf einer Seite beginnen und unter Spannung zur anderen Seite ziehen, die Kappe dabei fest andrücken – so erreicht man eine optimale Passform.

- Eine außen aufgebrachte Fersenkappe kann zusätzlich mit Stanzungen oder Zacken verziert und anschließend aufgeklebt und aufgenäht werden. Bei der Schnitterstellung orientiert man sich am Grundmuster.

Außen aufgebrachte Fersenkappe mit Broguing

VORDERKAPPE: Fast alle unsere Schuhmodelle benötigen an der Spitze eine Verstärkung, die für Stabilität sorgt – der Bout. Die Spitzenverstärkung wird aus Leder zugeschnitten und rundherum ausgeschärft. Nehmen Sie eine Schablone in der Form der Verstärkung zu Hilfe, um den Bereich auf der Fleischseite des Vorderblattes exakt mit Klebstoff einstreichen und auf diese Weise sauber kleben zu können. Auch die Fleischseite der Verstärkung wird satt mit Klebstoff eingestrichen. Nach einer Trockenzeit von ca. 10 Minuten wird der Bout in den Bereich der Schuhspitze geklebt, dabei müssen die Nählöcher unbedingt unbedeckt bleiben oder nachgelocht werden.

Das Schärfen von Leder

SCHÄRFEN / SPALTEN

FILM

Unter Ausschärfen wird das keilförmige Abschrägen, das Verjüngen, der Lederkanten verstanden. Denn wenn zwei Lederkanten aufeinandertreffen, tragen sie zu dick auf und drücken, besonders beim Schuh. Deshalb werden sie vor dem Zusammenkleben oder -nähen ausgeschärft, das heißt dünner gehobelt.

Das Schärfen von Hand ist eine anspruchsvolle Arbeit, die einiges an Übung erfordert. Sie kann nur mit einem scharfen Messer gut gelingen. Gearbeitet wird auf einer harten, sauberen Unterlage aus Glas oder Stein. Das zu schärfende Leder wird plan mit der Fleischseite nach oben auf die Unterlage gelegt. Dann schneidet man mit dem flach aufliegenden, schräg gehaltenen Messer gleichmäßige, dünne Lederschichten ab. Dabei möglichst nicht absetzen, sonst entstehen Wellen. Die Schärfspäne immer wieder wegwischen.

Gespaltene feine Lederbändchen für Einfassungen und Paspeln

In Lederverarbeitungsbetrieben gibt es Schärfmaschinen, mit denen das Schärfen maschinell erledigt werden kann. Bänder können nur schwer von Hand gespalten werden. Fertig gespaltene Lederbänder für Paspeln oder zum Einfassen von Lederrändern erhalten Sie im Fachhandel.

Wir empfehlen unterschiedliche Arten des Schärfens bei verschiedenen Teilen des Schuhs:

- Untertritte: 6 mm auf 0 auslaufend
- Verstürzte Kante: Wird nicht geschärft
- Futterleder: 8 mm auf 0 auslaufend
- Einfassbänder: Ganze Breite auf 0,4 mm Stärke spalten

VERBINDEN VON SCHAFT UND SOHLE

Die Verbindung von Schaft und Brandsohle der Schuhe im Kapitel 9 geschieht auf drei unterschiedliche Weisen. Beim Boot oder bei der Espadrille können beispielsweise verschiedene Verbindungsarten variiert werden, weil das Verhältnis von Schaft zu Sohle gleich ist. Der Zorro hingegen hat eine im Verhältnis kleinere Sohle, da der Schaft um die Sohle herumgenäht wird. Die Verbindung lässt sich demnach nicht ändern. Ein Vorteil dieser Verbindung ist jedoch, dass bei Regen die Füße trocken bleiben, da kein Wasser in die Zwischenräume zwischen Schaft und Brandsohle eindringen kann.
Hier die drei Varianten:

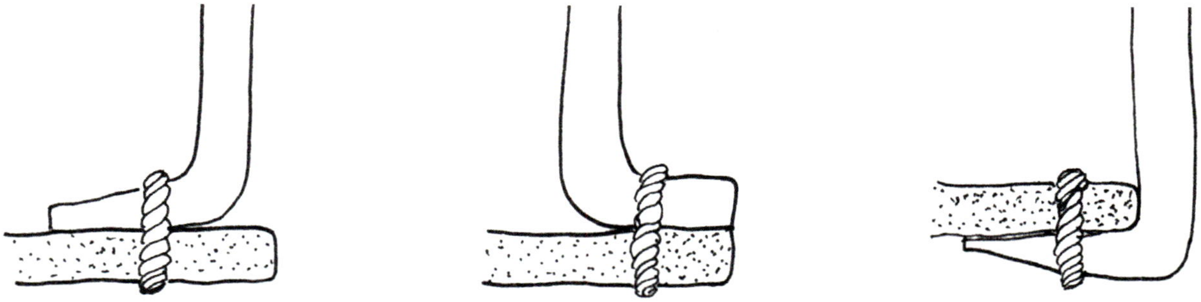

HANDNÄHTE

Die Projekte sind so angelegt, dass die Schäfte mit der Nähmaschine genäht werden. Ausnahme sind Espadrilles, deren kurze Schaftnähte schnell von Hand genäht werden können. Sollte aber keine passende Nähmaschine zur Verfügung stehen, können auch alle anderen Modelle in diesem Buch von Hand genäht werden. Um eine saubere Naht zu erhalten, werden mit einem Prickrad gleichmäßige Abstände markiert.

Zum Nähen von Leder mit der Hand wird mit der Ahle oder dem Bohrer vorgelocht. Mit der Spindelpresse und einem Lochpfeifeneinsatz von 1 mm ist das ebenfalls möglich. Der Sattlerstich, mit zwei stumpfen Sattlernadeln genäht, eignet sich nicht nur für die Nähte am Schaft, sondern auch für die zentrale Verbindungsnaht von Schaft und Sohle. Dabei braucht man einen Faden, der dreimal so lang ist wie die zu nähende Strecke, zur Sicherheit können noch 10 cm zugegeben werden. Mit Ausnahme der Zoccoli sind alle Schuhprojekte in diesem Buch mit dieser Naht verbunden.

FILM

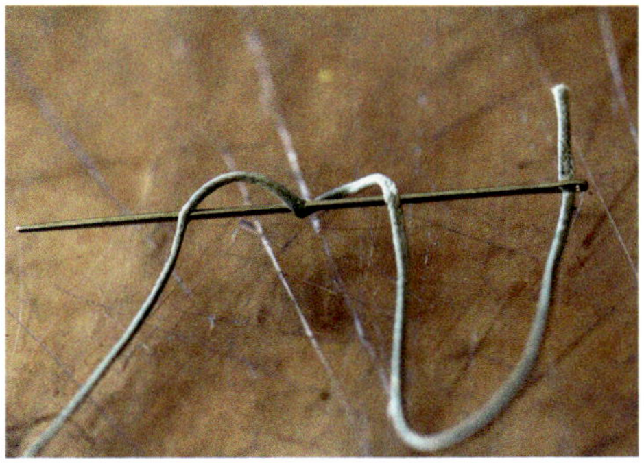

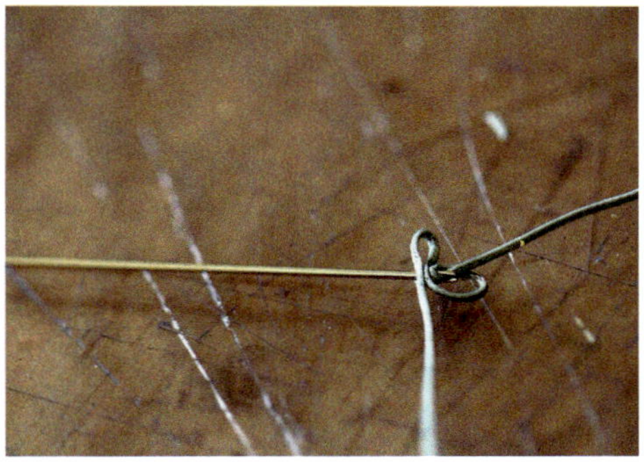

GARN SICHERN: Um ein Herausrutschen des Garns zu verhindern, wird das Sattlergarn laut Abbildungen eingefädelt. Den Faden dreimal gemäß den Abbildungen an jedem Ende aufspießen, nachziehen und drüberziehen, sodass an jedem Ende eine Nadel fixiert ist.

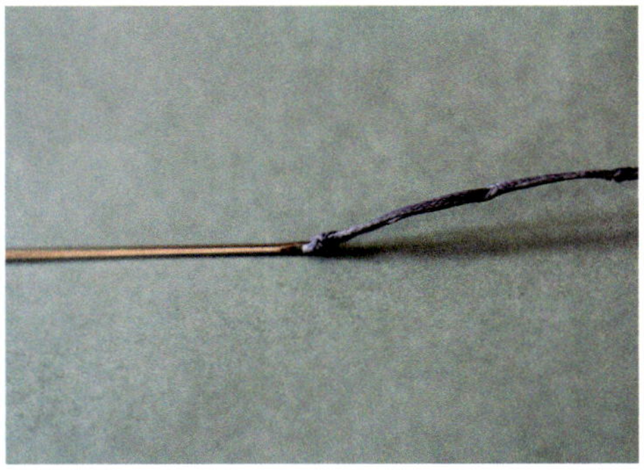

Das Sichern des Sattlergarns durch Aufspießen und Drüberziehen

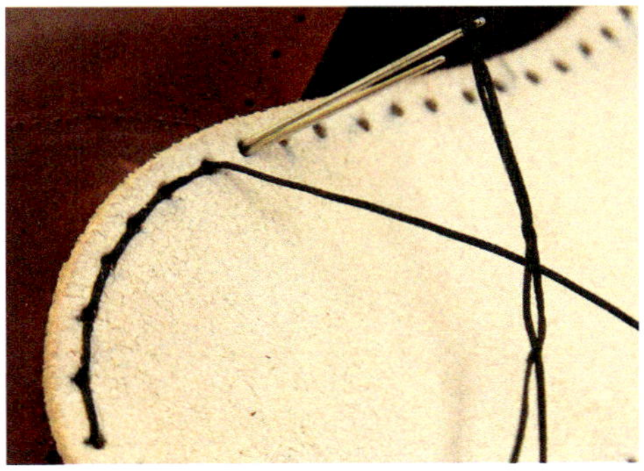

Der Sattlerstich

SATTLERSTICH: Der Sattlerstich ist der am häufigsten verwendete Handstich für das Zusammennähen von Leder. Durch seine zwei Fadensysteme kommt er der Maschinennaht am nächsten. Gehen Sie folgendermaßen vor: Nählöcher anbringen. Gewachstes Sattlergarn abschneiden und an jedem Ende des Garns eine Sattlernadel 1.0 einfädeln. Fadenenden sichern. Genäht wird mit beiden Nadeln gleichzeitig, indem die eine Nadel von oben nach unten sticht und die zweite Nadel von unten nach oben, sodass sich beide Nadeln im Nähloch treffen. Auf diese Weise verletzt man den Faden nicht. Nach jedem Stich wird das Garn, so kräftig es geht, straff angezogen. Am Nahtende angekommen, näht man zur Sicherung 2,5 Stiche übereinander, damit beide Fadenenden unter der Sohle liegen.

MASCHINENNÄHTE

VORBEREITUNG: Zum Vorkleben der Nähte den Schuhmacherkleber beidseitig dünn einstreichen; er trocknet sehr schnell, ist aber lange klebefähig. Schuhmacherkleber eignet sich gut zum Vorkleben der Nähte, weil er die Nähnadel nicht verklebt.

NÄHFADEN: Zum Ledernähen wird ein spezieller synthetischer Nähfaden in der Stärke 30 (dick) bis 80 (dünn) verwendet. Die Belastung des Fadens ist beim Schuh wesentlich höher als bei Textilien.

NÄHEN: Normalerweise liegt die Naht 2 mm hinter der Lederkante. Die Stichlänge beträgt 2 – 2,5 mm.

Die hier zu nutzenden Nähmaschinen lassen sich grob in drei Kategorien einteilen: Schuhreparaturmaschine, Oberledernähmaschine und Haushaltsnähmaschine *(siehe Kapitel 5, S. 51)*.
Für viele Nähte kann man die Gleichmäßigkeit und die Durchschlagskraft der Maschine nutzen, den Motor schaltet man ab. Erleichtert wird das Handnähen an der Maschine, wenn der Keilriemen gelöst ist. So wird das Nähgut leichter transportiert, da auf diese Weise der Motor nicht mitgedreht werden muss. Fingerspitzengefühl ist gefragt. Das große Handrad an der Schuhreparaturmaschine hilft dabei, die Geschwindigkeit beim Nähen optimal anzupassen und so eine exakte, gerade Naht sauber zu steppen.

VERNÄHEN: Sichtbare Nahtenden werden auf der Rückseite oder zwischen Futter und Oberleder verknotet und mit Schuhmacherkleber verklebt. Unsichtbare Nähte, wie verstürzte Nähte, Nähte im Zwickeinschlag, Einfassungen usw., können durch Rückstiche gesichert werden.

TIPP
Wenn zwei Lederteile zusammengenäht werden, das untere millimeterweit vorstehen lassen. Dann rutscht es nicht weg und man erhält eine gleichmäßige Naht, weil man mit der Nadel nicht nur das obere, sondern auch das ansonsten kaum sichtbare untere Leder trifft.

Das untere Teil steht millimeterweit vor.

TIPP
Vor dem endgültigen Nähen des Schaftmaterials sollten Sie möglichst viele Übungsstücke anfertigen – der Aufwand lohnt sich! Besonders das genaue schmalkantige Nähen üben!

KANTENABSCHLÜSSE

PASPEL: Eine Paspel bildet ein sehr feines, edles Kantenabschlusselement. Durch einen Farbkontrast kann dem Schuh eine andere Note verliehen werden. Der verwendete Lederstreifen darf maximal 0,5 mm stark und 1,2–1,5 cm breit sein, das heißt, dass alle herkömmlichen Leder zu stark sind und gespalten werden müssen. Die Paspel kann mit oder ohne Schnur hergestellt werden. Mit Schnur trägt sie mehr auf und lässt sich nicht mehr verziehen (gut bei Schaftkanten, die sich nicht verziehen dürfen!).

1. Anfang und Ende des Lederstreifens auf einem Tisch fixieren und auf der Fleischseite gleichmäßig mit Schuhmacherkleber einstreichen.

2. Leinen- oder Hanfschnur ebenfalls mit Leim einstreichen und auf dem Tisch rechts und links gespannt fixieren.

3. Antrocknen lassen.

4. Schnur mittig aufkleben, dabei die ersten beiden Zentimeter des Lederstreifens für die Überlappung frei lassen.

5. Fixierung lösen. Lederstreifen um die Schnur mittig zusammenkleben.

6. Zum Ausarbeiten einer sauberen Kante kann mit einem Falzbein oder Ähnlichem das Leder flach gestrichen werden.

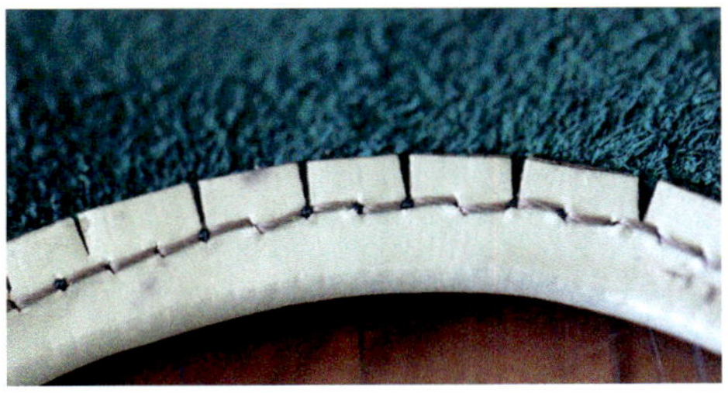

Einschnitte bei Innenrundungen

7. Die Paspel wird mit Schuhmacherkleber hinter die sauber geschnittene Lederschnittkante geklebt. Dazu muss die Zugabe der Paspel an Innenrundungen in 1 cm großen Abständen eingeschnitten werden, um Spannungen auszugleichen und damit sie sich gut in die Rundung legt. Die Paspel von der Schaftseite aus aufnähen.

TIPP

Ist das Leder zu weich und zieht sich beim Nähen zu stark (Nähprobe auf Lederreststück machen!), die Nahtlinie mit Malerkrepp abkleben. Nach dem Nähen Malerkrepp abziehen.

EINFASSUNG:

1. Einfassungen werden breiter als Paspeln und eignen sich bei unseren Projekten gut als Schaftabschlüsse. Wie auch bei Paspeln lohnt es sich, den schmalen Einfassstreifen als Farbkontrast einzusetzen.

2. Wir benötigen Lederbänder von maximal 0,5 mm Stärke und 2–2,5 cm Breite.

3. Das Lederband wird Narbenseite auf Narbenseite laut Abbildung 2 mm von der Schaftkante entfernt mit der Nähmaschine aufgenäht. Ankleben geht in den meisten Fällen nicht, da wir oft zu viele Rundungen haben. Wichtig ist das präzise Nähen auf dem Oberleder. Falls das Einfassband zu breit aufgenäht wurde, kann es noch zurückgeschnitten werden.

Lederband 2 mm von der Schaftkante entfernt aufnähen.

Lederinnenseiten innerhalb der Markierung mit Kleber einstreichen.

Einfassband um die obere Kante kleben und gut andrücken.

4. Beim Umkleben der Einfassung ist wichtig, dass mit der richtigen Spannung verklebt wird. Lederbandinnenseite und den zu klebenden Bereich der Außenseite mit Kleber einstreichen, 5 Minuten antrocknen lassen und Lederband nach oben streichen.

5. Band um den Rand legen und Stoßlinie innen anzeichnen.

6. Dann wieder restliches Einfassband und entsprechende Breite der Innenseite des Oberleders mit Kleber einstreichen. Nach dem Antrocknen Einfassband um die obere Kante legen und auf der Innenseite des Schaftes festkleben, gut andrücken.

Variante: In der Kante der Einfassung kann nochmals eine Naht angebracht werden. Dann muss das Band auf der Innenseite nicht so weit verklebt werden. Diese Variante eignet sich besonders gut für enge Rundungen. Um engen Rundungen die Spannung zu nehmen, muss die Innenkante des Einfassbandes im Abstand von 5 mm zusätzlich eingeschnitten werden.

OFFENE SCHNITTKANTE: Dicke, feste Leder wie Rindbox lassen sich auch ohne Kantenabschluss offen verarbeiten. Rindbox ist durchgefärbt, fest und stabil genug, um auch ohne Kantenverstärkung lange zu halten.

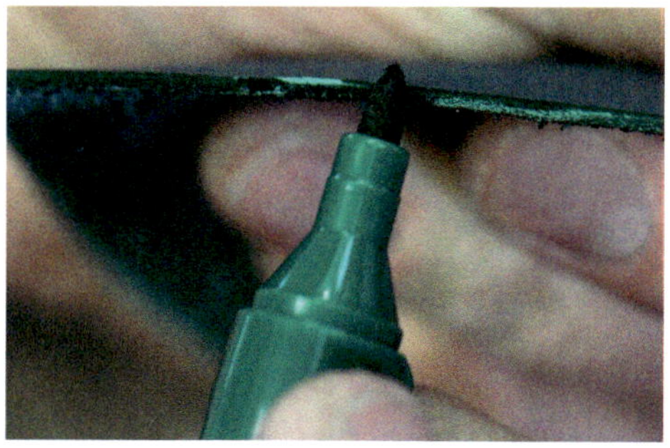

Kantenfärben mit dem Filzstift

1. Kante sauber schneiden, leicht unterziehen, am besten mit dem Messer schneiden. Bei der Schere nicht absetzen, sondern den Schnitt sauber durchziehen.

2. Mit einem Feuerzeug überstehende Lederfasern abflammen.

3. Wenn nötig, mit einem Permanentmarker oder mit Lederfarbe die Schnittkante färben. Ein sauberes Aufbringen der Lederfarbe lässt sich mit einem Reststück Filz bewerkstelligen, das mit der Farbe getränkt und über die Schnittkante gezogen wird.

UMBUGEN:
Leder kann aus Stabilitäts- oder aus ästhetischen Gründen gesäumt, das heißt umgebugt werden. Bei unseren Projekten wurde auf das Umbugen verzichtet, weil es ein gleichmäßiges Ausschärfen verlangt, was recht schwierig ist. Generell gilt für alle Kanten, die umgebugt werden sollen, dass beim Ausschneiden des Leders 6 mm Bugzugabe hinzugerechnet werden müssen. Hier die Arbeitsschritte beim Umbugen:

1. Mit der Musterschablone die Endgröße auf die Rückseite des Leders zeichnen. Eine gerade Kante schneiden.

2. Die Lederkante ausschärfen, damit sie nicht aufträgt und drückt.

3. Selbstklebendes Nahtverstärkungsband exakt aufkleben, der Strich muss sichtbar bleiben.

4. Innenrundungen vor dem Umbugen bis maximal halbe Kantenbreite im Abstand von 6 mm einschneiden, um Spannungen auszugleichen. Außenrundungen mit gleichmäßig gelegten Fältchen umbugen, ohne die Rundung einzuschneiden.

5. Gleichmäßig umbugen.

6. Anschließend sorgfältig anklopfen oder mit der Nähmaschine absteppen.

NIETEN UND ÖSEN

Zur Dekoration, um Nähte, die stark beansprucht werden, zu verstärken oder um Ösen für Schnürlöcher, beispielsweise beim Boot, einzuarbeiten, braucht man das passende Werkzeug. Fachleute setzen es in eine Spindelpresse ein, das vermeidet Kratzer und Dellen auf der Niete. Alternativ gibt es im Fachhandel oder Bastelbedarf Kleinwerkzeuge, mit deren Hilfe die Nieten und Ösen mit einem Hammer eingeschlagen werden können.

FILM

NIETEN:
1. Die zu nietenden Stellen exakt anzeichnen.

2. Leder mit der Lochzange oder Spindelpresse lochen.

3. Die zu verbindenden Nietenteile in das Loch einschieben, übereinanderlegen und auf einer festen Unterlage zusammenschlagen.

ÖSEN:
1. Leder an der markierten Stelle vorlochen. Das Loch sollte etwas kleiner sein als die Ösenpfeife, damit sie das Leder etwas auseinanderdrückt und die Öse später einen festeren Halt hat.

2. Die Öse von oben durch das Loch schieben und die untere Ringverstärkung auf das Ösenwerkzeug legen.

3. Mit dem geeigneten Kleinwerkzeug oder mithilfe der Spindelpresse die Öse umbördeln.

BESOHLEN

Je nach Schuhwerk wird das passende Laufsohlenmaterial gewählt. Für einen Ballerina wird man eine leichtere und weichere Sohle wählen als für einen robusten Boot. Auch die Farbe kann auf das Schuhmodell angepasst werden. So kann auch eine farblich passende Zwischensohle den Schuh stabilisieren. Beim Zuschneiden der Sohlen immer jede Schicht einzeln schneiden!

Ist der Schuhschaft aus strapazierfähigem Leder gefertigt, muss die Laufsohle zuverlässig angeklebt werden, denn die Verbindung wird stark belastet. Witterungseinflüsse, Bewegungen beim Abrollen und unterschiedliche Materialeigenschaften beanspruchen die Verbindung permanent und nur eine präzise ausgeführte Klebung hält dieser Beanspruchung dauerhaft stand. Neben einem optimalen Schuhmacherkleber ist auch der Pressdruck wichtig für eine dauerhafte und permanente Verbindung.

FILM

ARBEITSSCHRITTE BEIM BESOHLEN:

1. Laufsohle (Brandsohlenmuster plus ca. 3 mm Zugabe rundherum) zuschneiden.

2. Falls die zu klebende Fläche nicht angeraut ist, muss unbedingt mit Schleifpapier, am besten mit der Schleifmaschine, angeraut werden. Generell erhöht das Anrauen bei allen Materialien die Klebequalität.

Sauber abbürsten.

3. Sauber abbürsten.

4. Die beiden angerauten Seiten sauber bis zum Rand mit Klebstoff einstreichen.

5. Lange, mindestens jedoch 10 Minuten, antrocknen lassen.

FILM

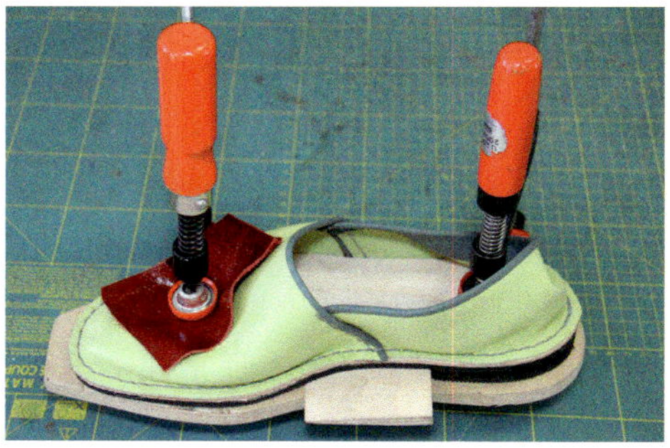

Anpressen der Schuhsohlen mit Schraubzwingen

6. Beide Klebstoffseiten genau aufeinanderkleben. Dazu am besten vorn an der Spitze beginnen, die Sohle auszurichten, dann die Sohle bis zum Ballen und anschließend bis zur Ferse gleichmäßig herunterdrücken.

FILM

7. Sorgfältig pressen. Stabil wird die Klebung erst durch starken Druck, wobei 1,5 Minuten Anpresszeit ausreichen. Je nach Ausstattung gibt es verschiedene Möglichkeiten, um eine Klebung anzupressen:

a) Hier hilft ein Beschlagstock in Verbindung mit einem Hammer, die Sohle mit viel Druck festzuklopfen.

b) Ein Holzbrett (ungefähr auf Schuhinnenmaß zugeschnitten) wird innen eingelegt und mit zwei Schraubzwingen festgeschraubt. Das Vorderblatt muss dazu mit einem Reststück Leder laut Abbildung geschützt werden.

c) Eine Schuhmacher-Schnellpresse presst unter Druck die Laufsohle unter den Schuh.

8. Laufsohle und überschüssige Brandsohle gleichmäßig und präzise zurückschneiden. Alternativ kann ein Teppichmesser mit Hakenklinge aus dem Baumarkt eingesetzt werden. Beim Schneiden nicht absetzen, sondern konzentriert den Schnitt durchziehen.

9. Sohlenrand von Brandsohle und Laufsohle rundherum mit der Flachzange kräftig zusammendrücken. Die Laufsohle lässt sich nun nicht mehr entfernen.

Überschüssiges Laufsohlenmaterial mit dem Hakenmesser zurückschneiden.

TIPP
Eine falsch aufgeklebte oder zu reparierende Sohle lässt sich mit einem Heißluftföhn wieder lösen. Noch nach Jahren wird der Schuhmacherkleber unter Hitzeeinwirkung aktiviert.

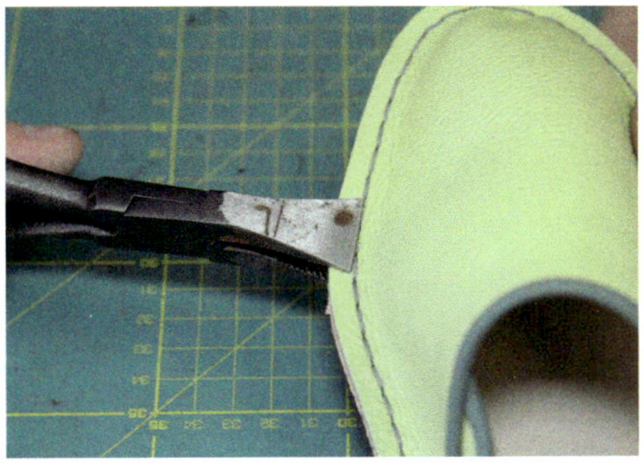

Sohlenrand kräftig zusammendrücken.

KONSTRUKTION DES ABSATZES

Im westeuropäischen Raum wird die Länge des Absatzes normgemäß folgendermaßen konstruiert:

Länge der ganzen Sohle geteilt durch 4 plus 1 cm = Länge des Absatzes

Beispiel: Boot Größe 38,
Länge in Zentimetern = 26 cm : 4 = 6,5 cm + 1 cm = 7,5 cm Absatzlänge

Bei Damenschuhen kann diese Rechnung etwas kleiner und feiner ausfallen, das heißt, man spart die Zugabe von 1 cm ein. Beispiel: Ballerina Größe 38, 26 cm : 4 = 6,5 cm Absatzlänge

ACHTUNG!
Das Sohlenmuster des Absatzes ist rechts und links (innen und außen) identisch.

Absatzfleck und Absatzlaufsohle müssen angeraut werden. Mit dem Messer das Profil wegschneiden, mit der Raspel anrauen und vor dem Ankleben sauber entstauben. Kleber beidseitig immer bis zum Rand einstreichen, 10 Minuten antrocknen lassen und pressen. Das Schleifen kann vom Schuhmacher vorgenommen werden.

TIPP
Wenn das Schuhgelenk nicht zusätzlich verstärkt ist, sollte der Absatz nie höher als 1 cm sein, da sich der Schuh sonst verbiegt.

HOLZSOHLEN sorgen für Wärme und sind wetterfest. Mit Holzsohlen lassen sich auch hohe Absätze verwirklichen. Holzsohlen kommen beim Zoccolo zum Einsatz. Der Zoccolo ist ein werkstattübergreifendes Projekt: Die Sohle wird in der Holzwerkstatt gefertigt, der Schaft in der Leder- oder Textilwerkstatt. Schaftschnittmuster oder auch Riemchenkonstruktionen (Sandalen) können dem Kapitel 9 entnommen werden.

Eingespart wird beim Zoccolo die Herstellung der Brandsohle und das Verbinden von Schaft und Brandsohle durch Handnähen, denn der Schaft wird direkt an die Sohle genagelt oder getackert. Stattdessen muss eine Holzsohle hergestellt werden. Doch auch diesen Arbeitsschritt können Sie umgehen: Fertige Holzsohlen, die zum besseren Abrollen sogar ein Gummigelenk haben, können bestellt werden *(Adresse siehe Bezugsquellen im Anhang)*. Möchten Sie die Holzsohlen selbst formen, dann finden Sie in Kapitel 9 eine Arbeitsanleitung. Die Holzsohlenherstellung wurde in der Holzwerkstatt der Technischen Universität Berlin durchgeführt.

KAPITEL 8 **GRUNDMUSTER ERSTELLEN**

AM BEISPIEL OXFORD

Die Grundmustererstellung wird hier am Beispiel des Oxford *(siehe Kapitel 9)* beschrieben, jedoch kann auch jedes andere Modelldesign eingezeichnet werden. Denn konstruiert man sein Modell mithilfe von Malerkrepp, kann der zukünftige Schuh bereits dreidimensional beurteilt werden und mögliche Änderungen im Design können Sie auf dem Krepp leicht vornehmen. Die folgenden Arbeitsschritte bleiben im Wesentlichen gleich.

MATERIAL

- 1 Leisten
- Malerkrepp
- Stift
- Festes Papier
- Geodreieck
- Bohrer

PROJEKTANLEITUNG

Als Erstes wird die **BRANDSOHLE** hergestellt:

1. Die Leistensohle mit Malerkrepp gleichmäßig überlappend einkleben.

2. Den Rand mit der Raspel auf Kante zurückschneiden.

3. Das Malerkreppband vorsichtig ablösen, sodass es sich nicht verzieht.

4. Auf größeres Papier aufkleben.

5. Rundherum 6 mm dazugeben.

6. Hintere und vordere Mitte definieren.

7. Beidseitig 39 Löcher mit gleichen Abständen konstruieren (es werden insgesamt 78 Löcher benötigt).

Dann wird die **LEISTENKOPIE** abgeformt:

Leistenkopiehälfte

1. Oberteil des Leistens mit Malerkrepp einkleben.

2. Schuhmodell aufzeichnen.

3. Mittellinie vorn an der Spitze und hinten ermitteln.

4. Auf die innere Hälfte 39 Nählöcher von der Sohlenschablone auf den eingeklebten Leisten übertragen.

5. Mit dem Messer aufschneiden.

6. Innere Hälfte abtrennen und auf ein Stück Papier kleben, dabei vorn an der Spitze und am Hacken zwischen den Punkten einschneiden, um die dreidimensionale Form plan aufkleben zu können.

7. Nachbessern und korrigieren.

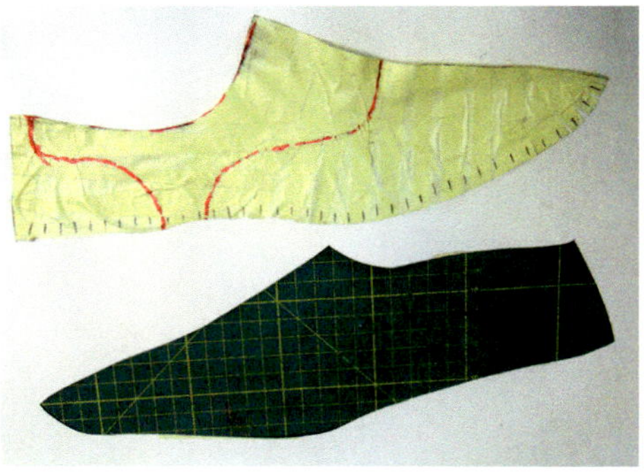

Aufkleben der Hälfte auf ein Stück Papier

8. Ein Halbschuh wie der Oxford (oder auch ein Ballerina) muss einen Absatzwinkel von 80° aufweisen. Mit dem Geodreieck kontrollieren und gegebenenfalls angleichen.

9. Leistenkopie ausschneiden.

10. Korrigierten Rohschnitt am Leisten kontrollieren.

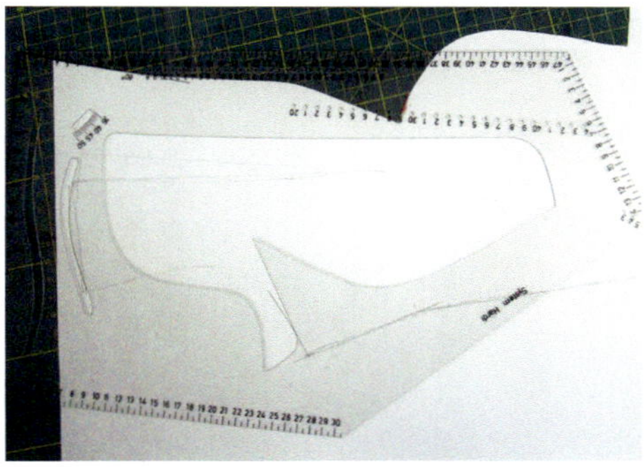

Winkel der Fersenlinie von 80° einzeichnen.

Nun erfolgt die Herstellung des eigentlichen Grundmusters, der **MODELLSCHABLONE,** die genau der Größe des Leistens entspricht. Aus ihr ist bereits das Design des Schuhmodells ersichtlich:

1. Korrigierte Leistenkopie auf ein Stück Papier legen, beschweren und umranden.

2. Mit der Ahle nun alle Teile, die zum Design des Schuhs gehören (wie Vorderblatt und Quartier, aber auch Linien, Bögen und Verzierungen), auf das Schnittpapier übertragen. Hierfür einfach entlang den Designlinien mit dem Bohrer kleine Löcher stechen.

3. Die Einstichlöcher auf dem Schnittpapier durch Linien verbinden.

4. Nählöcher übertragen.

5. Oben am Schaft kontrollieren, ob alles symmetrisch ist.

6. Beim Oxford 1,3 cm statt der üblichen 8 mm als Überlappung für das Broguemuster einberechnen.

7. Gleichmäßigen Abstand der Ösenlöcher (hier vier Stück) mit dem Zirkel definieren.

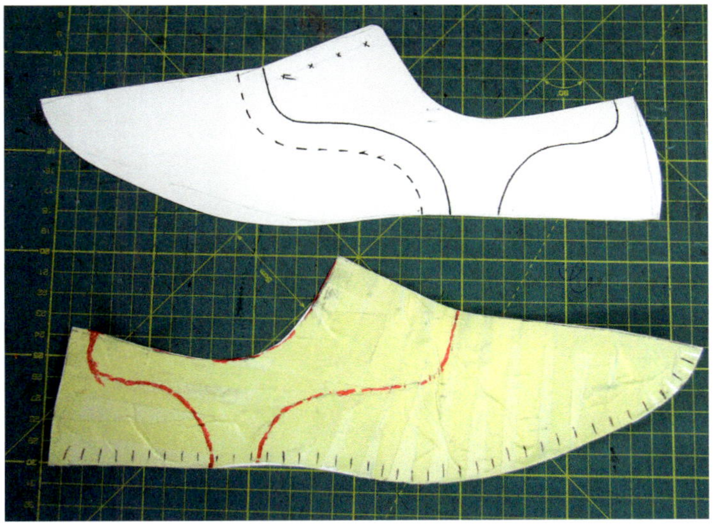

Ausgeschnittene und korrigierte Leistenkopie

Das Grundmuster ist erstellt und das Design des Schuhs ist eingezeichnet. Nun müssen daraus die Detailmuster für die einzelnen Schaftteile erstellt werden. Der Oxford besteht aus vier Schaftteilen (Vorderblatt, Quartier, Fersenkappe und Zunge) sowie den innen liegenden Spitzen- und Ösenverstärkungen.

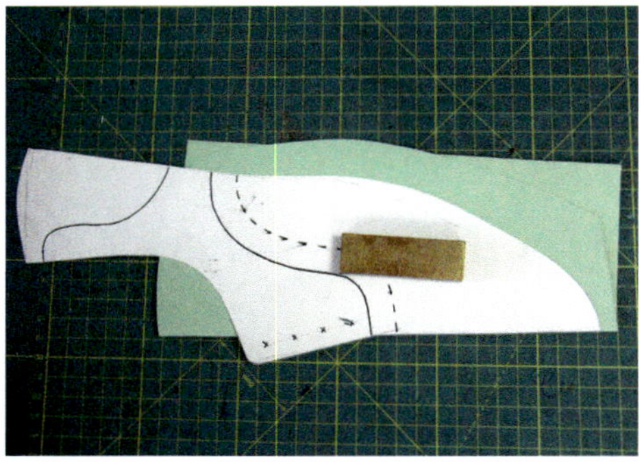

Grundmustererstellung des Vorderblatts

VORDERBLATT:

1. Ein Blatt Papier in der Mitte falten.
2. Grundmuster mit der oberen Vorderblattseite am Bruch des Papiers anlegen, beschweren und die Kontur des Vorderblatts mit der Ahle durch kleine Einstichlöcher markieren. 1,3 cm Nahtzugabe zufügen. Das Papier abnehmen und die Löcher durch Linien verbinden. Ausschneiden.
3. Vorderblatt aufklappen.
4. Um innen und außen zu definieren, die Form der entsprechenden Leistenkopieseite übertragen.
5. Mit dem Stechzirkel (Einstellung: 6 mm) eine gleichmäßige Linie am äußeren Rand des Vorderblatts ziehen.
6. Nählöcher auf das Schnittmuster (Vorderblatt) übertragen.
7. Vorderblatt über dem Leisten überprüfen.

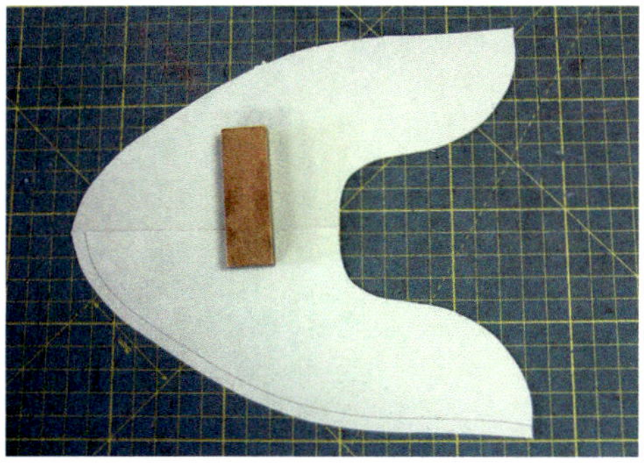

Aufgeklapptes Vorderblatt

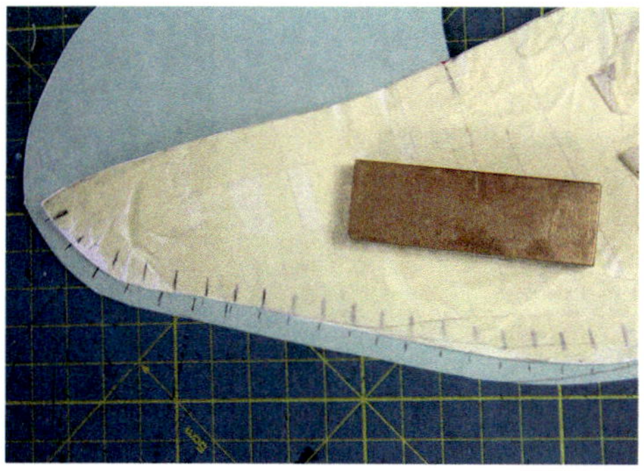

Übertragen der Nählöcher

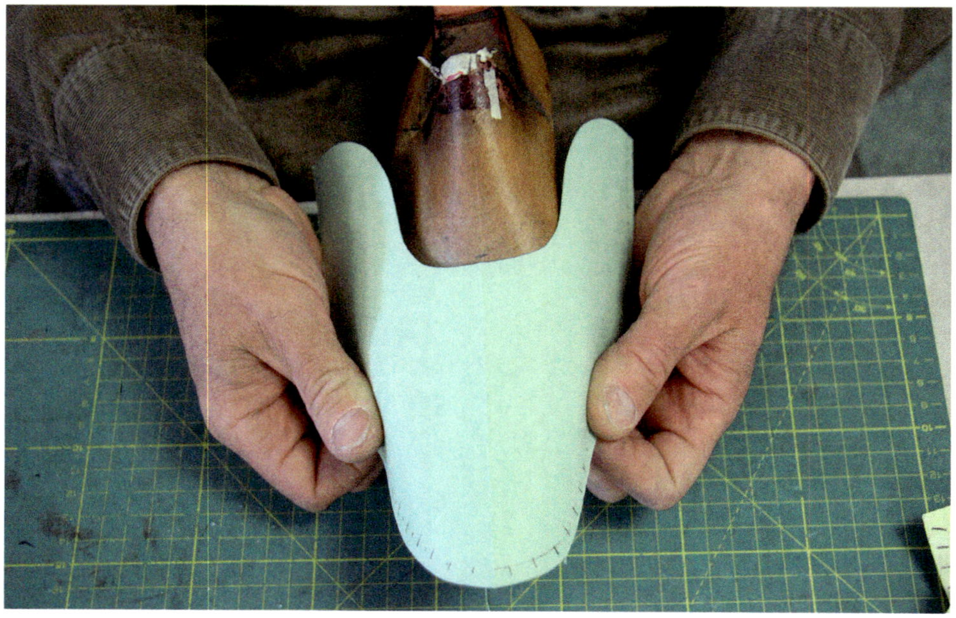

Überprüfen der Form über dem Leisten

QUARTIER:

1. Schnittmusterpapier falten und Quartier vom Grundschnitt mithilfe der Ahle, wie oben beschrieben, übertragen. Vergrößerte Nahtzugaben beachten!

2. 6 mm Zugabe unten einzeichnen und Nählöcher übertragen.

3. Einstichlöcher durch Linien verbinden und Quartier ausschneiden.

4. Schnürlöcher (vier pro Seite) egalisieren und übertragen.

Konstruktion der Zunge

FERSENKAPPE:

1. Schnittpapier falten und Modellschablone auflegen.

2. Fersenkappe, wie oben beschrieben, auf das gefaltete Schnittpapier übertragen, dabei den gleichen Winkel einhalten wie beim unteren Abschluss des Quartiers.

3. Achtung: Oben 1,5 cm zugeben zum Einklappen nach innen.

VERSTÄRKUNGEN:

1. Vorderblatt mittig zusammenlegen.

2. Vordere Verstärkung im 80°-Winkel in der vorderen Mitte zwischen den Nählöchern anzeichnen (Länge ca. 5 cm) und mit der Ahle, wie oben beschrieben, markieren.

3. Verstärkung ausschneiden.

4. Zwei weitere Verstärkungen für die Schnürung zuschneiden (Breite 2 cm, Länge je nach Größe des Quartiers). Sie werden später untergeklebt. Dabei vorne 4 mm wegnehmen, damit nicht alle Teile an derselben Stelle enden.

ZUNGE:

1. Zunge erstellen: 4 cm Breite, 7,5 cm Länge (6,5 cm Länge + 1 cm Untertritt).

2. Geschwungene, sich leicht verbreiternde Zungenform definieren.

3. Zunge ausschneiden.

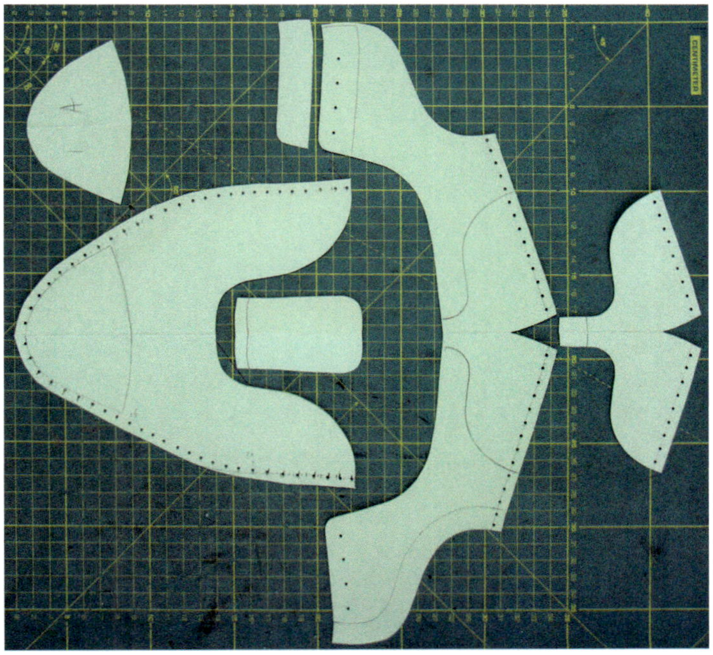

Fertig konstruierte Schnittschablonen

Die fertigen (gelochten und mit Größe und Modelltyp beschrifteten) Schnittschablonen gelangen nun zum Zuschnitt.

KAPITEL 9 **DIE PROJEKTE**

Ob Ballerina, Desert Boot, Zoccolo, Stiefel oder Oxford – Schuhe mit natürlichen, leichten Böden sind hip. Und mithilfe dieses Kapitels können sie auch von Einsteigern ins Schuhmacherhandwerk nachgearbeitet werden. Dennoch geht manches nicht ohne den Besuch bei einem Schuhmacher. Für Absätze wie bei der Pantolette oriental oder bei der Sandale sollten eine professionelle Schleifmaschine und Schnellpresse genutzt werden, damit man lange Freude an seinen Schuhen hat. Diese Dienstleistungen haben natürlich ihren Preis.

Die Anzahl der Schuhsymbole gibt Auskunft darüber, ob die Herstellung eines Modells **LEICHT** (1 Schuhsymbol), **MITTELSCHWER** (2 Schuhsymbole) oder **SCHWER** (3 Schuhsymbole) ist.

Kopieren Sie einfach die Schnittmuster aus dem Anhang in der richtigen Größe und schon kann die Arbeit losgehen – ohne Vorkenntnisse und ohne Leisten!
Die Schnittmuster sind für die gängigen Größen 35 bis 45 konzipiert. Im vorigen Kapitel wird am Beispiel Oxford gezeigt, wie die Schnitte für die Schuhe erstellt wurden.

GRUNDSÄTZLICHE TIPPS FÜR DIE PROJEKTE

Hier noch ein paar grundsätzliche Tipps, die für alle Projekte gelten:

SCHUHGRÖSSE

Wie im zweiten Kapitel erklärt, sollte im Vorfeld die genaue Größe des Fußes bestimmt werden. Bei starken Abweichungen der Fußform vom vorgegebenen Schnittmuster kann laut Anleitung in Kapitel 7 das Schnittmuster angepasst werden.

LEDER

Die Schnittteile sollten nicht über den Lederrücken ausgelegt werden und das Leder sollte möglichst wenig dehnbar sein. Das Kapitel 6 gibt Aufschluss über Ledersorten und Verarbeitungshinweise.

MESSER SCHLEIFEN

Da das Messer zum Schneiden des Leders immer sehr scharf gehalten werden muss, sollte man sich ein Hilfsmittel zum Messerschleifen zulegen. Dies kann ein Schleifstein, ein mit Leder beschichtetes Holz mit Schleifpaste oder eine Schleifmaschine sein.

PROBESCHUH

Um kontrollieren zu können, ob das ausgewählte Modell den eigenen Vorstellungen entspricht und gut passt, kann zur Sicherheit ein Probeschuh aus Lederresten oder aus lederähnlichen Materialien genäht und anprobiert werden. Mögliche Mängel an der Passform können dann durch Verändern des Schnittmusters behoben werden.

NÄHLÖCHER

Bedenken Sie: Nicht die Form der Sohle bestimmt die Form des Schuhs, sondern die richtige Anordnung der Löcher. Deshalb die vorgegebene Position der Nählöcher unbedingt einhalten!

Alle hier beschriebenen Schuhmodelle werden aus dem gleichen Brandsohlenmaterial hergestellt. Dennoch ist dieses mal fester, mal weicher und oft lassen sich die Löcher schwer in das zum Teil zähe Leder stanzen. Abhilfe schafft ein bisschen Wachs. Einfach einen Kerzenstummel über den zu stanzenden Bereich auf der Narbenseite reiben und schon funktioniert es!

LOCHMARKIERUNG

Die große Lochmarkierung wird auf der Innenseite des Leders angezeichnet. Da sie immer innen liegt, können der rechte und der linke Schuh nicht verwechselt werden.

NÄHEN

Beim Zusammennähen von Schaft und Sohle werden Sattlernadeln Größe 1.0 verwendet. Beim Nähen mit Sattlerstich immer beide Stiche parallel (einen von innen nach außen, einen von außen nach innen) stechen. Nie durch den Faden stechen (daher sind die Nadeln stumpf!) und jeden Stich, so gut es geht, anziehen. Es darf keine Lücke zwischen den Stichen entstehen; sie müssen fest aneinanderliegen.

KLEBEN

Der **SCHUHMACHERKLEBER** wird immer beidseitig sorgfältig und gleichmäßig mit dem Pinsel aufgetragen. Denken Sie daran: Nur da, wo Kleber ist, klebt es auch! Den Kleber gemäß den Angaben des Herstellers, üblicherweise ca. 10 Minuten, antrocknen lassen und beide Teile fest aufeinanderpressen. Der **BUCHBINDERLEIM** wird für das Kleben von Leder auf Leder gebraucht, an Stellen, an denen das Material noch verschiebbar bleiben muss. Da er kein Lösungsmittel enthält, ist er umweltfreundlicher als Schuhmacherkleber. Er wird immer nass verklebt.

LAUFSOHLEN

Im Handel wird Laufsohlenmaterial in großer Auswahl angeboten. Diese Laufsohlen sind bei den unten beschriebenen Schuhmodellen gut einsetzbar. Wir haben bei den meisten Schuhen 6 mm starke Gummisohlen verarbeitet.

HILFE bei Fehlern finden Sie am Ende dieses Kapitels.

PROJEKT 1: BALLERINA

Der Ballerina – ein absatzloser, sehr femininer, weit ausgeschnittener Slipper mit runder Spitze, der meist aus leichtem, weichem Leder gearbeitet wird – hat sein Vorbild im Tanzschuh des frühen 19. Jahrhunderts. Hat der heutige Ballettschuh, der als Sprung- und Spitzenschuh eingesetzt wird, eine breite geleimte Kappe und eine sehr kleine, dünne Sohle, so kam der damalige Tanzschuh noch ohne Zehenverstärkung aus. Bereits in den 1940er-Jahren tauchte der bis dahin reine Bühnenschuh mit Durchzugsbändchen am oberen Abschluss als alltagstauglicher *Capezio* mit fester Sohle auf der Straße auf. In den 1950er-Jahren, als die Bleistiftabsätze der Damenpumps immer höher wurden, begannen junge Mädchen, die absatzlosen, flachen Ballerinas zu schätzen. Audrey Hepburn wurde zum Idol und machte die Ballerinas richtig populär. Sie ließ sie von Salvatore Ferragamo entwerfen und kombinierte sie 1957 mit schmalen Caprihosen. In den 1980er-Jahren wurde die Sohle dieses mädchenhaften Modeschuhs stärker und die Farben variierten. Neben Leder in verschiedenen Pastelltönen wurden auch schwarzes Lackleder und Samt verarbeitet. Seit ihrem Revival 2010 gibt es Ballerinas in den unterschiedlichsten Variationen, in knalligen Farben, mit auffälligen Mustern und aufwendigen Dekorationen oder auch als Stoffschuh für jedermann. Selbst hergestellte Ballerinas aus weichem Leder mit flexibler Sohle wirken edel, individuell und sind superbequem.

Beim Ballerina ist die Schaftoberkante entscheidend für die Passform. Sie darf nicht dehnbar sein. Bei unserem Beispiel erreichen wir das durch die in der Paspel eingelegte Schnur. Ohne diese Schnur wäre ein in der Schaftkante eingelegtes Textilband nötig. Der zweite wichtige Punkt ist der Schaftabschluss im Spitzenbereich. Die Weite gemäß Muster muss identisch sein mit der Weite des Fußes.

MATERIAL UND WERKZEUG

MATERIAL FÜR EIN PAAR BALLERINAS

- Festes Papier oder Folie für die Schnitterstellung
- Brandsohlenleder, am besten vom Rinderhals
- Weiches und dennoch festes Oberleder, am besten vom Kalb, in der gewünschten Farbe
- 2 gespaltene dünne Lederstreifen in passender Farbe für die Paspel, 1,5–2 cm breit (die Länge richtet sich nach der Größe des Schuhs: Oberkante des Schnittmusters + 1,5 cm Überlappung)
- Leinenschnur in der Länge der Lederstreifen
- Leichte, weiche Gummilaufsohle (hier farbig)
- Schuhmacherkleber
- Sattlerzwirn (gewachst) in passender Farbe

WERKZEUG FÜR EIN PAAR BALLERINAS

- Bodenlederschere
- Messer
- Hammer
- Spindelpresse oder Lochzange (Lochpfeifengröße 1,5 mm)
- Kerzenwachs
- 2 Sattlernadeln (stumpf)
- Pinsel
- Raspel
- Nähmaschine
- Zeichenmaterial, z. B. Silberstift, Bleistift
- Permanentmarker in zum Oberleder passender Farbe
- Feuerzeug
- 2 Schraubzwingen
- 2 Presshölzer (1 x kleiner als Sohlenform, 1 x größer)
- Flachzange

PROJEKTANLEITUNG

VORARBEITEN

1. Erstellung des Schnittmusters: Alle Teile des Schnittmusters „Ballerina" auf dem Fotokopierer in der passenden Größe auf mindestens 100 g starkem Papier oder fester Folie ausdrucken und exakt am Rand entlang ausschneiden.

2. Die vorgegebenen Löcher mit der Lochzange oder Spindelpresse lochen (Sohle und Schaft haben je 78 Löcher).

3. Passendes Leder (Rinderhals für die Brandsohlen und Oberleder für den Schaft) auswählen, auf Fehler untersuchen und diese auf der zu schneidenden Seite auffällig markieren.

BRANDSOHLE

1. Rechtes Brandsohlenschnittteil auf festes Brandsohlenleder platzsparend auflegen, mit Bleistift umranden, alle 78 Löcher einzeichnen und Sohle ausschneiden. *(Abb. 1, 2)*

2. Schnittteil für den linken Schuh wenden, Vorgang wiederholen.

3. Beide Sohlenteile exakt aufeinanderlegen und mit zwei Tackerklammern verbinden.

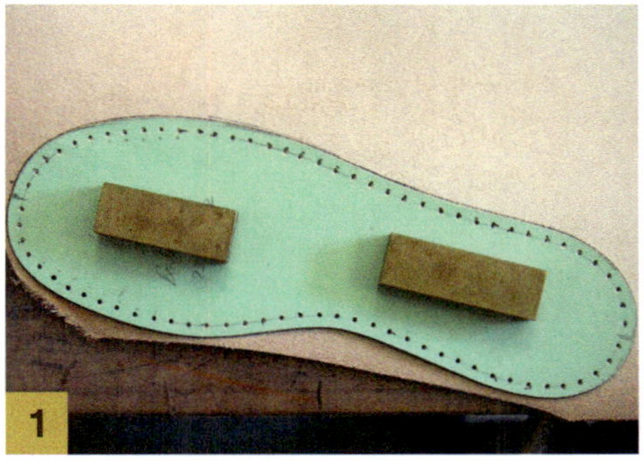

Sohlenschnitt auf Brandsohlenleder

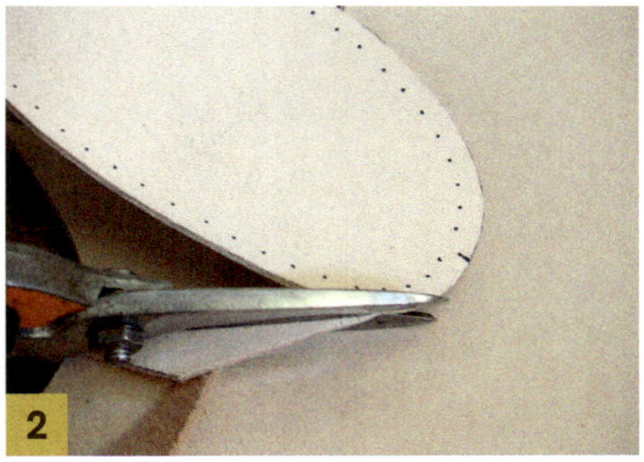

Ausschneiden mit der Bodenlederschere

Ausgleichen mit der Raspel

4. An der Schleifmaschine rundherum ausgleichen.
Alternativ: Wenn keine Schleifmaschine vorhanden ist, zusammengetackerte Brandsohlenleder über einer Tischkante mit einer Raspel ausgleichen, sodass zwei exakt gleiche Sohlenformen entstehen. *(Abb. 3)*

5. Den zu stanzenden Bereich nur auf der Narbenseite mit Wachs einstreichen. Die 78 angezeichneten Löcher stanzen (Lochpfeifengröße 1,5 mm). Vordere und hintere Mitte markieren.

Auslegen des Musters auf dem Leder

AUSSCHNEIDEN DES SCHAFTES

Der Ballerina besteht aus nur einem Schaftteil zuzüglich Verstärkungen für die Spitzen und Hinterkappen für die Ferse. Die Art des Anzeichnens der Schnittmuster richtet sich nach dem Leder und der Ausschneidetechnik:

- Gleichmäßige Leder können auf der Fleischseite angezeichnet werden.
- Der Markierstift darf auf der Vorderseite nicht sichtbar sein.
- Zum Anzeichnen und zum Ausschneiden mit dem Messer empfiehlt sich das Beschweren der Schnittmuster mit einem Gewicht. *(Abb. 4)*

1. Rechte Schaftschnittteile auf dem Oberleder auslegen, rundherum anzeichnen, auch die Löcher anzeichnen. Beim Anzeichnen genau nach dem Schnittmuster arbeiten, keine Zugaben geben.

2. Die große Lochmarkierung auf der Fleischseite anbringen.

Die vordere Verstärkung

3. Schnittteil wenden und linke Schaftteile einzeichnen.

4. Um Material zu sparen, die Schnittteile für die Verstärkungen in das übrig gebliebene Mittelstück legen, anzeichnen und alle Teile ausschneiden. Beim Ausschneiden erzielt man mit dem Messer ein besseres Resultat als mit der Schere. *(Abb. 5, 6)*

Auslegen der Verstärkungen

TIPP
Um die Spitzenverstärkung exakt einzukleben, ein Reststück des Schnittmusters als Schablone verwenden.

SPITZENVERSTÄRKUNG

1. Verstärkungen rundherum fleischseitig schärfen.

2. Die beiden Lederteile der Spitzenverstärkung auf der Fleischseite präzise mit Schuhmacherkleber einstreichen. Schaft wenden und Fleischseite im Bereich der Spitzenverstärkung ebenfalls gleichmäßig mit Schuhmacherkleber einstreichen. *(Abb. 7, 8)*

3. Mindestens 5 Minuten warten, dann die Schnittteile Klebeseite auf Klebeseite fest zusammendrücken und eventuell kurz mit dem Hammer festklopfen. *(Abb. 9)*

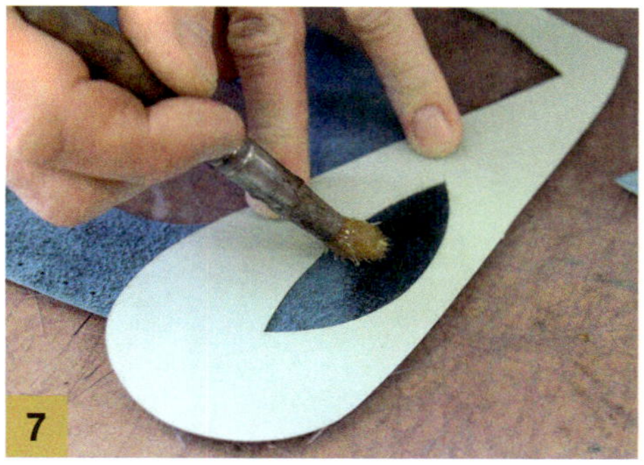

Der Kleber lässt sich präzise auftragen.

Die vordere Verstärkung aufkleben.

PASPEL

1. Anfang und Ende des Lederstreifens auf einem Tisch fixieren und auf der Fleischseite gleichmäßig mit Schuhmacherkleber einstreichen. *(Abb. 10)*

2. Leinen- oder Hanfschnur ebenfalls mit Kleber einstreichen und auf dem Tisch rechts und links gespannt fixieren.

Paspel mit Kleber einstreichen.

3. Antrocknen lassen.

4. Schnur mittig aufkleben, dabei die ersten beiden Zentimeter des Lederstreifens frei lassen.

5. Die Fixierung lösen. Lederstreifen um die Schnur legen und mittig zusammenkleben.

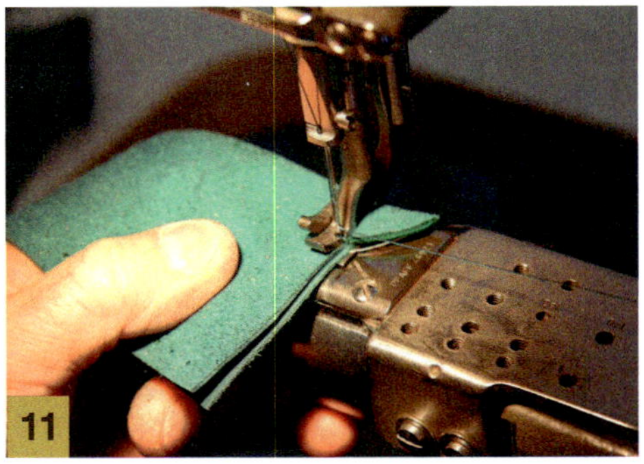

Die hintere Mittelnaht nähen.

Die hintere Mittelnaht flach reiben.

Fertig verstärkter Schaft

HINTERE MITTELNAHT

1. Für die hintere Mittelnaht Nähmaschine auf Stichlänge 2,5 einstellen.

2. Leder Narbenseite auf Narbenseite zusammenlegen, dabei sollte das untere Teil leicht sichtbar sein (nicht mehr als 0,5 mm Überstand). So lässt es sich beim Nähen optimal mitfassen. *(Abb. 11)*

3. Nach der Überlappung beginnen, die hintere Naht mit 2 mm Abstand zur Kante zu steppen, dabei den Anfang und das Ende der Naht durch Vor- und Rückstiche sichern. Fäden nach innen ziehen und festkleben. Wenn nötig, Nahtzugabe zurückschneiden. Die Naht von innen mit dem Hammer flach reiben. *(Abb. 12)*

4. Die Überlappung an der oberen Schaftkante einkleben, trocknen lassen und aufsteppen.
Alternativ: Ist das Leder für die vorhandene Nähmaschine zu dick, kann die Naht auch von Hand geschlossen werden. Dazu Nählöcher mit der Spindelpresse (Lochpfeifengröße 1 mm) gleichmäßig vorlochen und mit einem gewachsten Faden mit dem Sattlerstich verbinden.

FERSENKAPPE

1. Fersenkappe hinten innen im Schaft anpassen und seitlich markieren.

2. Rechts und links mit Malerkrepp abkleben.

3. Schaftbereich und Fersenkappe mit Schuhmacherkleber einstreichen.

4. Mindestens 5 Minuten antrocknen lassen.

5. Fersenkappe gespannt aufkleben, dabei darauf achten, dass die Nählöcher sichtbar bleiben.

6. Im Bereich der oberen Schaftkante zurückschneiden. *(Abb. 13)*

TIPP

Durch Absengen der kleinen Lederfasern entsteht eine glatte Schnittkante. Danach, wenn nötig, mit einem farblich passenden Permanentmarker die Kante einfärben.

ANBRINGEN DER PASPEL

1. Schuhmacherkleber auf die zu klebende Seite der Paspel so auftragen, dass der verdickte, umgebogene Teil klebstofffrei bleibt.

2. Oberen inneren Rand des Schaftes dünn, aber gleichmäßig mit Kleber einstreichen.

3. Wenn es keine vordere Dekoration gibt, unter der die verbindende Überlappung der Paspel versteckt werden kann, innen mittig beginnen, die Paspel aufzukleben. Allerdings die Paspel auf den ersten beiden Zentimetern nicht aufkleben. *(Abb. 14)*

Ankleben der Paspel

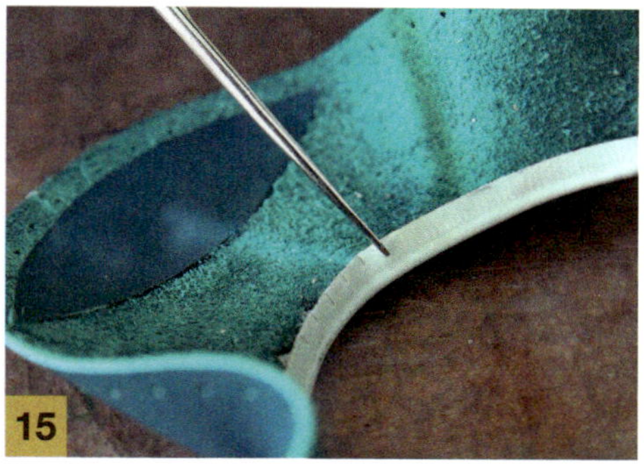

Einschneiden zur Anpassung an die vordere Rundung

4. An der vorderen Rundung ist die Spannung zu stark und das Leder muss eingeschnitten werden (Schnittlänge = halbe Materialbreite), um die Paspel anzupassen. *(Abb. 15)*

5. Am Ende angekommen, 1 cm Paspel für die Überlappung stehen lassen, den Rest abschneiden.

6. Den hinteren Teil der Paspel in den vorderen stecken. Ist die Paspel dick, sollten die Übergänge noch einmal ausgeschärft werden, um einen sanften Übergang zu erreichen.

7. Paspel festklopfen und 2 mm ab Schaftkante annähen. *(Abb. 16)*

Annähen der Paspel

VERBINDEN VON SCHAFT UND SOHLE

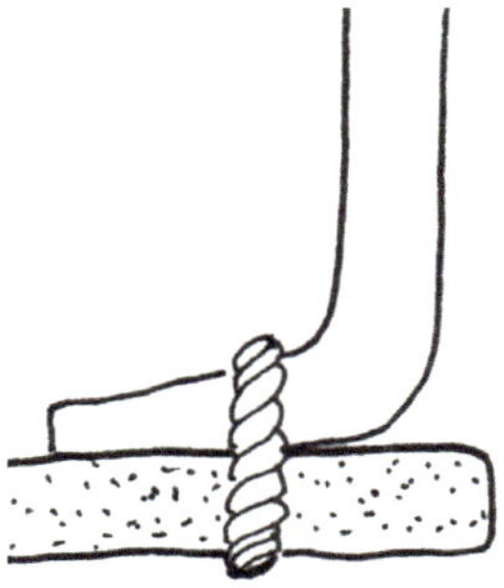

1. Gewachsten Handnähfaden zuschneiden (der dreifache Umfang der Sohle ergibt die optimale Fadenlänge).

2. Je eine stumpfe Sattlernadel an den Enden des Fadens einfädeln, dabei 2 cm stehen lassen.

3. Den Faden dreimal an jedem Ende aufspießen, nachziehen und drüberziehen, sodass an jedem Ende eine Nadel fixiert ist *(siehe S. 79)*.

4. Bei der Sohle rechts und links definieren. Passendes Schaftteil mit der Narbenseite laut Zeichnung auflegen.

5. An der hinteren Mitte (Markierung) beginnen, eine Nadel durch das erste Loch zu ziehen. Fadenlänge durch Ziehen regulieren.

TIPP

Vorsichtshalber alle Löcher vor dem Nähen nachzählen: Am Schaft und an der Sohle müssen es je 78 Löcher sein!

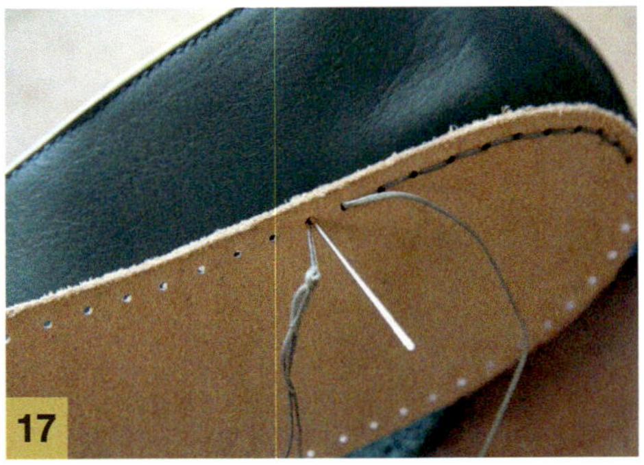

Verbinden von Schaft und Sohle

6. Mit beiden Nadeln gleichzeitig den ersten Stich bilden (eine von innen nach außen, die andere von außen nach innen führen) – fest anziehen.

7. Der zweite Stich wird entgegengesetzt gebildet, die äußere Nadel sticht nun nach innen und die innere nach außen. Fadenlänge kontrollieren und Faden festziehen. *(Abb. 17)*

8. Rundherum nähen.

9. Am Ende angekommen, 2,5 Stiche überlappend über die ersten nähen. Zum Schluss müssen beide Nadeln auf der Brandsohlenunterseite liegen. Fäden auf 5 cm zurückschneiden. Fadenenden unter das Brandsohlenleder kleben.

TIPP
Wenn beide Nadeln gleichzeitig und nicht nacheinander eingestochen werden, kann man nicht versehentlich durch den Faden stechen.

Laufsohle anzeichnen und ausschneiden.

BESOHLEN

1. Für die Laufsohlen das Brandsohlenmuster auf weiches Gummisohlenmaterial auflegen, mit einer Zugabe von 3 mm rundherum anzeichnen und die Laufsohlen zuschneiden. Für den Ballerina sollte man eine leichte und weiche Gummisohle wählen, damit sich der Schuh später gut an den Fuß anschmiegt. *(Abb. 18)*

2. Leder- und Gummisohlen mit Schuhmacherkleber sorgfältig einstreichen, diesen mindestens 10 Minuten trocknen lassen.

3. Die Sohlen exakt aufeinanderlegen und mit Schraubzwingen und Presshölzern pressen.

4. Den Rand mit der Flachzange andrücken. *(Abb. 19)*

5. Die Position des Absatzflecks anzeichnen und das Profil der Laufsohle mit dem Messer plan schneiden. *(Abb. 20)*

Flachdrücken des Sohlenrandes

6. Den Absatzfleck und die entsprechende Stelle an der Laufsohle mit Schuhmacherkleber einstreichen, den Kleber antrocknen lassen und den Absatz anpressen.

7. Sohlen rundherum auf der Schleifmaschine plan schleifen oder mit einem Hakenmesser zurückschneiden. Fertig!

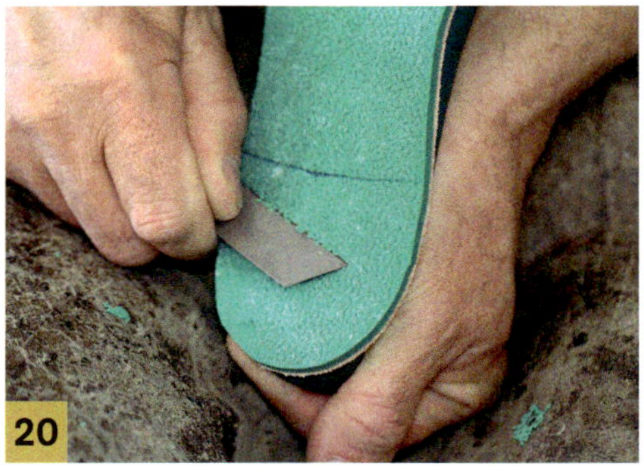

Laufsohle plan schneiden für den Absatzfleck.

VARIANTEN

Ballerinas bieten viel Spielraum für Dekorationen. Sie können unter zahlreichen verschiedenen Farben für Oberleder und Paspel wählen. Außerdem haben Sie beispielsweise die Möglichkeit, das Vorderblatt unterschiedlich zu dekorieren. Hier einige Varianten:

1. Im **Capezio** läuft traditionell ein feiner gleichfarbiger Schnürsenkel in der Paspel mit. Sie können ihn anstelle des eingeklebten Leinenfadens beim Nähen mitlaufen lassen. Die Paspelenden treffen sich dabei auf Stoß an der vorderen Mitte, wo die Senkel zu einer kleinen Schleife gebunden werden.

2. **Lederschleife auf dem Vorderblatt:** Aus feinem, ausgeschärftem Leder zwei Rechtecke zuschneiden (10 x 3 cm und 5 x 3 cm). Die Ränder, wenn nötig, mit Permanentmarker färben. Die Enden des ersten Streifens rechts und links zur Fleischseite umklappen und mit Kleber fixieren. Den zweiten Streifen um die Mitte legen (ganz nach Belieben lockerer oder fester umlegen), mit Kleber fixieren und mit ein paar verdeckten Stichen an das Vorderblatt nähen. *(Abb. 21, 23)*

3. **Lederschleife mit Schnalle:** Eine Schnalle kann den zweiten Streifen ersetzen. Einfach das Lederband durch die Schnalle ziehen und alles mit ein paar Stichen am Vorderblatt fixieren.

4. **Lederrose:** Einen Streifen (15 x 4 cm) am Anfang einklappen und locker, mit großen Falten an der unteren Seite, einwickeln. Durch Umbiegen des oberen Randes bekommt die Rose ein natürlicheres Aussehen. Mit Kleber und Handstichen fixieren und am Schuh befestigen. *(Abb. 22)*

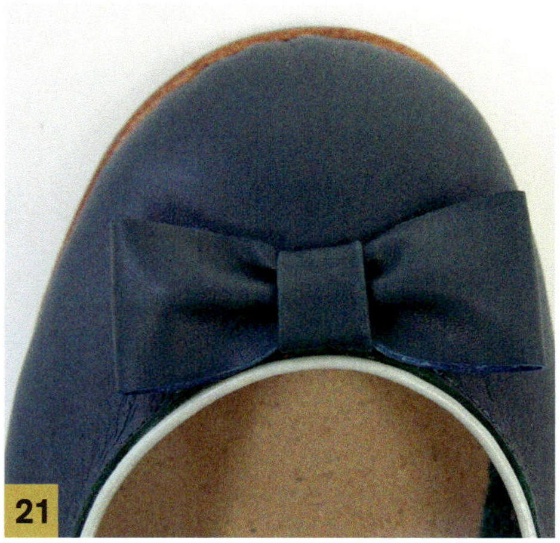
21

22

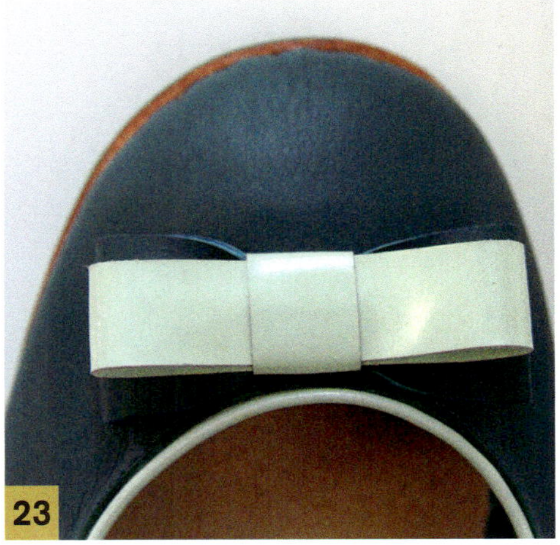
23

PROJEKT 2: PANTOFOLA ORIENTAL

Die Pantofola oriental ist eine aus Sohle und Vorderkappe bestehende Fußbekleidung und kann sowohl als Pantoffel im Haus getragen werden als auch als fersenloser Slipper oder Pantolette außer Haus. In orientalischen Gegenden dienen Pantoffeln als praktische Straßenschuhe, die schnell an- und auch wieder ausgezogen werden können, wenn man ein Haus betritt oder verlässt. Seinen Ursprung hat der Pantoffel im persischen Altertum (persisch *papusch* von *pa* „Fuß" und *pusch* „Decke"), wo er mit Stickereien oder Stempelvergoldungen reich verziert wurde. „Die Schuhe der morgenländischen Damen", heißt es dazu in einem 1851 erschienenen „Illustrierten Schusterbüchlein", „sind zuweilen reich verziert, oben mit Gold, Silber und Seide gestickt, vielleicht auch mit echten oder unechten Edelsteinen besetzt." Meist wies der orientalische Pantoffel eine lange nach oben gezogene Spitze auf. Der Pantoffel kam über Italien (*pantofola*) nach Frankreich (*babouches*). Seit dem 15. Jahrhundert fand er weite Verbreitung, war mal ein reiner Hausschuh, mal wurde er sogar auf Bällen getragen. Bis heute weist der orientalische Pantoffel zahlreiche Ornamente auf. Beim Modell Pantolette *(siehe S. 114 ff.)* knüpfen wir an diese Tradition an und schmücken den Schuh mit einem dekorativen Stanzmuster.

MATERIAL UND WERKZEUG

MATERIAL FÜR EIN PAAR PANTOFOLAS ORIENTAL

- Festes Papier oder Folie für die Schnitterstellung
- Brandsohlenleder, am besten vom Rinderhals
- Weiches und dennoch festes Oberleder, am besten vom Kalb, in der gewünschten Farbe
- Gespaltener Lederstreifen in passender Farbe für die Einfassung, 2 cm breit
- Gummisohle
- Schuhmacherkleber
- Sattlerzwirn (gewachst)

WERKZEUG FÜR EIN PAAR PANTOFOLAS ORIENTAL

- Bodenlederschere
- Messer
- Spindelpresse oder Lochzange (Lochpfeifengröße 1,5 mm und 3 mm)
- Kerzenwachs
- 2 Sattlernadeln (stumpf)
- Pinsel
- Raspel
- Hakenmesser
- Zeichenmaterial
- Nähmaschine
- Feuerzeug
- 2 Schraubzwingen
- 2 Presshölzer (1 x kleiner als Sohlenform, 1 x größer)
- Flachzange

PROJEKTANLEITUNG

VORARBEITEN

1. Erstellung des Schnittmusters: Alle Teile des Schnittmusters „Oriental“ auf dem Fotokopierer in der passenden Größe auf mindestens 100 g starkem Papier oder fester Folie ausdrucken und exakt am Rand entlang ausschneiden.

2. Die vorgegebenen Löcher mit der Lochzange oder Spindelpresse lochen (der Schaft hat außen 30, innen 29 Löcher, die Sohle hat 61 Löcher, 2 davon zum Einfassen).

3. Passendes Leder (Rinderhals für die Brandsohlen und Oberleder für den Schaft) auswählen, auf Fehler untersuchen und diese auf der zu schneidenden Seite auffällig markieren.

AUSSCHNEIDEN DES SCHAFTES

Das Leder für den Schaft sollte eine geringe Dehnung aufweisen. Die Art des Anzeichnens der Schnittmuster richtet sich nach dem Leder und der Ausschneidetechnik:

- Gleichmäßige Leder können auf der Fleischseite angezeichnet werden.
- Der Markierstift darf auf der Vorderseite nicht sichtbar sein.
- Zum Anzeichnen und Ausschneiden empfiehlt sich das Beschweren der Schnittmuster mit einem Gewicht.

TIPP
Beim Ausschneiden erzielt man mit dem Messer ein besseres Resultat als mit der Schere.

1. Der Pantoffel besteht aus zwei Schaftteilen, die durch eine Mittelnaht verbunden werden. Die Schaftschnittteile für den rechten Schuh auf der Narbenseite des Oberleders auslegen, rundherum anzeichnen, auch die Löcher markieren. Die große Lochmarkierung auf der Fleischseite anbringen. Schnittteil wenden und Schaftteile für den linken Schuh anzeichnen. *(Abb. 1)*

2. Die Schnittteile ohne Zugabe ausschneiden.

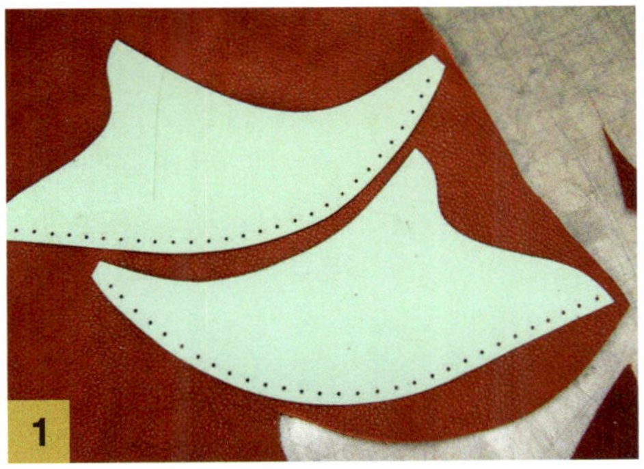

Auslegen des Schnittmusters für den Schaft auf dem Leder

BRANDSOHLE

1. Rechtes Sohlenschnittteil auf festem Brandsohlenleder platzsparend auslegen, mit Silberstift umranden, alle Lochpunkte einzeichnen und Sohle ausschneiden. *(Abb. 2)*

2. Für den linken Schuh das Schnittteil wenden und den Vorgang wiederholen.

Brandsohlen zuschneiden.

Angezeichnete Brandsohlenlöcher stanzen.

Brandsohlenränder plan schleifen.

3. Die angezeichneten Lochpunkte an der Spindelpresse (Lochpfeifengröße 1,5 mm) stanzen, dabei den zu stanzenden Bereich nur auf der Narbenseite mit Wachs einstreichen. *(Abb. 3)*
Vordere Mitte markieren.

4. Beide Sohlenteile exakt aufeinanderlegen und mit zwei Tackerklammern verbinden.

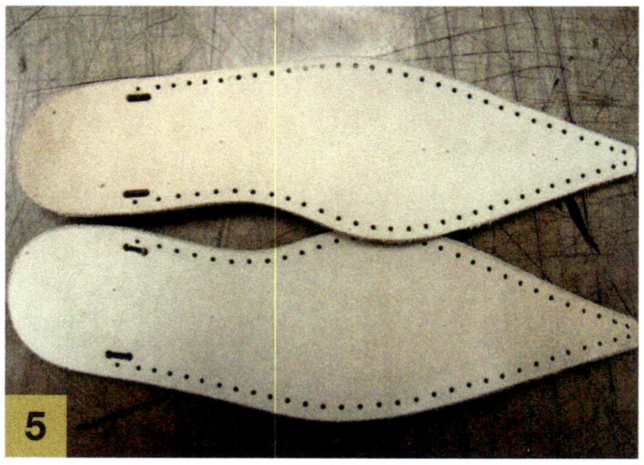

Die fertige Brandsohle

5. An der Schleifmaschine rundherum ausgleichen.
Alternativ: Wenn keine Schleifmaschine vorhanden ist, zusammengetackerte Brandsohlenleder über einer Tischkante mit einer Raspel ausgleichen, sodass zwei exakt gleiche Sohlenformen entstehen. *(Abb. 4)*

6. Tackerklammern entfernen und die Sohlenteile auseinandernehmen.

7. Laut Schnitt einen 12 x 3 mm großen Schlitz ausstanzen.
Alternativ: Mit der Spindelpresse oder der Lochzange (Lochpfeifengröße 3 mm) rechts und links der Markierung lochen und den Zwischenraum mit einem scharfen Messer oder einer Bodenlederschere wegschneiden. *(Abb. 5)*

DEN SCHAFT NÄHEN

Die Schaftteile Narbenseite auf Narbenseite legen und die obere Mittelnaht nähen. Dabei darauf achten, dass das untere Teil ein wenig vorsteht.
Alternativ: Eine Handnaht nähen. Für die Handnaht an der vorderen Mittelnaht je 2 mm zugeben. Die Mittelnaht im Abstand von 5 mm lochen (Lochpfeifengröße 1 mm) und mit dem Sattler- oder Mokassinstich schließen.

TIPP

Ist das Leder zu weich und zieht sich beim Nähen zu stark (Nähprobe auf Lederreststück machen), die Nahtlinie mit Malerkrepp abkleben, nähen und anschließend das Kreppband abziehen.

EINFASSEN

1. Den Lederstreifen Narbenseite auf Narbenseite 2 mm von der Schaftkante entfernt mit der Nähmaschine aufsteppen. Dabei müssen am Anfang und Ende je 2 cm des Streifens überstehen.

2. Die Lederstreifeninnenseite und den zu klebenden Bereich der Außenseite mit Kleber einstreichen, den Kleber 5 Minuten antrocknen lassen und den Lederstreifen nach oben feststreichen. *(Abb. 6)*

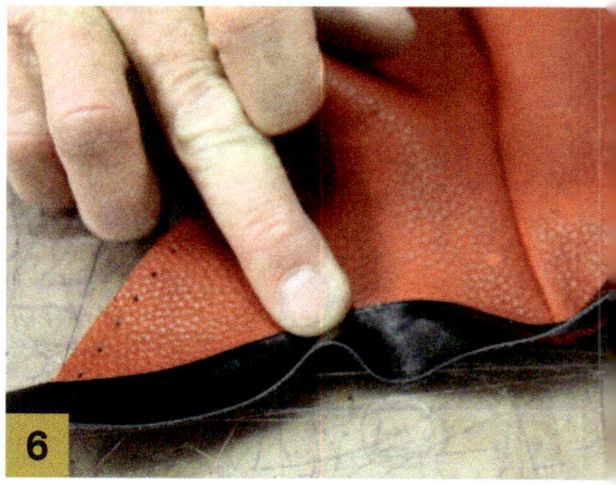

Einfassbändchen nach oben feststreichen.

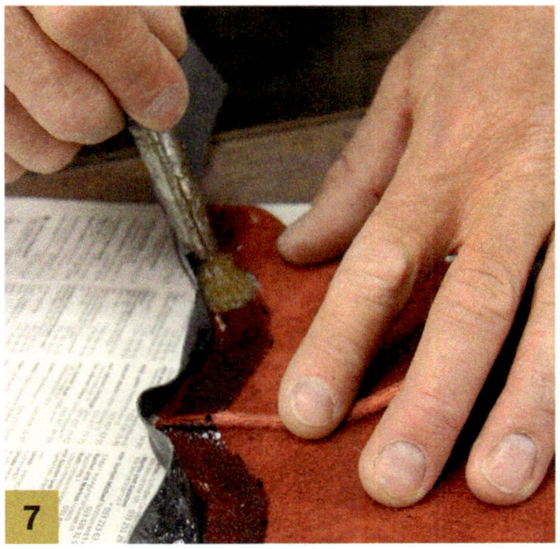
7

Einstreichen mit Schuhmacherkleber

3. Den Lederstreifen um den Rand legen und die Stoßlinie innen anzeichnen.

4. Dann wieder restliches Einfassband und Innenseite des Oberleders in entsprechender Breite mit Kleber einstreichen, den Kleber antrocknen lassen. *(Abb. 7)*

5. Das Einfassband um die obere Kante legen, auf der Innenseite des Schaftes festkleben, gut andrücken. *(Abb. 8)*

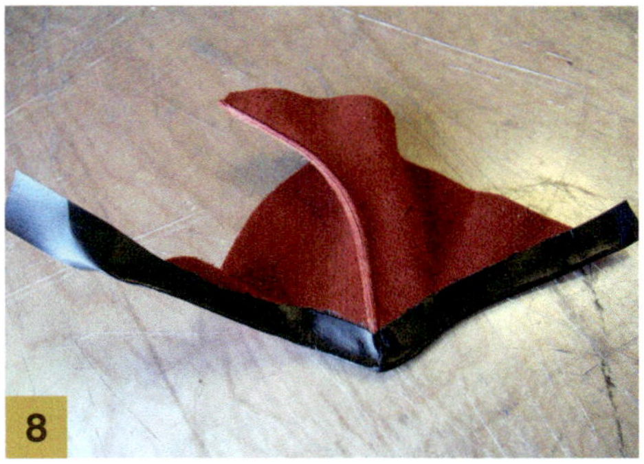
8

Einfassbändchen gut andrücken.

VERBINDEN VON SCHAFT UND BRANDSOHLE

1. Überstehendes Einfassband von oben in den Schlitz der Brandsohle einziehen.

2. Gewachsten Handnähfaden zuschneiden (der dreifache Umfang der Sohle ergibt die optimale Fadenlänge).

3. Je eine stumpfe Sattlernadel an den Enden des Fadens einfädeln, dabei 2 cm stehen lassen.

4. Bei der Sohle rechts und links definieren. Passendes Schaftteil mit der Narbenseite auflegen.

5. Ins zweitletzte Loch der Brandsohle und ins letzte Loch des Oberleders von unten den Faden einziehen. *(Abb. 9)*

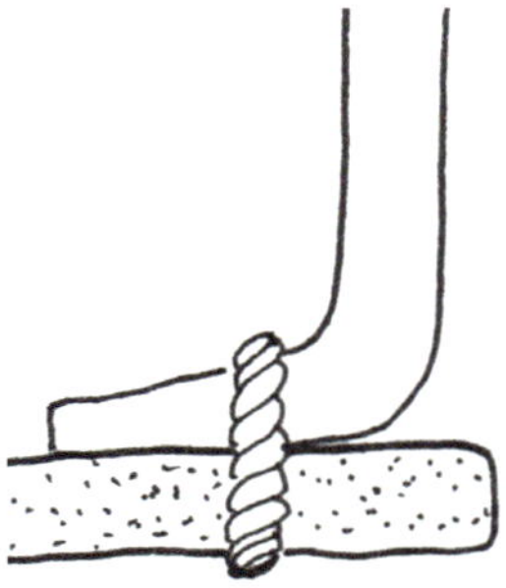

TIPP

Vorsichtshalber alle Löcher vor dem Nähen nachzählen: Am Schaft müssen es 59 und an der Sohle 61 Löcher sein!

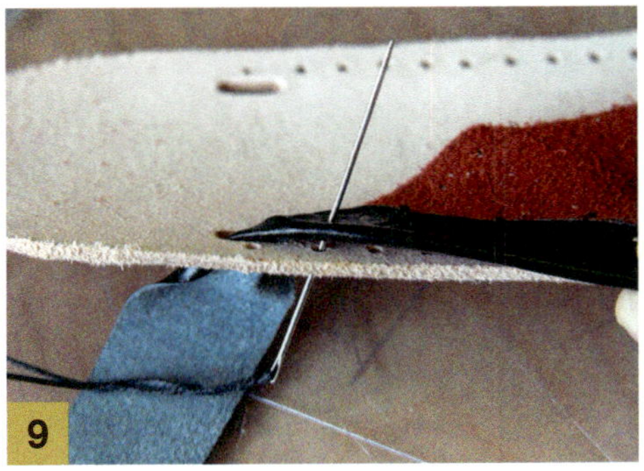
9

10

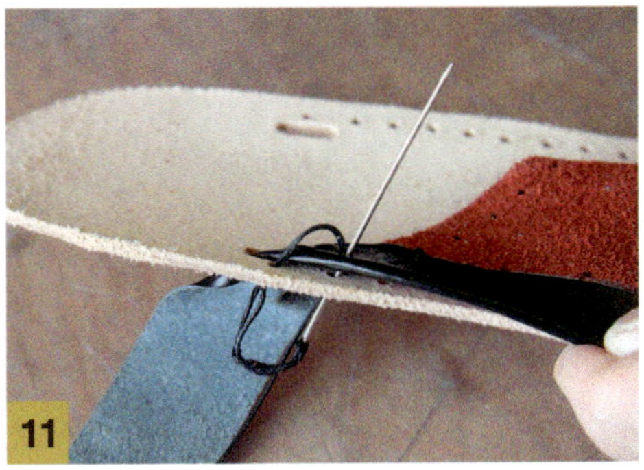
11

Der Anfang der Naht

TIPP
Wenn beide Nadeln gleichzeitig und nicht nacheinander eingestochen werden, kann man nicht versehentlich durch den Faden stechen.

6. Dann von oben durch das letzte Loch der Brandsohle stechen. Anschließend die Nadel wieder durch das zweitletzte Loch der Brandsohle und das letzte Loch des Oberleders nach oben führen. Fadenlänge durch Ziehen regulieren (gleiche Länge auf beiden Seiten) *(Abb. 10, 11)*.

7. Diesen Vorgang wiederholen, der erste Stich wird durch doppeltes Nähen fixiert.

8. Mit beiden Nadeln gleichzeitig die Naht bilden (eine Nadel von innen nach außen, die andere von außen nach innen führen), dabei jeden Stich fest anziehen. *Alternativ:* Zieht man den ersten durch das Loch geführten Faden straff zu sich, so öffnet sich das Loch und die zweite Nadel kann problemlos durchgeschoben werden. *(Abb. 12)*

9. Spitze laut Abbildung nähen. *(Abb. 13)*

10. Am Ende angekommen, zwei Stiche überlappend über die ersten nähen. Zum Schluss müssen beide Nadeln auf der Brandsohlenunterseite liegen. Fadenenden auf 2 cm zurückschneiden. Fadenenden unter das Brandsohlenleder kleben.

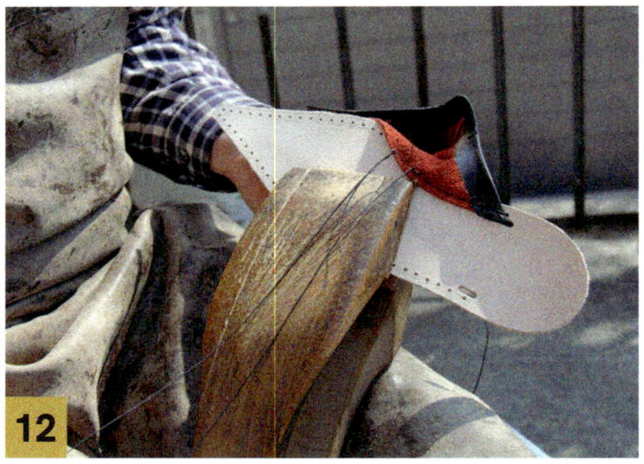

Nähen mit dem Nähguthalter

Die Naht an der Spitze

Der erste Pantoffel ist fertig, nun wird der zweite genäht.

Die fertig genähten Pantofolas oriental mit Leistenvorlage

BESOHLEN

1. Für die Laufsohlen das Brandsohlenmuster auf Gummisohlenmaterial auflegen, mit einer Zugabe von 3 mm rundherum anzeichnen und die Laufsohlen zuschneiden. *(Abb. 16)*

2. Leder- und Gummisohlen mit Schuhmacherkleber sorgfältig einstreichen, diesen mindestens 10 Minuten trocknen lassen.

Das Sohlenmaterial zuschneiden.

3. Die Sohlen exakt aufeinanderlegen und mit Schraubzwingen und Presshölzern gut pressen. *(Abb. 17)*

4. Den Rand mit der Flachzange andrücken.

5. Die Sohlen rundherum auf der Schleifmaschine plan schleifen oder mit einem Hakenmesser zurückschneiden.

Den Pantoffel exakt auf die Laufsohle auflegen.

PROJEKT 3: PANTOLETTE ORIENTAL

Die Pantofola wird durch einen Absatz zur Pantolette oriental. Schnittmuster des Schaftes und der Brandsohle sind fast identisch, allerdings wird ein orientalisches Muster als Dekorationselement in das Oberleder gestanzt. Die Herstellung bleibt gleich, nur bei Besohlung und Absatz gibt es Unterschiede beziehungsweise Ergänzungen. Der Aufbau des Absatzes mit Lederflecken erfordert allerdings eine Schleifmaschine. Wegen der Höhe des Absatzes, der zudem nach einer Gelenkfeder verlangt, muss eine Schnellpresse eingesetzt werden. Am besten suchen Sie einen Schuhmacher auf und nutzen seine Schleifmaschine und Schnellpresse. Wie oben beschrieben, kann dieser Schuh ohne hohen Absatz und ohne Gelenk auch zu Hause mithilfe von zwei Schraubzwingen und zwei Presshölzern hergestellt werden.

ZUSÄTZLICHES MATERIAL FÜR EIN PAAR PANTOLETTES

- Stanzwerkzeuge
- 2 Gelenkstücke
- Lederflecke für den Aufbau des Absatzes (je höher, desto mehr) oder fertigen Absatz
- Heißluftföhn
- 2 Neolit-Gummisohlen (rechts und links)
- Schleifmaschine
- Schnellpresse

PROJEKTANLEITUNG

1

Unbedingt einige Stanzproben auf Lederresten machen.

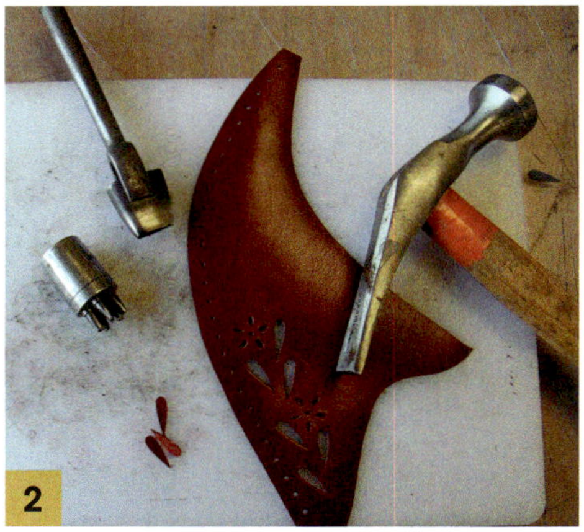

2

Ausstanzen des Musters

3

Die fertig gestanzten und zusammengenähten Schaftteile werden eingefasst.

STANZEN

In die ausgeschnittenen Schaftteile nach Wunsch ein Muster stanzen. Dabei unten über den Nählöchern (ca. 2 cm ab Kante) nicht stanzen. *(Abb. 1, 2, 3)*

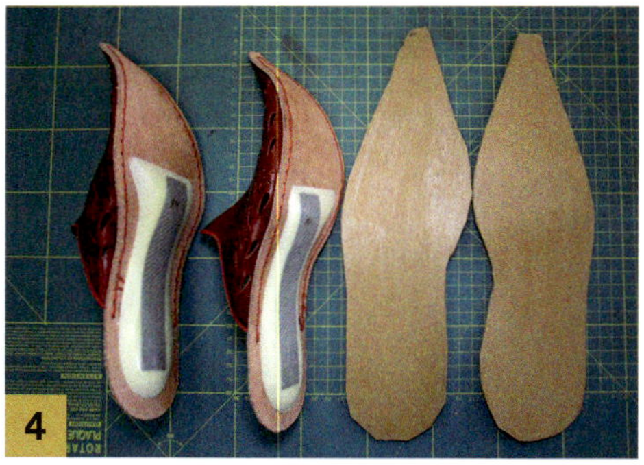

4

Brandsohle mit Gelenkstücken und Neolit-Gummisohlen

GELENKSTÜCKE

1. Das Gelenkstück stabilisiert den Absatzschuh. Gelenkstück laut Abbildung unterkleben. Dazu Sohle und Gelenkstück mit Schuhmacherkleber einstreichen, 10 Minuten warten und Klebeseiten fest aufeinanderdrücken. *(Abb. 4)*

2. Neolit-Gummisohle mit dem Heißluftföhn erhitzen. Die erwärmte Sohle wird anpassungsfähig und besser formbar. *(Abb. 5)*

3. Neolit-Sohlenrand mit dem Hakenmesser zurückschneiden. *(Abb. 6)*

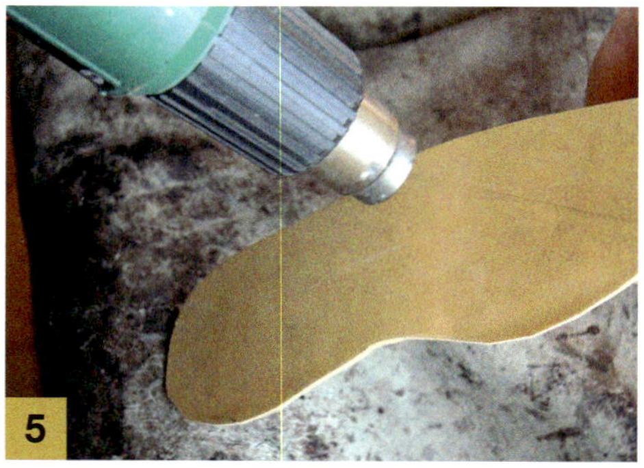

5

Erhitzen der Neolit-Gummisohle

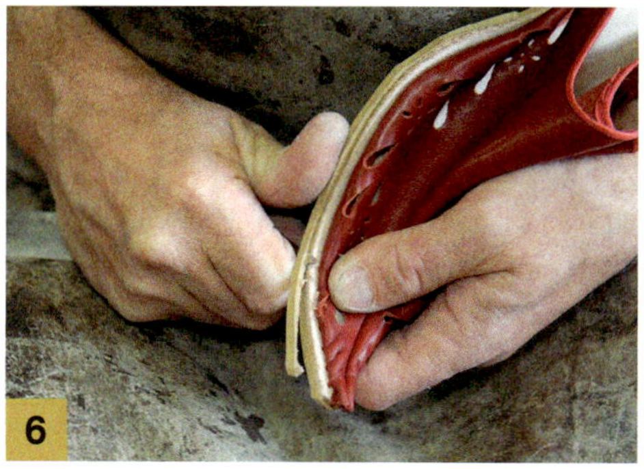

6

Den Sohlenrand zurückschneiden.

ABSATZ

1. Lederflecke auf beiden Seiten mit dem Schuhmacherkleber einstreichen. Dabei die Lederflecke so aufstellen, dass sie nirgendwo festkleben. *(Abb. 7)*

Alle Lederflecke von beiden Seiten mit Schuhmacherkleber einstreichen.

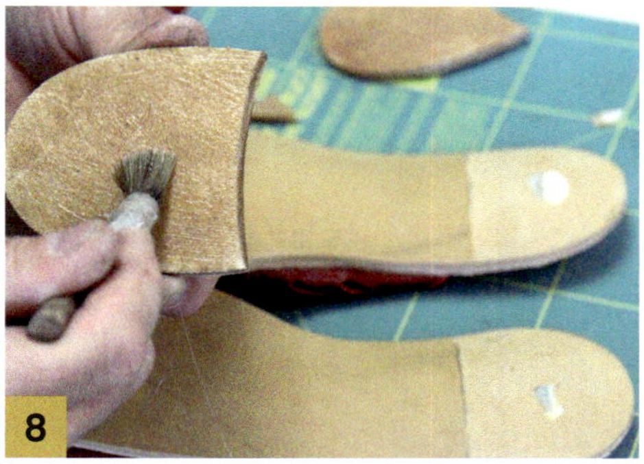

Das Aufkleben der Lederflecken

2. Nach 10 Minuten Antrocknungszeit Lederflecke Stück für Stück fest aufeinanderkleben, bis die optimale Höhe ohne Gummiabsatz erreicht ist. *(Abb. 8)*

3. Einen Gummiabsatz/Oberfleck aufkleben. *(Abb. 9)*

4. Zum Schluss einen Schuhmacher aufsuchen, um dort den Bodenaufbau zu pressen und den Absatz in die gewünschte Form zu schleifen.

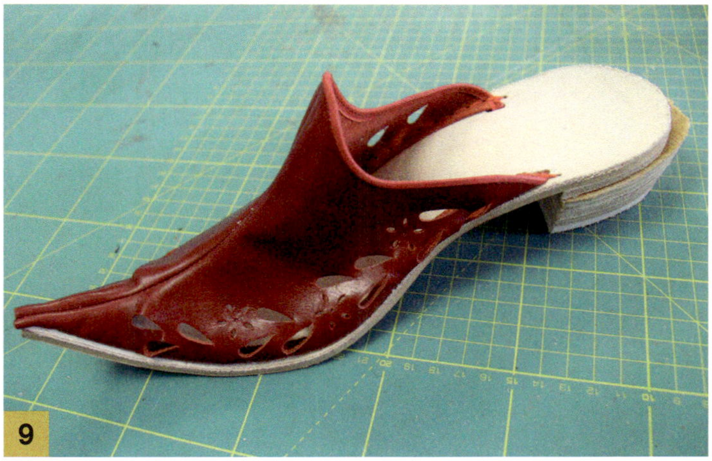

Der Absatz vor dem Zurückschleifen

PROJEKT 4: ESPADRILLE

Ursprünglich Stoffschuhe spanischer Bauern mit geflochtenen Sohlen aus Halmen des Espartograses, wurden die *alpargatas* bereits um 1900 in den Badeorten der Mittelmeerküste entdeckt. Bis heute sind die billigen, leichten Espadrilles bei Frauen und Männern beliebte Sommerslipper, die barfuß getragen werden. Allerdings sind die originalen Espadrilles aufgrund ihrer Grassohlen und des Schaftes aus farbigem Leinen oder Baumwolle nicht sehr widerstandsfähig gegen Feuchtigkeit und tatsächlich nur für heiße Sommertage geeignet. Etwas nässebeständiger und haltbarer wird die Sohle durch eine Teilbeschichtung aus wasserabweisendem Naturkautschuk. Will man Espadrilles jedoch als stabile Straßenschuhe fertigen, muss man andere Materialien einsetzen: Inzwischen erlebt die Espadrille ein Revival „in neuem Gewand“ und begeistert durch besondere Obermaterialien und frische Farben – wie die hier gezeigte aus Leder in Lindgrün.

In unserem Beispiel werden die Espadrilles flexibel genäht, das heißt, der Schaftrand wird nach außen um die Brandsohle gelegt und festgenäht. Diese flexible Nähmethode ist die einfachste und schnellste und hat den zusätzlichen Vorteil, dass die Schuhe biegsam und weich werden. Es ist aber auch möglich, den Schaftrand nach innen zu nähen.

Da die Seitennähte bei der Espadrille kurz sind, können sie schnell von Hand genäht werden und man spart sich das Nähen an der Oberledernähmaschine.

MATERIAL UND WERKZEUG

MATERIAL FÜR EIN PAAR LEDER-ESPADRILLES

- Festes Papier oder Folie für die Schnitterstellung
- Brandsohlenleder, am besten vom Rinderhals
- Weiches und dennoch festes Oberleder, am besten vom Kalb oder Rind, in der gewünschten Farbe
- 4 gespaltene dünne Lederstreifen in passender Farbe für die Einfassung, 2 cm breit (Länge entspricht den Schnittteilen
- Leichte, weiche Gummisohle
- Schuhmacherkleber
- Sattlerzwirn (gewachst)

WERKZEUG FÜR EIN PAAR LEDER-ESPADRILLES

- Bodenlederschere
- Messer
- Spindelpresse oder Lochzange (Lochpfeifengröße 1,5 mm sowie 1 mm für die Handnaht)
- Kerzenwachs
- 2 Sattlernadeln (stumpf)
- Pinsel
- Raspel
- Zeichenmaterial
- Hakenmesser
- 2 Schraubzwingen
- 2 Presshölzer (1 x kleiner als Sohlenform, 1 x größer)
- Flachzange

PROJEKTANLEITUNG

VORARBEITEN

1. Erstellung des Schnittmusters: Alle Teile des Schnittmusters „Espadrille“ auf dem Fotokopierer in der passenden Größe auf mindestens 100 g starkem Papier oder fester Folie ausdrucken und exakt am Rand entlang ausschneiden.

2. Die vorgegebenen Löcher mit der Lochzange oder Spindelpresse lochen (das Vorderblatt hat 48, das Quartier 32 und die Brandsohle 78 Löcher).

3. Passendes Leder (Rinderhals für die Brandsohlen und Oberleder für den Schaft) auswählen, auf Fehler untersuchen und diese auf der zu schneidenden Seite auffällig markieren.

AUSSCHNEIDEN DES SCHAFTES

Die Espadrille besteht aus zwei Schaftteilen (Vorderblatt und Quartier) zuzüglich Einfassband. Das Leder für den Schaft sollte eine geringe Dehnung aufweisen.
Die Art des Anzeichnens der Schnittmuster richtet sich nach dem Leder und der Ausschneidetechnik:

- Gleichmäßige Leder können auf der Fleischseite angezeichnet werden.
- Der Markierstift darf auf der Vorderseite nicht sichtbar sein.
- Zum Anzeichnen und Ausschneiden empfiehlt sich das Beschweren der Schnittmuster mit einem Gewicht.

1. Rechte Schaftschnittmuster auf der Narbenseite des Oberleders auslegen, rundherum anzeichnen, dabei auch die Löcher anzeichnen und auf der Fleischseite die große Lochmarkierung anbringen. Schnittmuster wenden und linke Schaftteile entsprechend anzeichnen. *(Abb. 1)*

Auslegen des Schaftmusters auf dem Leder

2. Eingezeichnete Löcher stanzen (Lochpfeife 1,5 mm für die Sohlenbefestigung sowie 1 mm für die Seitennähte). Das Vorderblatt hat jeweils ein Loch mehr zum Umfassen des Quartiers. *(Abb. 2)*

3. Die Schnittteile ohne Zugabe ausschneiden.

Lochungen auf dem Quartier

TIPP

Alle eingezeichneten Löcher vorstanzen, auch wenn sie beim Einfassen wieder zugedeckt werden. Man kann sie später einfach nachlochen.

BRANDSOHLE

1. Rechtes Brandsohlenschnittmuster auf festes Brandsohlenleder platzsparend auflegen, umranden, alle 78 Löcher einzeichnen und Sohle ausschneiden.

2. Schnittteil für den linken Schuh wenden und Vorgang wiederholen.

3. Beide Brandsohlen exakt aufeinanderlegen und mit zwei Tackerklammern verbinden.

4. An der Schleifmaschine rundherum ausgleichen.
   Alternativ. Wenn keine Schleifmaschine vorhanden ist, zusammengetackerte Brandsohlenleder über einer Tischkante mit einer Raspel ausgleichen, sodass zwei exakt gleiche Sohlenformen entstehen.

5. Die 78 angezeichneten Löcher an der Spindelpresse (Lochpfeifengröße 1,5 mm) stanzen, dabei den zu stanzenden Bereich nur auf der Narbenseite mit Wachs einstreichen. Vordere und hintere Mitte sowie die seitlichen Punkte markieren.

Das Einfassband aufnähen und den Nahtbereich mit Schuhmacherkleber einstreichen.

EINFASSEN

1. Lederstreifen Narbenseite auf Narbenseite 2 mm von den oberen Schaftkanten entfernt annähen.

2. Lederstreifeninnenseite und den zu klebenden Bereich der Außenseite mit Kleber einstreichen, 5 Minuten antrocknen lassen und den Lederstreifen nach oben feststreichen. *(Abb. 3)*

TIPP

Wird der fertige Rand sehr dünn, darf der Abstand der Naht zum Rand recht knapp ausfallen. Bei einem massiven Rand muss der Abstand jedoch vergrößert werden. Bitte immer gleichen Abstand einhalten!

3. Das Band um den Rand legen und die Stoßlinie innen anzeichnen.

4. Dann das restliche Einfassband und die Innenseite des Oberleders in entsprechender Breite mit Kleber einstreichen, den Kleber antrocknen lassen. *(Abb. 4)*

Lederinnenseite bis zur angezeichneten Stoßlinie mit Kleber bestreichen.

5. Das Einfassband um die obere Kante legen, auf der Innenseite des Schaftes festkleben und gut andrücken. Dabei das Band nicht spannen und so umlegen, dass sich keine Luftbläschen bilden. Bitte immer die Stoßlinie beachten! *(Abb. 5)*

Einfassbändchen umlegen und andrücken.

6. Die überceckten Löcher nachlochen.

7. Die überstehende Ledereinfassung zurückschneiden.

DEN SCHAFT NÄHEN

1. Für die Handnaht beide Nahtlinien von Vorderblatt und Quartier gemäß Muster lochen (Lochpfeifengröße 1 mm). *(Abb. 6)*

2. Ein Stück Sattlergarn in der errechneten Länge abschneiden und an beiden Enden eine Sattlernadel einfädeln.

3. Die Nähte mit dem Sattlerstich von oben nach unten schließen. Fäden unten nicht abschneiden, sie werden später unter die Sohle gezogen. *(Abb. 7, 8, 9, 10, 11)*

6
Nählöcher lochen.

TIPP

Bei kurzen Nähstrecken wird ein Faden benötigt, der fünfmal so lang ist wie die zu nähende Strecke.

7

8

9

10

11

Verbinden von Schaft und Brandsohle

TIPP
Vorsichtshalber alle Löcher vor dem Nähen nachzählen: Am Schaft und an der Brandsohle müssen es je 78 Löcher sein!

TIPP
Wenn beide Nadeln gleichzeitig und nicht nacheinander eingestochen werden, kann man nicht versehentlich durch den Faden stechen.

TIPP
Achten Sie beim Verbinden von Quartier und Vorderblatt darauf, dass kein Loch zu viel oder zu wenig genäht wird.

VERBINDEN VON SCHAFT UND BRANDSOHLE

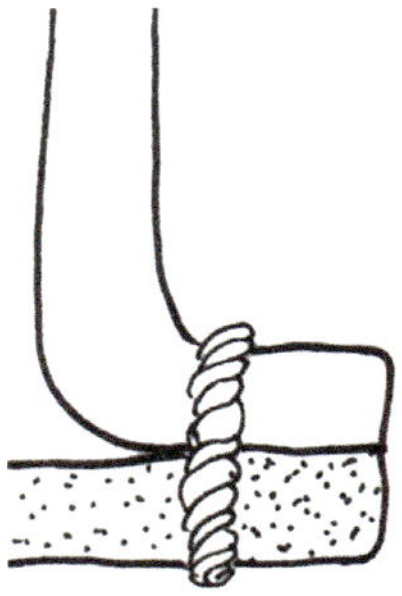

1. Gewachsten Handnähfaden zuschneiden (der dreifache Umfang der Sohle ergibt die optimale Fadenlänge).

2. Je eine stumpfe Sattlernadel an den Enden des Fadens einfädeln, dabei 2 cm stehen lassen.

3. Den Faden dreimal an jedem Ende aufspießen, nachziehen und drüberziehen, sodass an jedem Ende eine Nadel fixiert ist *(siehe S. 79)*.

4. Bei der Sohle rechts und links definieren. Passendes Schaftteil auflegen (Fleischseite zeigt zur Brandsohlenoberseite).

5. An der hinteren Mitte mit der Markierung beginnen, eine Nadel durch das erste Loch zu ziehen. Fadenlänge durch Ziehen regulieren.

6. Mit beiden Nadeln gleichzeitig den ersten Stich bilden (eine von unten nach oben, die andere von oben nach unten führen) – fest anziehen.

7. Der zweite Stich wird entgegengesetzt gebildet, die obere Nadel sticht nun nach unten und die untere nach oben. Fadenlänge kontrollieren und Faden festziehen. *(Abb. 12)*

8. Rundherum nähen.

9. Am Ende angekommen, 2,5 Stiche überlappend über die ersten nähen. Zum Schluss müssen beide Nadeln an der Brandsohlenunterseite liegen. Fäden auf 2 cm zurückschneiden. Fadenende unter das Brandsohlenleder kleben.

10. Anschließend den zweiten Schuh nähen. *(Abb. 13)*

BESOHLEN

1. Für die Laufsohlen das Brandsohlenmuster auf leichtes, weiches Gummisohlenmaterial auflegen, mit einer Zugabe von 3 mm rundherum anzeichnen und die Laufsohlen zuschneiden.

2. Leder- und Gummisohlen aufrauen, mit Schuhmacherkleber sorgfältig einstreichen und mindestens 10 Minuten trocknen lassen. *(Abb. 14, 15)*

3. Die Sohlen exakt aufeinanderlegen und mit Schraubzwingen und Presshölzern gut pressen. *(Abb. 16)*

4. Schaft- und Sohlenrand mit der Flachzange rundherum fest andrücken.

14

15

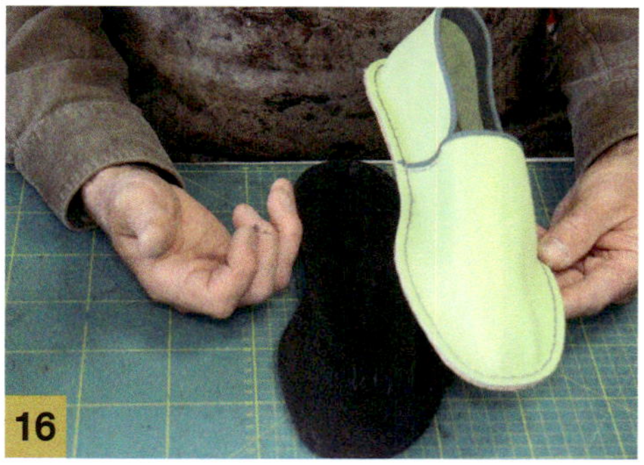

16

5. Sohlen rundherum auf der Schleifmaschine plan schleifen oder mit einem Hakenmesser zurückschneiden. *(Abb. 17)*

6. Bei Bedarf im Absatzbereich die Sohle anschleifen, einen zugeschnittenen Absatzfleck aufkleben und anpressen. *(Abb. 18)*

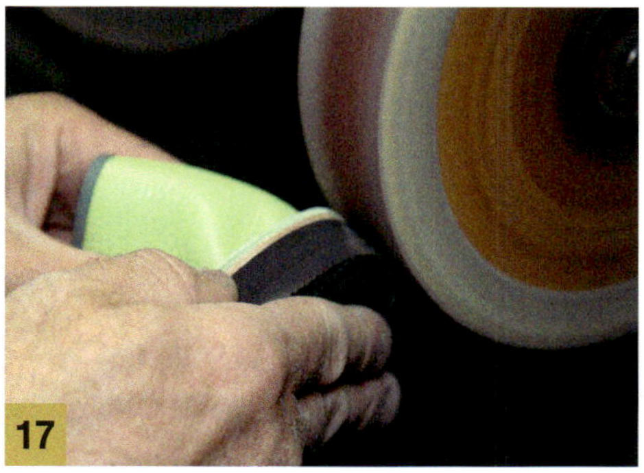

17

Schleifen der Laufsohle

18

Absatzfleck aus Laufsohlenmaterial aufkleben.

PROJEKT 5: BOOT (UNGEFÜTTERT)

Eigentlich war der Boot als fester, solider Lauf- und Arbeitsschuh konzipiert, doch zu Beginn der 1960er-Jahre entdeckten rebellische Jugendliche den anspruchslosen Schuh mit der dicken und oftmals luftgepolsterten Sohle für sich. In den 1970er-Jahren wurden simpel gestaltete Boots in Schwarz oder Rot mit einer massiven, klobigen Sohle Accessoires der Punkkultur. Auch Angehörige der Ökobewegung zierte in den 1980er-Jahren eine Variante des Boots: ein Schnürhalbschuh aus naturfarbenem Nubukleder. Und in den 1990ern trugen ihn junge Frauen in Kombination mit zerrissenen Netzstrümpfen und Minirock. Er fand Einzug in die kommerzielle Mode und führende Schuhdesigner entwickelten kontinuierlich innovative und auch elegante Varianten dieses Modeschuhs für beide Geschlechter. Heute ist der Schnürboot in allen Ausführungen gefragter denn je.

Hier wird dieser Kultschuh in einer geradlinigen Version erarbeitet, die sich am britischen Desert Boot orientiert. Verwendet man festes Rindoberleder (Rindbox), braucht der Boot nicht gefüttert zu werden. Allerdings empfiehlt sich dann eine Ledereinfassung zur Stabilisierung und als zusätzliches dekoratives Gestaltungselement.

MATERIAL UND WERKZEUG

MATERIAL FÜR EIN PAAR UNGEFÜTTERTE BOOTS

- Festes Papier oder Folie für die Schnitterstellung
- Brandsohlenleder, am besten vom Rinderhals
- Rindbox in der gewünschten Farbe
- Gespaltener Lederstreifen in passender Farbe für die Einfassung, 2,5 cm breit (Länge richtet sich nach der Größe des Schuhs)
- Gummisohle
- Schuhmacherkleber
- Sattlerzwirn (gewachst)
- Schnürsenkel

WERKZEUG FÜR EIN PAAR UNGEFÜTTERTE BOOTS

- Bodenlederschere
- Messer
- Bohrer
- Spindelpresse oder Lochzange (Lochpfeifengröße 1,5 mm sowie 3–4 mm für die Schnürlöcher)
- Kerzenwachs
- 2 Sattlernadeln (stumpf)
- Pinsel
- Raspel
- Hakenmesser
- Zeichenmaterial, z. B. Silberstift
- 2 Schraubzwingen
- Nähmaschine
- 2 Presshölzer (1 x kleiner als Sohlenform, 1 x größer)
- Flachzange

PROJEKTANLEITUNG

VORARBEITEN

1. Erstellung des Schnittmusters: Alle drei Teile des Schnittmusters „Boot“ auf dem Fotokopierer in der passenden Größe auf mindestens 100 g starkem Papier oder fester Folie ausdrucken und exakt am Rand entlang ausschneiden.

2. Die vorgegebenen Löcher mit der Lochzange oder Spindelpresse lochen (das Vorderblatt hat 50, das Quartier 30, die Fersenkappe 16 und die Sohle 78 Löcher).

3. Leder vom Rinderhals für die Brandsohlen und möglichst festes Rindleder für den Schaft auswählen, auf Fehler untersuchen (auch auf der Fleischseite) und diese auf der zu schneidenden Seite auffällig markieren.

BRANDSOHLE

1. Rechtes Sohlenschnittteil auf festes Brandsohlenleder platzsparend auflegen, mit Silberstift umranden, alle 78 Löcher einzeichnen und ausschneiden.

2. Für den linken Schuh das Schnittteil wenden und den Vorgang wiederholen.

3. Beide Brandsohlenteile exakt aufeinanderlegen und mit zwei Tackerklammern verbinden.

4. An der Schleifmaschine rundherum ausgleichen.
Alternativ: Wenn keine Schleifmaschine vorhanden ist, zusammengetackerte Brandsohlenleder über einer Tischkante mit einer Raspel ausgleichen, sodass zwei exakt gleiche Sohlenformen entstehen.

5. Die 78 angezeichneten Löcher an der Spindelpresse (Lochpfeifengröße 1,5 mm) stanzen, dabei den zu stanzenden Bereich nur auf der Narbenseite mit Wachs einstreichen. Vordere und hintere Mitte markieren.

AUSSCHNEIDEN DES SCHAFTES

Der Boot besteht aus drei Schaftteilen: Vorderblatt, Quartier und Fersenkappe. Das Leder für den Schaft sollte möglichst wenig Dehnung haben. Die Art des Anzeichnens der Muster richtet sich nach dem Leder und der Ausschneidetechnik:

- Gleichmäßige Leder können auf der Fleischseite angezeichnet werden.
- Der Markierstift darf auf der Vorderseite nicht sichtbar sein.
- Zum Anzeichnen und Ausschneiden empfiehlt sich das Beschweren der Schnittmuster mit einem Gewicht.

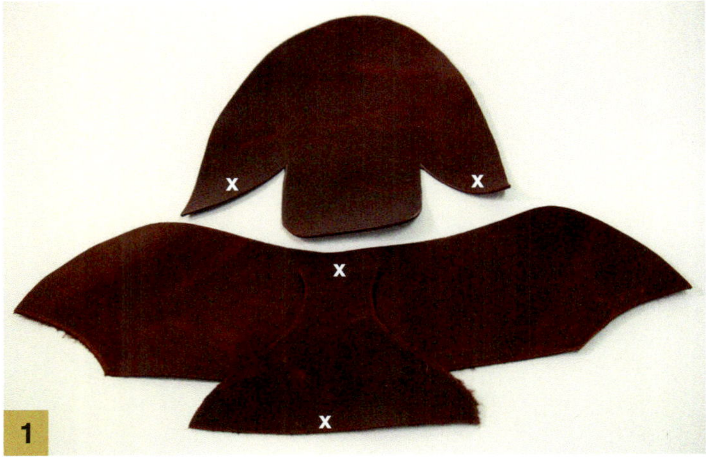

Die Schaftteile. Die Kreuze markieren die zu schärfenden Schnittkanten.

1. Die Schaftschnittteile für den rechten Schuh auf der Narbenseite auslegen, rundherum anzeichnen, dabei auch die Löcher anzeichnen sowie die große Lochmarkierung anbringen. Schnittteil wenden und die Schaftteile für den linken Schuh anzeichnen. Die Teile ausschneiden. *(Abb. 1)*

2. Untertrittpunkte mit dem Bohrer leicht markieren, um den perfekten Ansatz zu finden.

3. Die eingezeichneten Löcher stanzen (Lochpfeifengröße für die Sohlenbefestigung 1,5 mm).

4. Die Fersenkappe im unteren Bereich der Lochung ausschärfen.

Aufnähen des Einfassbändchens und Einstreichen mit Kleber

EINFASSEN

1. Gespaltenen Lederstreifen Narbenseite auf Narbenseite auf den oberen Abschluss des Quartiers nähen.

2. Innenseite des Einfassbändchens und oberen Rand des Quartiers innen mit Schuhmacherkleber einstreichen. Kurz antrocknen lassen. *(Abb. 2)*

3. Lederstreifen erst auf der Narbenseite des Quartiers gleichmäßig und faltenlos nach oben streichen, dann auf die Fleischseite kleben und gut festklopfen. *(Abb. 3)*

Umkleben der Schaftkante mit dem Einfassbändchen

FERSENKAPPE

1. Den unteren Bereich der Fersenkappe auf die hintere Mitte des Quartiers (Narbenseite) kleben.

2. Den oberen Rand der Fersenkappe mit Kleber bestreichen und nach innen auf die Fleischseite des Quartiers umkleben.

3. Fersenkappe aufnähen. Dabei den nach innen geklebten Teil oben mitfassen. *(Abb. 4)*

4. Überdeckte Löcher nachlochen. *(Abb. 5)*

Aufnähen der Fersenverstärkung

Fertiges Quartier

TIPP
Hier empfiehlt es sich, den Motor der Nähmaschine nicht zu nutzen, sondern mit dem Handrad zu arbeiten.

DEN SCHAFT NÄHEN

1. Je vier Schnürlöcher laut Schnittmuster mit der 3–4 mm großen Lochpfeife stanzen.
2. Den markierten seitlichen Bereich mit Schuhmacherkleber einstreichen.
3. Das Quartier auf das Vorderblatt kleben und nähen. Den Riegel nähen, indem gemäß Foto vier Stiche nach oben genäht werden, dann fünf Stiche nach hinten, ein Stich nach unten, vier Stiche nach vorne und zwei Stiche nach unten. Danach wieder sauber zurücknähen. *(Abb. 6)*

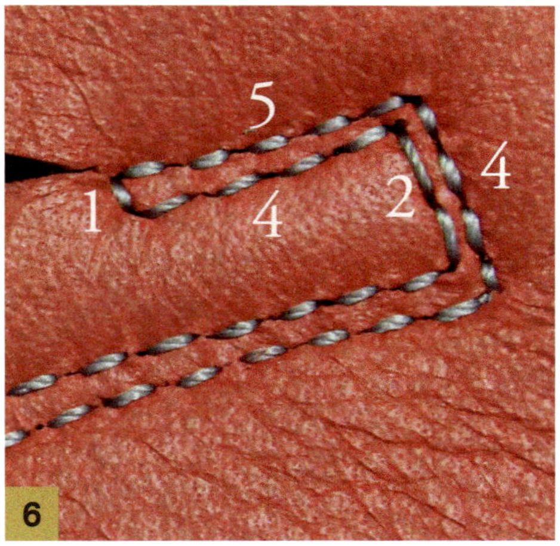

6

VERBINDEN VON SCHAFT UND BRANDSOHLE

Der ursprüngliche Boot wird nach außen genäht *(a)*, wirkt dadurch aber auch größer. Uns gefällt der nach innen genähte Boot *(b)* besser, weil er durch diese Art des Nähens mehr Volumen bekommt. Beide Varianten sind möglich.

1. Gewachsten Handnähfaden zuschneiden (der dreifache Umfang der Sohle ergibt die optimale Fadenlänge).

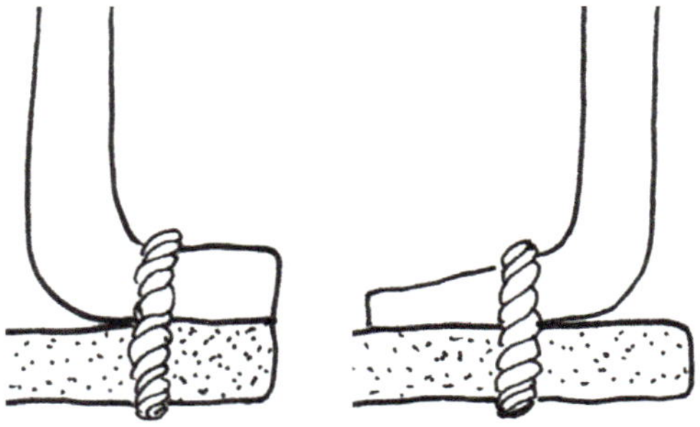

TIPP
Vorsichtshalber alle Löcher vor dem Nähen nachzählen: Am fertigen Schaft und an der Brandsohle müssen es je 78 Löcher sein!

2. Je eine stumpfe Sattlernadel an den Enden des Fadens einfädeln, dabei 2 cm stehen lassen.
3. Den Faden dreimal an jedem Ende aufspießen, nachziehen und drüberziehen, sodass an jedem Ende eine Nadel fixiert ist *(siehe S. 79)*.
4. Bei der Sohle rechts und links definieren. Schaftteil mit der Narbenseite nach innen auflegen.
5. An der hinteren Mitte (Markierung) beginnen, eine Nadel durch das erste Loch zu ziehen. Fadenlänge durch Ziehen regulieren.
6. Beim ersten Stich nur den Faden einziehen, die Fadenlängen regulieren und mit beiden Nadeln gleichzeitig den ersten Stich bilden (eine von innen nach außen, die andere von außen nach innen führen) – fest anziehen. *(Abb. 7)*

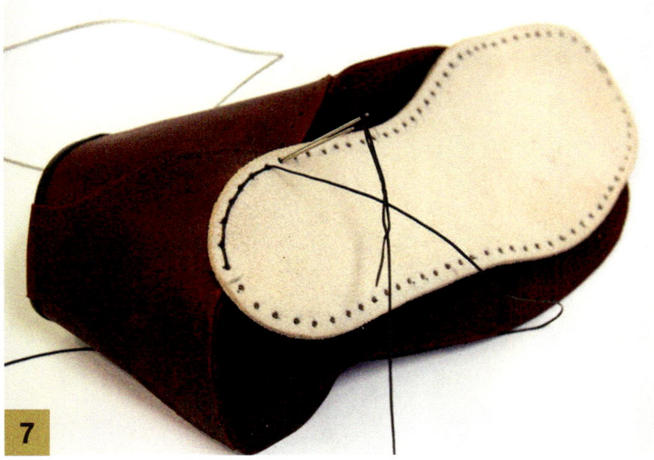
7

Verbinden von Schaft und Brandsohle

Den zweiten Schuh nähen.

7. Der zweite Stich wird entgegengesetzt gebildet, die äußere Nadel sticht nun nach innen und die innere nach außen. Fadenlänge kontrollieren und festziehen.

TIPP
Wenn beide Nadeln gleichzeitig und nicht nacheinander eingestochen werden, kann man nicht versehentlich durch den Faden stechen.

8. Rundherum nähen. *(Abb. 8)*

9. Am Ende angekommen, 2,5 Stiche überlappend über die ersten nähen. Zum Schluss müssen beide Nadeln an der Brandsohlenunterseite liegen. Fäden auf 2 cm zurückschneiden. Fadenende unter das Brandsohlenleder kleben.

Die Sohlen sind für das Zusammenkleben vorbereitet.

BESOHLEN

1. Für die Laufsohlen das Brandsohlenmuster auf das Gummisohlenmaterial auflegen, mit einer Zugabe von 3 mm rundherum anzeichnen und die Laufsohlen zuschneiden.

2. Brand- und Gummisohlen mit Schuhmacherkleber sorgfältig einstreichen, den Kleber mindestens 10 Minuten trocknen lassen. *(Abb. 9)*

3. Die Sohlen exakt aufeinanderlegen und mithilfe eines Beschlagstocks und mit Schraubzwingen und Presshölzern gut pressen. *(Abb. 10)*

4. Den Rand mit der Flachzange rundherum fest andrücken. *(Abb. 11)*

5. Die Sohlen rundherum auf der Schleifmaschine plan schleifen oder mit einem Hakenmesser zurückschneiden.

6. Den Absatz zuschneiden.

7. Den Absatzbereich auf der Sohle markieren, aufrauen und gleichmäßig mit Kleber einstreichen. Den Absatz ebenfalls mit Kleber einstreichen, den Kleber mindestens 10 Minuten antrocknen lassen und den Absatz festkleben.

10

Befestigen der Sohlen auf dem Beschlagstock

11

Den Rand mit der Flachzange zusammenpressen.

PROJEKT 6: ZEBRABOOT (GEFÜTTERT)

Wenn das Oberleder oder Fell nicht sehr fest ist, sollte ein Boot immer gefüttert werden, um die erforderliche Stabilität zu erreichen, denn ein vollverklebtes Futter gibt ihm zusätzlich Stand und Festigkeit. Der gefütterte Boot hat den höchsten Schwierigkeitsgrad, denn er muss sehr präzise gearbeitet werden. Bereiche, die doppelt oder dreifach auf die Sohle genäht werden, müssen gut ausgeschärft werden, um Druckstellen zu vermeiden.

MATERIAL UND WERKZEUG

MATERIAL FÜR EIN PAAR GEFÜTTERTE ZEBRABOOTS

- Festes Papier oder Folie für die Schnitterstellung
- Brandsohlenleder, am besten vom Rinderhals
- Fell oder Leder
- Dünnes, weiches Futterleder in passender Farbe
- Gummisohle
- Schuhmacherkleber
- Buchbinderleim
- Sattlerzwirn (gewachst)
- Schnürsenkel

WERKZEUG FÜR EIN PAAR GEFÜTTERTE ZEBRABOOTS

- Bodenlederschere
- Messer
- Bohrer
- Spindelpresse oder Lochzange (Lochpfeifengröße 1,5 mm sowie 3–4 mm für die Schnürlöcher)
- Kerzenwachs
- 2 Sattlernadeln (stumpf)
- Pinsel
- Raspel
- Hakenmesser
- Zeichenmaterial, z. B. Silberstift
- Nähmaschine
- 2 Schraubzwingen
- 2 Presshölzer (1 x kleiner als Sohlenform, 1 x größer)
- Flachzange

PROJEKTANLEITUNG

VORARBEITEN

1. Erstellung des Schnittmusters: Alle Teile des Schnittmusters „Boot“ auf dem Fotokopierer in der passenden Größe auf mindestens 100 g starkem Papier oder fester Folie ausdrucken und exakt am Rand entlang ausschneiden.

2. Die vorgegebenen Löcher mit der Lochzange oder Spindelpresse lochen (die Sohle hat 78 Löcher).

3. Leder vom Rinderhals für die Brandsohlen sowie Ober- und Futterleder für den Schaft auswählen und auf Fehler untersuchen. Die Fehler auf der Ledervorderseite auffällig markieren. Wird Fell verwendet, die Fehler entweder auf der Vorderseite mit Malerkreppband abkleben oder auf der Fleischseite kennzeichnen.

FELLVERARBEITUNG

Beim Auslegen des Fells bitte beachten: Der Strich des Fells sollte bei beiden Schuhen gleich verlaufen, und zwar von unten nach oben oder von oben nach unten. Auch die Musterungen am rechten und linken Schuh möglichst gleich halten.

FUTTER ZUSCHNEIDEN

1. Die Schnittmusterteile auf der Narbenseite des Futterleders auslegen, mit Silberstift anzeichnen und zuschneiden. Das Futterleder sollte immer von der Narbenseite aus zugeschnitten werden, dann sind Fehler etc. besser zu sehen.

2. Die unteren Abschlüsse der Vorderblätter und Quartiere hinter die gelochte Linie (also 6 mm) zurückschneiden. Am oberen Schaftkantenbereich jedoch 3 mm hinzugeben, um den Rand später gleichmäßig zurückschneiden zu können. *(Abb. 1)*

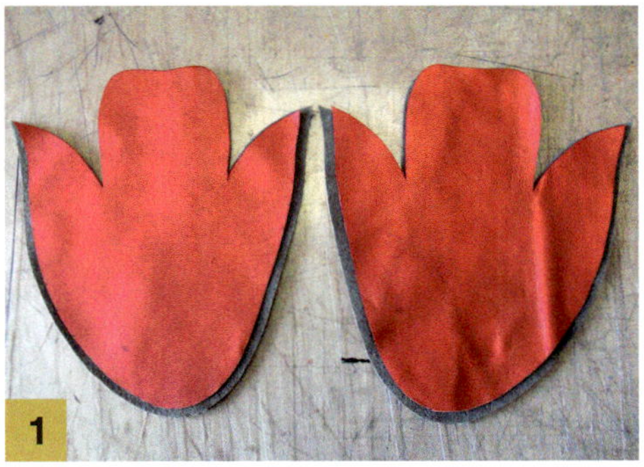

Das Futter hinter die gelochte Linie zurückschneiden.

BRANDSOHLE

1. Rechtes Sohlenschnittteil auf festes Brandsohlenleder platzsparend auflegen, mit Silberstift umranden, alle 78 Löcher einzeichnen und die Brandsohle ausschneiden.

2. Für den linken Schuh das Schnittteil wenden und den Vorgang wiederholen.

3. Beide Brandsohlenteile exakt aufeinanderlegen und mit zwei Tackerklammern verbinden.

4. An der Schleifmaschine rundherum ausgleichen.
   Alternativ: Wenn keine Schleifmaschine vorhanden ist, zusammengetackerte Brandsohlenleder über einer Tischkante mit einer Raspel ausgleichen, sodass zwei exakt gleiche Sohlenformen entstehen.

5. Die 78 angezeichneten Löcher an der Spindelpresse (Lochpfeifengröße 1,5 mm) stanzen, dabei den zu stanzenden Bereich nur auf der Narbenseite mit Wachs einstreichen. Vordere und hintere Mitte markieren.

6. Fleischseite der Brandsohlen am Rand aufrauen, damit die Farbe auf der Sohlenkante besser hält. *(Abb. 2)*

Brandsohle aufrauen.

Das Muster auf dem Fell auslegen.

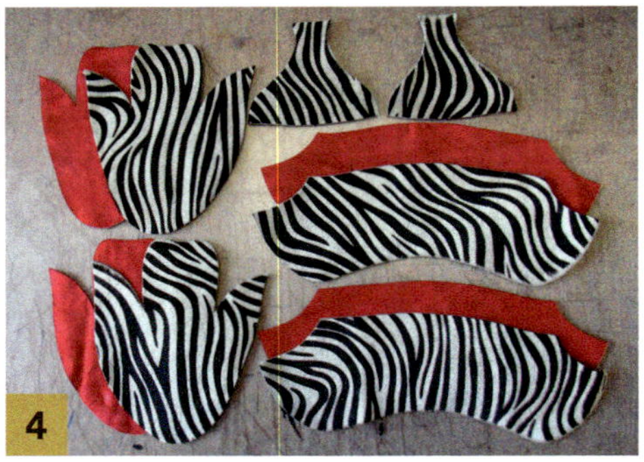

Die fertig zugeschnittenen Schaft- und Futterschaftteile

AUSSCHNEIDEN DES SCHAFTES

Der Boot besteht aus drei Schaftteilen: Vorderblatt, Quartier und Fersenkappe.

1. Beim Ausschneiden mit der Schere das Schnittmuster auf der Fleischseite des Fells anzeichnen. Beim Schneiden mit dem Messer ist es auch möglich, auf der Haarseite zu schneiden, dabei ist die Musterung des Haares besser sichtbar. Ein Gewicht auflegen, um Verschiebungen zu verhindern, und gleichmäßig um den Schnitt herumschneiden. Die Nählöcher anzeichnen und die große Lochmarkierung auf der Rückseite anbringen. Die Schnittteile wenden und die Schaftteile für den linken Schuh anzeichnen und ausschneiden. *(Abb. 3, 4)*

2. Die eingezeichneten Löcher stanzen (Lochpfeifengröße für die Sohlenbefestigung 1,5 mm). Dabei beachten, dass durch die Überlappung von Vorderblatt und Quartier jeweils zwei Löcher übereinanderliegen (das Vorderblatt hat 50, das Quartier 30 Löcher).

TIPP
Alle eingezeichneten Löcher vorstanzen, auch wenn sie beim Füttern zum Teil wieder zugedeckt werden. Man kann sie später einfach nachlochen.

3. Die Fersenkappe im unteren Bereich der Lochung ausschärfen. Dickes Futter wird an den Nahtlinien geschärft.

FÜTTERN

Ankleben des Futterleders

1. Fellrückseite und Fleischseite des Futterleders für das Vorderblatt gleichmäßig mit Buchbinderleim bestreichen.

2. Die Teile vorsichtig von der linken Seite aus aufeinanderkleben, dabei vermeiden, dass sich Luftbläschen bilden. *(Abb. 5, 6)*

ACHTUNG!
Die Kanten müssen gut eingeklebt werden, denn wenn sich später etwas lösen sollte, löst es sich von der Kante her.

3. Am Quartier das Futter von der Mitte aus gleichmäßig so aufkleben, dass es oben leicht übersteht. Dann die zweite Hälfte genauso bearbeiten. *(Abb. 7, 8)*

4. Das Futter rundherum gleichmäßig zurückschneiden.

5. Wenn gewünscht, kann die obere Schaftkante 2 mm vom Rand entfernt abgesteppt werden.

6. Überdeckte Löcher nachlochen.

Schrittweises Aufkleben des Quartierfutters

FERSENKAPPE

1. Die Mittellinie der Fersenkappe vom Schnitt auf die Fersenkappe übertragen. Die Fersenkappe an der Mittellinie auf die markierte hintere Mittellinie des Quartiers kleben.

2. Den oberen Rand der Fersenkappe mit Kleber bestreichen und um die Schaftkante kleben.

3. Die Fersenkappe aufnähen. Dabei den nach innen geklebten Teil oben mitfassen.

4. Überdeckte Löcher lochen. Die Fersenkappe hat 16 Löcher.

DEN SCHAFT NÄHEN

1. Je vier Schnürlöcher laut Schnittmuster mit der 3–4 mm großen Lochpfeife stanzen. Hierfür die Markierungspunkte des Schnittmusters mit Malerkreppband auf dem Fell markieren.

2. Den markierten seitlichen Bereich mit Leim einstreichen.

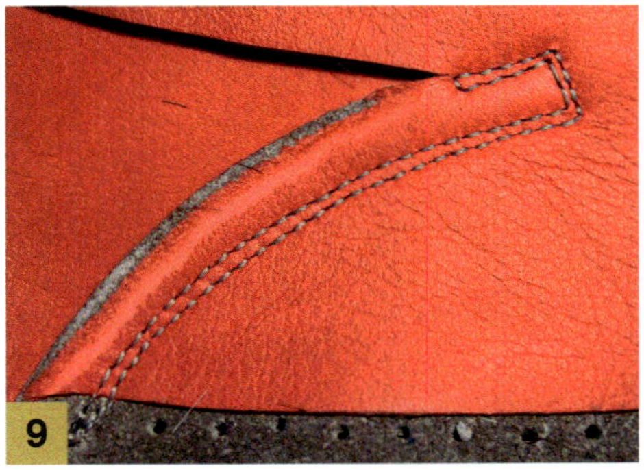

Den Schaft nähen.

3. Das Quartier auf das Vorderblatt nähen. Den Riegel nähen, indem gemäß Foto vier Stiche nach oben genäht werden, dann fünf Stiche nach hinten, ein Stich nach unten, vier Stiche nach vorne und zwei Stiche nach unten. Danach wieder sauber zurücknähen. *(Abb. 9)*

TIPP

Hier empfiehlt es sich, den Motor der Nähmaschine nicht zu nutzen, sondern mit dem Handrad zu arbeiten.

Färben des Brandsohlenrandes

TIPP
Vorsichtshalber alle Löcher vor dem Nähen nachzählen: Am Schaft und an der Brandsohle müssen es je 78 Löcher sein!

VERBINDEN VON SCHAFT UND BRANDSOHLE

Der ursprüngliche Boot wird nach außen genäht *(a)*, wirkt dadurch aber auch größer. Uns gefällt der nach innen genähte Boot *(b)* besser, weil er durch diese Art des Nähens mehr Volumen bekommt. Beide Varianten sind möglich.

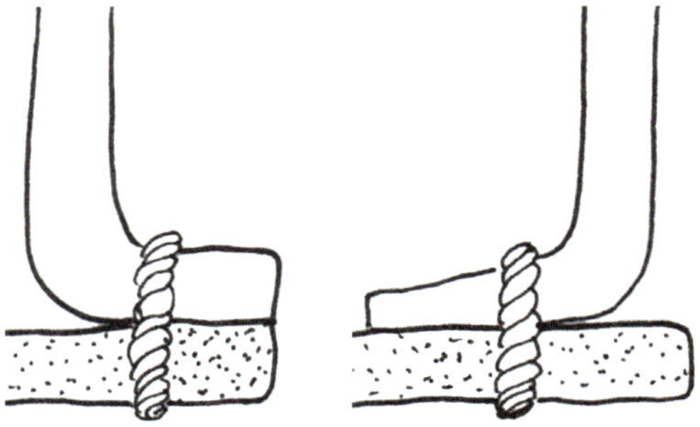

1. Vor dem Nähen den Rand der Brandsohle ca. 1 cm breit mit schwarzer Farbe einstreichen. *(Abb. 10)*
2. Gewachsten Handnähfaden zuschneiden (der dreifache Umfang der Sohle ergibt die optimale Fadenlänge).
3. Je eine stumpfe Sattlernadel an den Enden des Fadens einfädeln, dabei 2 cm stehen lassen.
4. Den Faden dreimal an jedem Ende aufspießen, nachziehen und drüberziehen, sodass an jedem Ende eine Nadel fixiert ist *(siehe S. 79)*.
5. Bei der Sohle rechts und links definieren. Das Schaftteil mit der Fellseite nach innen auflegen.
6. An der hinteren Mitte (an den Stanzlöchern mit dem größten Abstand und der Markierung) beginnen, eine Nadel durch das erste Loch zu ziehen.
7. Mit beiden Nadeln gleichzeitig den ersten Stich bilden (eine von innen nach außen, die andere von außen nach innen führen) – fest anziehen.
8. Der zweite Stich wird entgegengesetzt gebildet, die äußere Nadel sticht nun nach innen und die innere nach außen. Fadenlänge kontrollieren und festziehen.
9. Rundherum nähen.
10. Am Ende angekommen, 2,5 Stiche überlappend über die ersten nähen. Zum Schluss müssen beide Nadeln an der Sohlenunterseite liegen. Fäden auf 2 cm zurückschneiden. Fadenende unter das Brandsohlenleder kleben.

TIPP
Wenn beide Nadeln gleichzeitig und nicht nacheinander eingestochen werden, kann man nicht versehentlich durch den Faden stechen.

Ausschneiden der Gummisohle

BESOHLEN

1. Für die Laufsohlen das Brandsohlenmuster auf das Gummisohlenmaterial auflegen, mit einer Zugabe von 3 mm rundherum anzeichnen und die Laufsohlen zuschneiden. *(Abb. 11, 12)*

2. Die Gummisohlen aufrauen und entstauben.

3. Leder- und Gummisohlen mit Schuhmacherkleber sorgfältig einstreichen, den Kleber mindestens 10 Minuten trocknen lassen.

4. Die Sohlen exakt aufeinanderlegen und mit Schraubzwingen und Presshölzern gut pressen.

Absatzfleck auf der Laufsohle

5. Den Rand mit der Flachzange rundherum fest andrücken.

6. Die Sohlen rundherum auf der Schleifmaschine plan schleifen oder mit einem Hakenmesser zurückschneiden.

7. Den Absatz zuschneiden.

8. Den Absatzbereich auf der Sohle markieren, aufrauen und gleichmäßig mit Kleber einstreichen. Den Absatzfleck aufrauen und mit Kleber einstreichen, den Kleber antrocknen lassen.

9. Den Absatz fest auf die Sohle pressen.

10. Mit der Schleifmaschine Absatzfleck und Sohle am Rand plan schleifen und Unebenheiten ausgleichen. *(Abb. 13)*

SF 019

PROJEKT 7: BOOT-ZOCCOLO

Wenn man den Schaft des Boots direkt auf eine Holzsohle montiert, erspart man sich die Mühe des Sohlenaufbaus und erhält zugleich einen hohen Absatz. Holzsohlen gibt es in den verschiedensten Varianten, beispielsweise auch mit Gummigelenken, fertig im Handel.

ZUSÄTZLICHES MATERIAL FÜR EIN PAAR BOOT-ZOCCOLI

- Holzsohle
- Tacker (oder Polsternägel)
- Gespaltener Lederstreifen, 7 mm breit (Länge entspricht dem Umfang des Schuhs)

NICHT GEBRAUCHT WERDEN:

- Brandsohle
- Laufsohle

PROJEKTANLEITUNG

Anzeichnen der Verbindungsfläche von Schaftkante und Holzsohle

VERBINDEN VON SCHAFT UND HOLZSOHLE

1. Vordere und hintere Mitte der Holzsohle und des Schaftes sauber definieren und anzeichnen. *(Abb. 1)*

2. Die unteren 5 mm der Schaftkante auf der Narbenseite mit der Raspel anrauen, damit das Abschlussband später besser klebt.

3. Vordere und hintere Mitte des Schaftes auf der Holzsohle platzieren und durch je eine Tackerklammer fixieren. *(Abb. 2, 3)*

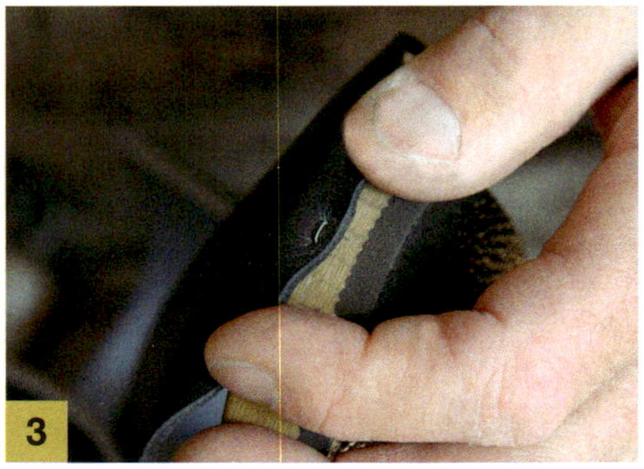

Fixieren des Schaftes auf der Holzsohle

4. Von der hinteren Mitte aus den Schaft ohne Druck um die Holzsohle legen. Die Weite gleichmäßig verteilen. Dabei kontrollieren, ob der Schaft richtig sitzt, sonst entstehen Schrägfalten.

5. Den Schaft rundherum in gleichmäßigen Abständen mit Tackerklammern fixieren, und zwar immer mittig in den Faltenbögen. Optimal ist eine Tackernaht mit Abständen von je 3 mm zwischen den Klammern. *(Abb. 4)*

Das Schaftmaterial gleichmäßig um die Sohle verteilen und festtackern.

6. Gummigelenk im Ballenbereich aussparen.

7. Untere Schaftkante und gespaltenen Lederstreifen mit Schuhmacherkleber einstreichen, den Kleber 10 Minuten antrocknen lassen und den Streifen gleichmäßig fest über die Tackernaht kleben. Anschließend festhämmern.

TIPP

Als dekorative Variante Schaft und Holzsohle mit kleinen Polsternägeln in Silber, Messing oder Schwarz beschlagen. Diese Variante empfiehlt sich, wenn Ihnen Tacker und gespaltener Lederstreifen nicht zur Verfügung stehen.

PROJEKT 8: ZORRO

Zu den Stiefeln zählen Fußbekleidungen, deren Schaft über den Knöchel (als Stiefelette), bis zum Knie (als Langschaftstiefel) oder auch darüber hinaus bis zum Oberschenkel (als Overknee) reicht. Dass der Schaft des Stiefels im Vergleich zum Schuh verlängert wurde, ist nicht nur in der Mode begründet, sondern auch darauf zurückzuführen, dass ein höherer Schaft zusätzlichen thermischen und physischen Schutz bietet.

Am Ende des 18. Jahrhunderts bis weit ins 19. Jahrhundert hinein gab es eine Menge unterschiedlicher Stiefelmodelle. So wurden Ende des 18. Jahrhunderts nicht nur vom Militär, sondern auch vom „Bürgerstande" Stiefel getragen, deren Oberteile „von geschmeidigerer Art und zuweilen um die Ränder herum leicht verziert" waren. Es gab den kniehohen hessischen Stiefel, der „über dicht anliegenden langen Beinkleidern" getragen wurde und „oben an dem spitzig ausgeschnittenen Schafte eine seidene Quaste trug". Auch wurden Stulpenstiefel oder napoleonische überkniehohe Stiefel geschätzt, die sich ebenfalls stulpenartig umschlagen ließen, wie im „Illustrierten Schusterbüchlein" von 1851 beschrieben wird.

Um 1850 war die Hochzeit der Stiefel für Frauen und Männer. Stiefel waren damals zu jeder Zeit und an jedem Ort so allgemein in Gebrauch, dass es hieß, „diese Mode scheint mit dem Gange der Civilisation Schritt zu halten, ja gleichsam ihr Anzeichen zu sein". Der Stiefel wurde „im Hause fast ebenso getragen als der Pantoffel. Wir betreten damit Ball- und Concertsaal, das Theater und selbst das Audienzzimmer des Königs." Der Stiefel – ein Allroundtalent. So vertrat man 1850 die Meinung, dass auch für „Damen die besten Fußbekleidungen nur Stiefel sind". Denn so hieß es im „Illustrierten Schuhbüchlein" weiter: „Dieselben sehen nicht bloß nett und sauber aus, sondern sie geben dem Fuße und den Knöcheln auch einen sicheren Halt und den Adern und Muskeln Festigkeit." Um sie auch zeigen zu können, wurden die Röcke ein wenig gekürzt.

Nach dem Ersten Weltkrieg kam der Stiefel vorerst aus der Mode, feierte jedoch in den 1960er-Jahren ein Comeback und hält sich bis heute.

Am geeignetsten erwiesen sich Stiefel, die man ohne Stiefelzieher („ausgenommen die natürlichen, die Finger") und ohne Stiefelknecht an- und auch wieder ausziehen konnte, indem man „die Spitze des einen Stiefels an die Ferse des anderen setzt". Solche Stiefel herzustellen, ist nicht immer einfach, denn der Stiefel muss am Rist, am Fußrücken, besonders eng anliegen, um dem Fuß Halt beim Gehen zu geben. Das erfordert ein Verschlusssystem oder (wie beim hier präsentierten Zorro) einen speziellen Zuschnitt.

Um wasserabweisend und stabil zu sein, wird der Zorroschaft um die Brandsohle genäht. Die Brandsohle ist kleiner und die Löcher der Schaftteile müssen etwas weiter unten liegen als bei den anderen Modellen.

MATERIAL UND WERKZEUG

MATERIAL FÜR EIN PAAR ZORROS

- Festes Papier oder Folie für die Schnitterstellung
- Brandsohlenleder, am besten vom Rinderhals
- Festes Oberleder, am besten vom Kalb oder Rind, in der gewünschten Farbe
- Lederzwischensohle
- Gummisohle
- 1 Paar Absatzflecke
- Schuhmacherkleber
- 4 Druckknöpfe und entsprechendes Werkzeug

WERKZEUG FÜR EIN PAAR ZORROS

- Bodenlederschere
- Messer
- Bohrer
- Hammer
- Spindelpresse oder Lochzange (Lochpfeifengröße 1,5 mm)
- Kerzenwachs
- Sattlerzwirn (gewachst)
- 2 Sattlernadeln (stumpf)
- Pinsel
- Schuhmacherhammer
- Raspel
- Hakenmesser
- Zeichenmaterial, z. B. Silberstift
- Eventuell Stanzeisen sowie Küchenbrett als Unterlage
- Nähmaschine
- 2 Schraubzwingen
- 2 Presshölzer (1 x kleiner als Sohlenform, 1 x größer)
- Flachzange

PROJEKTANLEITUNG

VORARBEITEN

1. Erstellung des Schnittmusters: Alle Teile des Schnittmusters „Zorro“ auf dem Fotokopierer in der passenden Größe auf mindestens 100 g starkem Papier oder fester Folie ausdrucken und exakt am Rand entlang ausschneiden.

2. Die vorgegebenen Löcher mit der Lochzange oder Spindelpresse lochen (die Sohle hat 78 Löcher) und das Schnittmuster für das vordere Schaftteil innen mit der großen Lochmarkierung kennzeichnen (die Fersenteile sind symmetrisch).

3. Leder vom Rinderhals für die Brandsohlen und geeignetes Oberleder für den Schaft aussuchen, auf Fehler untersuchen und diese auffällig markieren.

BRANDSOHLE

1. Rechtes Sohlenschnittteil auf festes Brandsohlenleder platzsparend auflegen, mit Silberstift umranden, alle 78 Löcher einzeichnen und die Sohle ausschneiden.

2. Für den linken Schuh das Schnittteil wenden und den Vorgang wiederholen.

3. Beide Sohlenteile exakt aufeinanderlegen und mit zwei Tackerklammern verbinden.

4. An der Schleifmaschine rundherum ausgleichen.
   Alternativ: Wenn keine Schleifmaschine vorhanden ist, zusammengetackerte Brandsohlenleder über einer Tischkante mit einer Raspel ausgleichen, sodass zwei genau gleiche Sohlenformen entstehen.

5. Die 78 angezeichneten Löcher an der Spindelpresse (Lochpfeifengröße 1,5 mm) stanzen, dabei den zu stanzenden Bereich nur auf der Narbenseite mit Wachs einstreichen.

AUSSCHNEIDEN DES SCHAFTES

Der Zorro besteht aus vier Schaftteilen (zwei Vorder- und zwei Rückteilen) zuzüglich innerer Fersenverstärkung. Die Art des Anzeichnens der Muster richtet sich nach dem Leder und der Ausschneidetechnik:

- Gleichmäßige Leder können auf der Fleischseite angezeichnet werden.
- Der Markierstift darf auf der Vorderseite nicht sichtbar sein.
- Zum Anzeichnen und Ausschneiden mit dem Messer empfiehlt sich das Beschweren der Schnittmuster mit einem Gewicht.

ACHTUNG!
Keine Teile über den Lederrücken schneiden!

Die Schaftteile auflegen und ausschneiden.

1. Die Schaftschnittteile für den rechten Schuh auf dem Oberleder auslegen, rundherum anzeichnen, dabei auch die Löcher anzeichnen sowie die große Lochmarkierung auf der Rückseite anbringen. Die Schnittteile wenden und die Schaftteile für den linken Schuh einzeichnen. Alle Teile ausschneiden. *(Abb. 1)*

2. Die unteren Kanten auf der Narbenseite ausschärfen. Dies ist besonders im unteren Lochbereich wichtig, damit sich dieser leichter um die Sohle biegen lässt und gut geklebt werden kann.

3. Wenn gewünscht, Muster in die Schaftvorderblätter stanzen. Dazu an einem Reststück des Oberleders verschiedene Muster ausprobieren.

DEN SCHAFT NÄHEN

1. Vordere und hintere Mittelnaht Fleischseite auf Fleischseite sowie 2 mm vom Rand entfernt nähen, dabei soll das untere Leder leicht sichtbar sein.

2. Mit dem flachen Teil des Hammers über die Nähte reiben. *(Abb. 2)*

Vordere Mittelnaht flach reiben.

3. Den Zwickel der Fersenverstärkung nähen und die Fersenverstärkung mit der angeschliffenen Narbenseite so in die Ferse kleben, dass die Fleischseite innen sichtbar ist. Schmalkantig annähen. *(Abb. 3)*

Fersenverstärkung mit abgenähtem Zwickel

4. Stiefelvorder- und -rückteil laut Markierung zusammennähen.

5. Die Druckknöpfe laut Markierung anbringen.
Alternativ: Die unteren Druckknopfteile anbringen, am Fuß die optimale Stelle für die oberen Druckknopfteile suchen, mit einem Kreuzchen markieren und die Teile anbringen. Dabei unbedingt darauf achten, dass keine Querfalten entstehen.

Die fertigen Schaftteile: Quartier (links), Vorderblatt (rechts), Fersenverstärkung (hinten)

TIPP
Vorsichtshalber alle Löcher vor dem Nähen nachzählen: Am Schaft und an der Sohle müssen es je 78 Löcher sein!

VERBINDEN VON SCHAFT UND BRANDSOHLE

1. Gewachsten Handnähfaden zuschneiden (der dreifache Umfang der Sohle ergibt die optimale Fadenlänge).

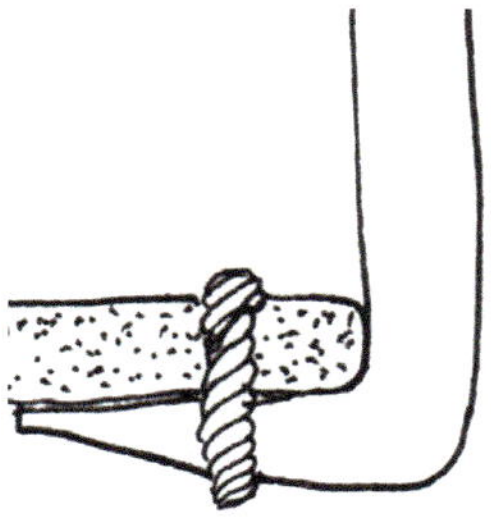

2. Je eine stumpfe Sattlernadel an den Enden des Fadens einfädeln, dabei 2 cm stehen lassen.
3. Den Faden dreimal an jedem Ende aufspießen, nachziehen und drüberziehen, sodass an jedem Ende eine Nadel fixiert ist *(siehe S. 79)*.
4. Bei der Sohle rechts und links definieren. Schaftteil laut Zeichnung um die Sohle legen.
5. An der hinteren Mitte (an den Stanzlöchern mit dem größten Abstand und der Markierung) beginnen, eine Nadel durch das erste Loch zu ziehen.
6. Mit beiden Nadeln gleichzeitig den ersten Stich bilden (eine von innen nach außen, die andere von außen nach innen führen) – fest anziehen.
7. Der zweite Stich wird entgegengesetzt gebildet, die äußere Nadel sticht nun nach innen und die innere nach außen. Fadenlänge kontrollieren und festziehen.
8. Rundherum nähen.
9. Am Ende angekommen, zwei Stiche überlappend über die ersten nähen. Zum Schluss müssen beide Nadeln auf der Sohlenunterseite liegen. Fäden auf 2 cm zurückschneiden. Fadenenden unter das Brandsohlenleder kleben. *(Abb. 5)*

Der Schaft wird beim Zorro um die Brandsohle genäht.

TIPP
Wenn beide Nadeln gleichzeitig und nicht nacheinander eingestochen werden, kann man nicht versehentlich durch den Faden stechen.

BESOHLEN

1. Für die Laufsohlen das Brandsohlenmuster auf das Gummisohlenmaterial auflegen, mit einer Zugabe von 6 mm rundherum anzeichnen und die Laufsohlen ausschneiden.
2. Gummi- und Ledersohle mit Schuhmacherkleber sorgfältig einstreichen, den Kleber mindestens 10 Minuten trocknen lassen.
3. Die Sohlen exakt aufeinanderlegen und mit Schraubzwingen und Presshölzern gut pressen.
4. Den Absatz zuschneiden.
5. Den Absatzbereich auf der Sohle markieren, aufrauen und gleichmäßig mit Kleber einstreichen. Mit der zu klebenden Absatzseite genauso verfahren. Den Kleber mindestens 10 Minuten antrocknen lassen und den Absatz festkleben.

PROJEKT 9: OXFORD

Hier präsentieren wir eine gezackte Plainbrogue-Variante im Oxfordstil ohne Vorderkappe aus cognacfarbenem Kalbleder. Typisch für den Oxford sind die auf Stoß geschlossene Schnürung, die unter das Vorderblatt genähte Zunge sowie das mit Lochmustern verzierte, über dem Quartier liegende Vorderblatt. Die Zierlochungen oder Broguings sollen auf irische Bauern zurückgehen, die ihre derben Lederschuhe mit Löchern versahen, damit die Feuchtigkeit leichter entweichen konnte. Inzwischen sind aus den gelochten irischen Urmodellen elegante Schuhe mit Lochmuster geworden, die je nach Ausmaß des Broguings in Plain-, Semi- oder Fullbrogues unterschieden werden. Broguings zieren nicht nur den Oxford, sondern auch den Derby. Die klassischen handgearbeiteten Herrenschuhe werden aus Leder in dezenten Cognac- bis Rotbrauntönen, Braun- und Schwarztönen hergestellt. Trotz seines maskulinen Stils ist der Oxford ein Schuh, den Frauen und Männer gleichermaßen tragen.

Wie das Schnittmuster für den Oxford erstellt wurde, ist im Kapitel 8 beschrieben.

MATERIAL UND WERKZEUG

MATERIAL FÜR EIN PAAR OXFORDS

- Festes Papier oder Folie für die Schnitterstellung
- Brandsohlenleder
- Oberleder
- Feines Futterleder
- Gespaltener Lederstreifen für die Paspel, 1,5 cm breit (Länge richtet sich nach der Größe des Schuhs, gemessen wird am oberen Schaftabschluss des Schnittmusters)
- Leinenschnur in der gleichen Länge für die Paspel
- Sohlenleder
- 1 Paar Absatzflecke aus Leder
- 1 Paar Absatzflecke aus Gummi
- Schuhmacherkleber / Buchbinderleim

WERKZEUG FÜR EIN PAAR OXFORDS

- Bodenlederschere
- Messer
- Bohrer
- Spindelpresse oder Lochzange (Lochpfeifengröße 1,5 mm sowie 3–4 mm für die Schnürlöcher)
- Kerzenwachs
- Sattlerzwirn (gewachst)
- 2 Sattlernadeln (stumpf)
- Stanzwerkzeuge für die Broguings
- Stechzirkel
- Zackenschere
- Pinsel
- Raspel
- Hakenmesser
- Zeichenmaterial, z. B. Silberstift
- Nähmaschine
- 2 Schraubzwingen
- 2 Presshölzer (1 x kleiner als Sohlenform, 1 x größer)
- Flachzange

PROJEKTANLEITUNG

VORARBEITEN

1. Erstellung des Schnittmusters: Alle Teile des Schnittmusters „Oxford" auf dem Fotokopierer in der passenden Größe auf mindestens 100 g starkem Papier oder fester Folie ausdrucken und exakt am Rand entlang ausschneiden.

2. Die vorgegebenen Löcher mit der Lochzange oder Spindelpresse lochen (die Sohle hat 78 Löcher).

3. Leder vom Rinderhals für die Brandsohlen, Oberleder für den Schaft und passendes Futterleder auswählen, auf Fehler untersuchen und diese auffällig markieren.

FUTTER ZUSCHNEIDEN

1. Die Schnittmusterteile auf der Narbenseite des Futterleders auslegen, mit Silberstift anzeichnen und zuschneiden. Das Futterleder sollte immer von der Narbenseite aus zugeschnitten werden, dann sind Fehler etc. besser zu sehen.

2. Die unteren Abschlüsse der Vorderblätter und Quartiere hinter die Nählöcher, also 6 mm, zurückschneiden. Am oberen Schaftkantenbereich jedoch 3 mm hinzugeben, um den Rand später gleichmäßig zurückschneiden zu können.

AUSSCHÄRFEN

1. Die Fersenkappe nur im unteren Bereich der Lochung ausschärfen.

2. Die Ränder aller Futterteile mit Ausnahme der oberen Schaftkante gut ausschärfen.

FUTTER NÄHEN

Die Futterlederteile Narbenseite auf Narbenseite zusammenlegen und die hintere Mittelnaht steppen.

BRANDSOHLE

1. Rechtes Sohlenschnittmuster auf festes Brandsohlenleder platzsparend auflegen, mit Silberstift umranden, alle 78 Löcher einzeichnen und die Sohle ausschneiden. *(Abb. 1)*

2. Für den linken Schuh Schnittmuster wenden und den Vorgang wiederholen.

3. Beide Brandsohlenteile exakt aufeinanderlegen und mit zwei Tackerklammern verbinden.

4. An der Schleifmaschine rundherum ausgleichen.
   Alternativ: Wenn keine Schleifmaschine vorhanden ist, zusammengetackerte Brandsohlenleder über einer Tischkante mit einer Raspel ausgleichen, sodass zwei exakt gleiche Sohlenformen entstehen.

5. Die 78 angezeichneten Löcher an der Spindelpresse (Lochpfeifengröße 1,5 mm) stanzen, dabei den zu stanzenden Bereich nur auf der Narbenseite mit Wachs einstreichen. Vordere und hintere Mitte markieren.

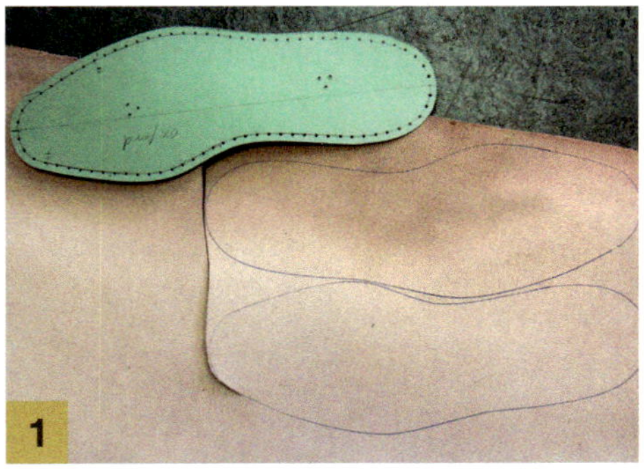

Brandsohle ausschneiden.

ACHTUNG!
Keine Teile über den Lederrücken schneiden!

AUSSCHNEIDEN DES SCHAFTES

Der Oxford besteht aus vier Schaftteilen: Vorderblatt, Quartier, Zunge und Fersenkappe. Die Art des Anzeichnens der Muster richtet sich nach dem Leder und der Ausschneidetechnik:

- Gleichmäßige Leder können auf der Fleischseite angezeichnet werden.
- Der Markierstift darf auf der Vorderseite nicht sichtbar sein.
- Zum Anzeichnen und Ausschneiden empfiehlt sich das Beschweren der Schnittmuster mit einem Gewicht.

1. Die Schaftschnittteile für den rechten Schuh auf der Narbenseite des Kalbleders auslegen, an den gekennzeichneten Kanten mit der Zackenschere ausschneiden, die restlichen Kanten mit Messer oder Schere ausschneiden. Die Löcher anzeichnen und die große Lochmarkierung auf der Fleischseite anbringen. Für den linken Schuh die Schnittteile wenden, die Schaftteile anzeichnen und wie beim rechten Schuh verfahren.

2. Untertrittpunkte mit dem Bohrer leicht markieren.

3. Die eingezeichneten Löcher stanzen (Lochpfeifengröße für die Sohlenbefestigung 1,5 mm).

TIPP
Alle eingezeichneten Löcher vorstanzen, auch wenn sie beim Füttern zum Teil wieder zugedeckt werden. Man kann sie später einfach nachlochen.

2

LOCHMUSTER

Alle angezeichneten Zackenkanten an Vorderblatt und Fersenkappe durch Stanzen mit Lochmusterreihen verzieren. Dazu mit dem Zirkel eine Linie im Abstand von 4 oder 6 mm vom Rand anzeichnen. Mit kräftigen Hammerschlägen das Lochmuster der Linie entlang einschlagen. *(Abb. 2)*

3

Gestanztes Broguing an Vorderblatt und Fersenkappe

FERSENKAPPE

1. Die mit Lochmustern und Zacken verzierte Fersenkappe Narbenseite auf Narbenseite an der hinteren Mitte zusammenfalten und die hintere Mittelnaht steppen.

2. Die Fersenkappe mit Kleber bestreichen und auf den markierten Bereich des Quartiers kleben. *(Abb. 3)*

3. Den oberen Rand der Fersenkappe mit Kleber bestreichen und nach innen umkleben.

PASPEL

1. Den Lederstreifen auf einem Tisch rechts und links fixieren und auf der Fleischseite gleichmäßig mit Kleber einstreichen.

2. Leinen- oder Sattlerschnur ebenfalls mit Kleber einstreichen und auf dem Tisch rechts und links gespannt fixieren.

3. Antrocknen lassen.

4. Die Schnur mittig auflegen.

5. Die Fixierung lösen. Den Lederstreifen um die Schnur legen und mittig zusammenkleben.

ANBRINGEN DER PASPEL

1. Kleber auf die zu klebende Seite der Paspel so auftragen, dass der verdickte umgebogene Teil klebstofffrei bleibt.

2. Oberen inneren Rand des Schaftes dünn, aber gleichmäßig mit Kleber einstreichen.

3. Die Paspel rund um den Bereich der Schnürlöcher und den oberen Abschluss des Quartiers aufkleben.

4. Paspel festklopfen.

VERKLEBEN

1. Die Fleischseite des Ober- und Futterleders für das Vorderblatt gleichmäßig mit Buchbinderleim bestreichen.

2. Die Teile vorsichtig von der linken Seite aus aufeinanderkleben, dabei vermeiden, dass sich Luftbläschen bilden.

3. Die Schnürlochverstärkung auf 5 cm zuschneiden und in den angezeichneten Schnürlochbereich des Quartiers auf die Fleischseite kleben.

4. Die Mitte der Fleischseiten des Ober- und Futterleders gleichmäßig mit Buchbinderleim bestreichen, nicht trocknen lassen. So lässt sich das Leder noch verschieben, wenn etwas schiefgeht.

5. Erst an der hinteren Mitte die Teile leicht aufeinanderdrücken, dann eine Hälfte mit Leim einstreichen, dabei die Ränder nicht vergessen.

ACHTUNG!
Die Kanten müssen gut eingeklebt werden, denn wenn sich später etwas lösen sollte, löst es sich von der Kante her.

6. Die Futterhälfte von der Mitte aus gleichmäßig so aufkleben, dass sie oben leicht übersteht.

7. Dann die zweite Hälfte genauso bearbeiten.

8. Überdeckte Löcher nachlochen.

Den oberen Quartierrand nähen.

DEN SCHAFT NÄHEN

1. Je vier Ösenlöcher laut Schnittmuster mit der 3–4 mm großen Lochpfeife stanzen. Hierfür zunächst die Markierungspunkte mit dem Bohrer leicht auf dem Leder markieren, um den perfekten Ansatz zu finden.

2. Den oberen Abschluss des Quartiers mit der Paspel schmalkantig absteppen. *(Abb. 4)*

3. Das Futter bis zur Naht zurückschneiden.

4. Das Vorderblatt laut Markierungen auf das Quartier kleben. Dabei die vordere Mitte, dort wo die Schnürösen zusammentreffen, auf Stoß fest zusammendrücken.

5. Die Zunge unterkleben.

6. Das Vorderblatt mit dem Quartier durch Nähen verbinden. *(Abb. 5)*

7. Einen dreifachen Handstich zur Fixierung der vorderen Mitte arbeiten. Dieser zentrale Punkt wird später am stärksten belastet. *(Abb. 6)*

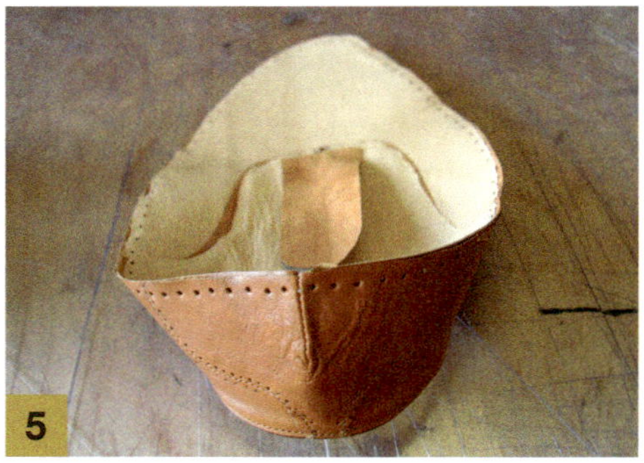

Der fertig gefütterte und genähte Schaft

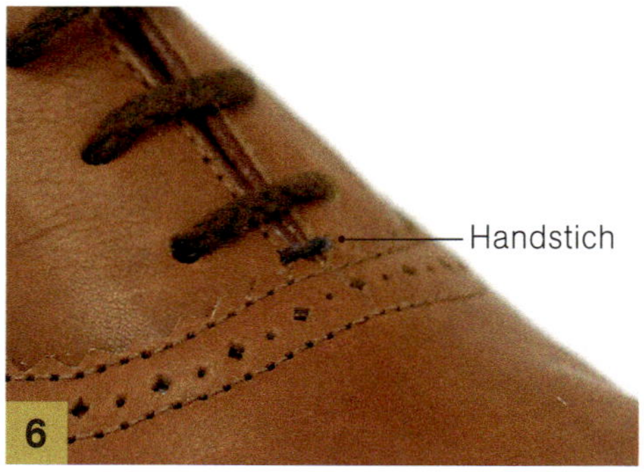

Position des dreifachen Handstichs zur Fixierung

VERBINDEN VON SCHAFT UND BRANDSOHLE

1. Gewachsten Handnähfaden zuschneiden (der dreifache Umfang der Sohle ergibt die optimale Fadenlänge).

2. Je eine stumpfe Sattlernadel an den Enden des Fadens einfädeln, dabei 2 cm stehen lassen.

3. Den Faden dreimal an jedem Ende aufspießen, nachziehen und drüberziehen, sodass an jedem Ende eine Nadel fixiert ist *(siehe S. 79)*.

4. Bei der Sohle rechts und links definieren. Schaftteil mit der Narbenseite nach innen auflegen.

5. An der hinteren Mitte (an den Stanzlöchern mit dem größten Abstand und der Markierung) beginnen, eine Nadel durch das erste Loch zu ziehen. Fadenlänge durch Ziehen regulieren.

TIPP
Vorsichtshalber alle Löcher vor dem Nähen nachzählen: Am Schaft und an der Brandsohle müssen es je 78 Löcher sein!

FILM

6. Mit beiden Nadeln gleichzeitig den ersten Stich bilden (eine von innen nach außen, die andere von außen nach innen führen) – fest anziehen.

7. Der zweite Stich wird entgegengesetzt gebildet, die äußere Nadel sticht nun nach innen und die innere nach außen. Fadenlänge kontrollieren und festziehen.

8. Rundherum nähen.

9. Am Ende angekommen, 2,5 Stiche überlappend über die ersten nähen. Zum Schluss müssen beide Nadeln an der Sohlenunterseite liegen. Fäden auf 5 cm zurückschneiden. Fadenende unter das Brandsohlenleder kleben.

TIPP
Wenn beide Nadeln gleichzeitig und nicht nacheinander eingestochen werden, kann man nicht versehentlich durch den Faden stechen.

BESOHLEN

1. Für die Laufsohlen das Brandsohlenmuster auf das Sohlenleder auflegen, mit einer Zugabe von 3 mm rundherum anzeichnen und die Laufsohlen zuschneiden.

2. Die Laufsohlen vor dem Kleben aufrauen.

3. Schuhsohlenfläche und Ledersohle mit Schuhmacherkleber sorgfältig einstreichen, den Kleber mindestens 10 Minuten trocknen lassen.

4. Die Sohlen exakt aufeinanderlegen und mit Schraubzwingen und Presshölzern gut pressen.

5. Den Rand mit der Flachzange rundherum fest andrücken. Wenn die Zange mit Malerkrepp abgeklebt wird, ist das Leder besser geschützt.

6. Die Sohlen rundherum auf der Schleifmaschine plan schleifen oder mit einem Hakenmesser zurückschneiden.

7. Einen Absatzfleck aus Leder zuschneiden.

8. Einen Absatzfleck aus Gummisohlenmaterial zuschneiden.

9. Den Absatzbereich auf der Sohle markieren, aufrauen und gleichmäßig mit Kleber einstreichen. Mit den zu klebenden Absatzflecken genauso verfahren.

10. Die Absatzflecke fest auf die Sohle pressen.

11. Gegebenenfalls mit der Schleifmaschine Absatzflecke und Sohle am Rand plan schleifen und Unebenheiten ausgleichen. *(Abb. 7)*

Lederabsatz beim Oxford

PROJEKT 10: HOLZZOCCOLO

Holzsandalen, die zum Schutz und zur Stabilität unter leichten Lederschuhen getragen wurden, gab es bereits im 14. Jahrhundert. Die geschnitzten Holzsohlen, die man *Trippen* nannte, trug man als Unterschuhe unter den modischen Schnabelschuhen und stattete sie mit einer entsprechend langen Spitze aus *(siehe Foto unten)*. Um 1500 wurde an den inzwischen modisch verkürzten Trippen des bequemeren Ganges wegen ein Lederscharnier unter dem Ballen angebracht.

Seit dem 16. Jahrhundert wurden die einfach geschnitzten Holzschuhe in Nordeuropa als reine Arbeitsschuhe getragen. Lange Zeit galten Holzschuhe daher als Fußbekleidung der armen Leute. Doch gerade Holzschuhmacher legten und legen bis heute besonderen Wert auf Maßarbeit. Bei den niederländischen *Klompjes* wurden Schaft und Sohle mit ausgearbeitetem Fußbett aus einem Stück Holz geschnitzt und im Gegensatz zum Seiden- oder Lederschuh wurden Klompjes bereits in rechts und links unterschieden. Auch die Form der Schweizer *Zoggeli* wurde nach individuellen Umrissen des Fußes auf Papier erstellt.

Schnabelschuh mit Trippen, Nachbildung

In Venedig waren um 1600 elegante Holzplateauschuhe modern, welche die feinen Seidenschühchen der adligen Damen vor Straßenschmutz und Hochwasser schützen sollten. Schon bald erkannte die Venezianerin, welche Aufmerksamkeit sie durch die erreichte Höhe bekam, und erhöhte ihre Plateaus immer mehr – unabhängig von Schmutz und Wasser. Die hölzerne Sohle bildete also einen Sockel, um den Fuß möglichst hoch über den Boden zu heben. Das Gewicht der Holzklötze unter den Füßen wurde durch Dekupieren überflüssiger Holzteile leichter gemacht. Andernorts wurde die Sohle auf zwei Stöcken platziert – der Ursprung unseres Absatzes?

Allerdings gab es auch Zeiten, in denen Holzschuhe verboten waren, wie ein preußisches Edikt von König Friedrich Wilhelm I. aus dem Jahre 1726 beweist. Dort hieß es nämlich: „Daß keine hölzerne Schuhe und Pantoffeln in der Churmark getragen werden sollen. Sub Dato Berlin, den 7. Decembr. 1726“, und zwar war es sogar bei Strafe von Halseisen und Gefängnis verboten, Holzschuhe zu tragen. Friedrich Wilhelm I. versuchte mit diesem Edikt zu Zeiten des Merkantilismus, die Auftragslage der Schuhmacher zu stärken – auf Kosten der Holzschuhmacher, die ihre Arbeit verloren.

Holzzoccoli

Dass Holzschuhe eine solch lange Tradition haben, hat viele Gründe: Zoccoli aus Holz und Leder sind haltbar, wärmen die Füße, schützen sie, halten sie trocken und machen uns größer. Diese Vorteile machen den Holzschuh nicht nur zum idealen Arbeits- und Alltagsschuh, sondern auch zum Modeschuh. Heute erlebt die Holzsohle aus leichtem, schnell wachsendem Weidenholz mit Fußbett und flexibel biegsamem Kautschukgelenk ein Comeback. Zoccoli sind gut zum Fuß und zur Umwelt, da sie aus nachhaltigen Materialien hergestellt werden. Weil der Holzschuh sehr locker am Fuß sitzt, also eine gute Durchlüftung zulässt, und außerdem mit scharfem Spülmittel oder Spiritus gereinigt werden kann, bietet er im Gegensatz zum Lederschuh kaum Nährboden für Mikroorganismen und kann deshalb gut im Sanitätsbereich eingesetzt werden. Doch auch auf der Straße und auf den Laufstegen der Prêt-à-porter- und Haute-Couture-Modenschauen sind Zoccoli mit XXL-Absätzen unterwegs.

HOLZ: Die Herstellung von Holzsohlen ist einfach und wird heute rein maschinell ausgeführt. Verarbeitung, Trageeigenschaften und Haltbarkeit hängen von der Holzart ab. Deshalb sollten Zoccoloform und Holzart aufeinander abgestimmt sein. Zwar können auch sehr schmale oder extravagante Absatzformen gestaltet werden – aber nur aus Hartholz. Mit High Heels aus Kiefernholz wird man seine Probleme haben. Damit Sie lange Freude an Ihren Zoccoli haben, hier ein paar geeignete Holzarten:

- **Erle** eignet sich sehr gut zur Verarbeitung als Holzsohle. Erlenholz ist fest, aber dennoch kein Hartholz, und lässt sich hervorragend schleifen. Obwohl Erlenholz leicht zu bearbeiten ist, ist es formstabil. Auch die natürliche Färbung ist angenehm: hell und leicht rötlich.

- **Buche,** ein Hartholz, ist schwer und die Veränderung der Holzform ist recht arbeitsintensiv. Dennoch sollten filigrane Formen aus Buchenholz gearbeitet werden, weil es solide ist und eine stabile Struktur aufweist. Farblich ist es der Erle ähnlich, jedoch etwas dunkler.

- **Pappel** ist sehr leicht, aber auch sehr weich und eignet sich daher nur für kompaktere Modelle.

- **Eiche,** ein einheimisches Hart- und Edelholz, ist sehr fest und mit der Buche vergleichbar. Der Kontakt mit Eisen (Nieten und Nägeln) sollte vermieden werden, da es wegen des hohen Gerbsäureanteils in Verbindung mit Feuchtigkeit zu violetten Flecken kommen kann.

- **Nusshölzer,** vor allem die amerikanischen, sind wie Buche zu behandeln.

- **Tanne** eignet sich optimal für kompakte Sohlen und Tannenholz hat den Vorteil, dass es von Natur aus warm und wegen seiner langen Fasern sehr elastisch ist.

- **Kirschbaum** ist wie Eiche und Nussbaum ein Edelholz, das zu den Harthölzern gehört und durch seine rosa bis intensiv rote Farbe besticht.

Holzsohlen lassen sich in verschiedenen Holzarten und sogar mit Gummigelenk bereits fertig kaufen – dann entfällt der erste Teil der Herstellung in der Tischlerwerkstatt. Individueller werden sie allerdings, wenn man sie selber herstellt. Bei flacheren Varianten als den hier präsentierten ist darauf zu achten, dass eine angemessene **Spitzensprengung** eingearbeitet wird. Die Spitzensprengung ist die vom Boden abstehende leichte Erhöhung der Sohlenspitze, die beim Laufen ein gutes Abrollen ermöglicht.

Hier eine Arbeitsanleitung, die in der Holzwerkstatt der Technischen Universität Berlin entstanden ist:

MATERIAL UND WERKZEUG

MATERIAL FÜR EIN PAAR ZOCCOLI

- Festes Papier oder Folie für die Schnitterstellung
- Passendes Holz
- Festes Oberleder, am besten vom Rind, in der gewünschten Farbe
- Gummilaufsohle (hier naturfarben) mit Profil, 6 mm stark
- Schuhmacherkleber
- Textilband (selbstklebend)
- 2 Schnallen
- Holzleim
- Nägel

WERKZEUG FÜR EIN PAAR ZOCCOLI

Tischlerwerkstatt mit folgenden Werkzeugen: Hobelbank, Handkreissäge, Schraubzwingen, Dickenhobelmaschine, Kreissäge, Bandsäge, Abrichthobelmaschine, Tellerschleifer, Zylinderschleifer mit unterschiedlichen Durchmessern, Einhandwinkelschleifer (Flex) mit Schleifscheibe

Alternativ:
Holzblock aus dem Fachhandel (je nach Schuhgröße ca. 30 x 16 x 11 cm), Bandsäge, Schleifmaschine

- Schleifpapier
- Messer
- Zeichenmaterial, z. B. Silberstift
- Spindelpresse oder Lochzange (Lochpfeifengröße 3 mm)
- Pinsel
- Raspel
- Hammer
- Bohrer

PROJEKTANLEITUNG

Die hier präsentierte Zoccolosohle wurde aus Buche gearbeitet, weil sie nur einen relativ schmalen Absatz aufweist und sehr dünn (nur 1,5 cm stark) ist. Da aufgrund der filigranen Form wenig Material eingesetzt wird, stört auch das etwas größere Gewicht nicht. Wir stellen gleich zwei Paar Zoccolosohlen her. Im Vorfeld muss dafür der Holzverbrauch genau berechnet werden. Zunächst wird aus Brettern mittels Verleimung ein Block in den gewünschten Maßen hergestellt.

1. Das Holzbrett auf zwei Böcke legen und mit der Handkreissäge in mehrere Stücke gleicher Länge schneiden (hier drei Stück). *(Abb. 1, 2)*

2. Aus dem in Stücke geschnittenen Holz an der Kreissäge Riegel von 11 cm Breite schneiden. *(Abb. 3, 4)*

3. Auf der Abrichthobelmaschine die Flächen begradigen und glätten. *(Abb. 5)*

1

2

Holzbrett in Stücke schneiden.

3

4

Riegel zuschneiden.

5

Flächen begradigen.

4. Immer drei Riegel in Richtung der Maserung zusammenlegen.

5. Die drei zusammengelegten Riegel mit einem über alle drei Riegel reichenden Dreieck (Aufbaudreieck) markieren. Das Dreieck gibt eine Orientierung beim Verkleben der Riegel. *(Abb. 6)*

6

Aufbaudreieck

Mit Holzleim einstreichen.

6. Mit wasserfestem Holzleim die Riegel auf einer Seite zügig und gleichmäßig einstreichen, dabei keine Stelle auslassen. *(Abb. 7)*

7. Da der Holzleim sofort beginnt abzubinden, die Riegel schnell aufeinanderlegen und mit Schraubzwingen zusammenpressen. Dabei aufpassen, dass die Riegel nicht verrutschen. Überschüssiger Leim wird an den Klebefugen herausgequetscht (Presszeit ca. 20 Minuten). *(Abb. 8)*

Riegel zusammenpressen.

Holzblock auf die passende Größe hobeln.

8. Die Schraubzwingen lösen und an der Abrichte eine Winkelkante anhobeln.

9. An der Dickenhobelmaschine das Holz auf die passende Größe hobeln, dabei rund um die zukünftige Sohle sowie rechts und links des Ballens noch etwas zusätzliches Holz stehen lassen. *(Abb. 9, 10)*

10. Riss (= Anzeichnungslinie): Das seitliche Profil anzeichnen, dabei exakt um die Schablone zeichnen. *(Abb. 11)*

11. Den gesamten Holzblock an der Bandsäge in zwei Teile sägen.

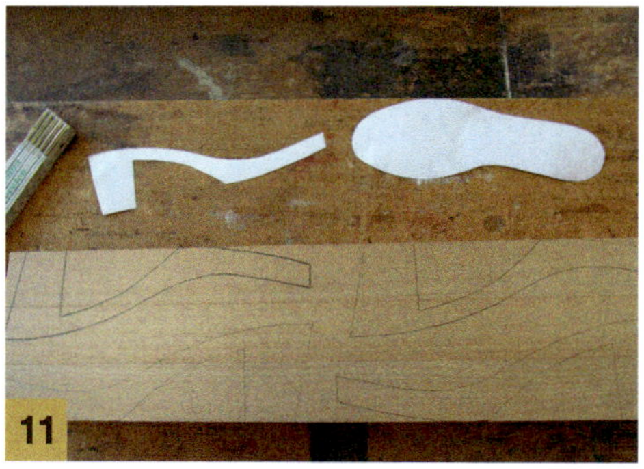

Anzeichnen des Schuhprofils

Ausschneiden der Sohlenprofile

12. An der Bandsäge die Sohlenprofile so ausschneiden, dass die angezeichnete Linie, der Riss, stehen bleibt. *(Abb. 12, 13, 14)*

13. Zunächst alle Flächen plan schleifen. Anschließend bis auf den halben Riss schleifen, das heißt bis zur Mitte der eingezeichneten Linie. *(Abb. 15, 16)*

14. Mit dem Tellerschleifer und den Zylinderschleifern in verschiedenen Durchmessern alle Ausschnitte und Innenrundungen schleifen und glätten. *(Abb. 17, 18)*

Bis auf den halben Riss schleifen.

Innenrundungen schleifen.

Schwer zugängliche Stellen mit der Raspel schleifen.

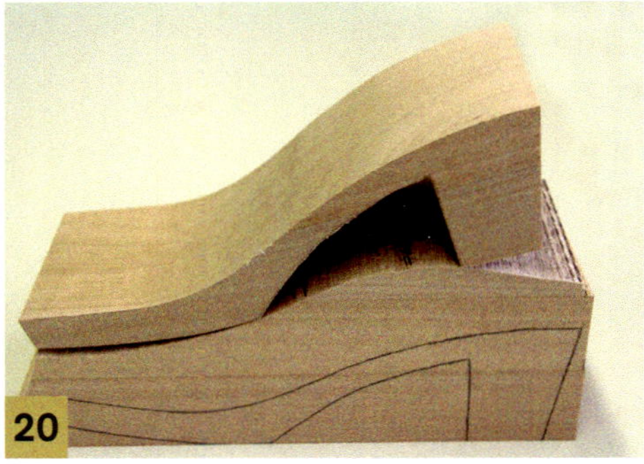

Eine fertig geschnittene Sohle im Profil

15. Schwer zu erreichende Stellen (z. B. (unter dem Absatz) mit der Schleifscheibe der Flex oder mit der Raspel von Hand schleifen. *(Abb. 19)*

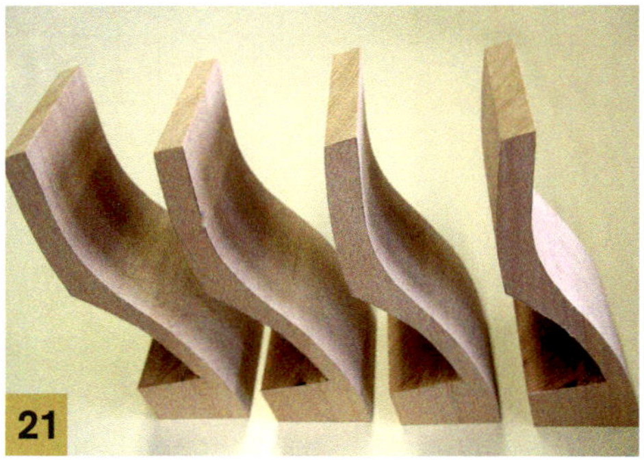

Fertig geschnittene Sohlen im Profil

Sohlenmuster auflegen und anzeichnen.

SOHLENFORM HERSTELLEN

1. Das Sohlenmuster auflegen und anzeichnen. *(Abb. 22)*

2. Mit der Schmiege den Winkel abnehmen (hier rundherum 11°). *(Abb. 23)*

3. Die angezeichnete Sohlenform an der Bandsäge ausschneiden. Der Riss muss dabei stehen bleiben. *(Abb. 24, 25)*

Den Winkel des Absatzes abnehmen.

Die Sohlenform ausschneiden.

4. Durch Verstellen des Tisches an der Tellerschleifmaschine den Winkel von 11° einrichten und die Holzsohle rundherum schleifen. *(Abb. 26, 27)*

5. Wenn alles ausgesägt und geschliffen ist, die Kanten mit 120er-Schleifpapier brechen.

26

Den Tisch der Tellerschleifmaschine verstellen.

27

Den Absatz im richtigen Winkel schleifen.

28

Die fertigen Holzsohlen

SCHAFTKONSTRUKTION

Wenn der Fuß im Stehen in der richtigen Position auf der Holzsohle mit Malerkrepp eingeklebt wird, gelingt die Herstellung des Schaftes ohne den Einsatz eines Leistens.

1. Um den optimalen Schaft ohne Leisten zu konstruieren, den Fuß auf die fertige Zoccolosohle stellen und mit Seidenpapier einkleiden (Seidenpapier verhindert, dass das Malerkreppband auf der Haut klebt).

2. Mit Malerkrepp rundherum fest einkleben. Wir erhalten eine dreidimensionale Form, die als Vorlage für das Schnittmuster dient. *(Abb. 29, 30)*

3. Vordere und hintere Mittellinie einzeichnen. Untere Linie einzeichnen, an der das Malerkrepp auf die Holzsohle trifft.

4. Rohform des geplanten Schaftes aufzeichnen. *(Abb. 31)*

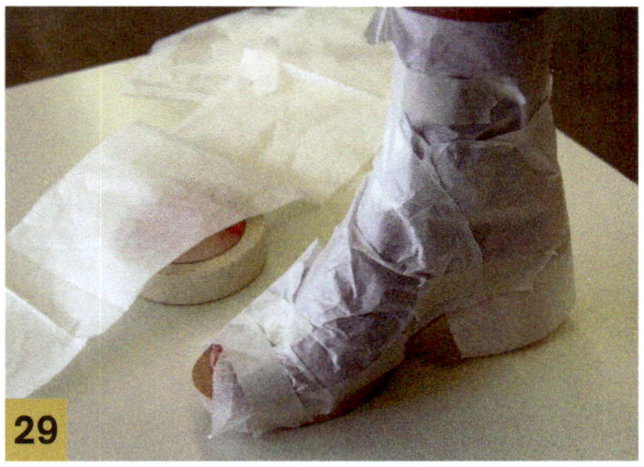

29

Den Fuß auf der Holzsohle mit Malerkrepp umkleben.

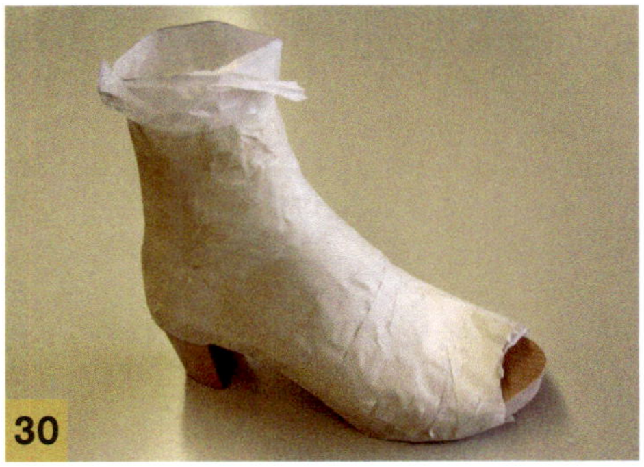

30

Vorlage für das Schnittmuster

31

Rohform des Schaftes

32

Aufschneiden der Form

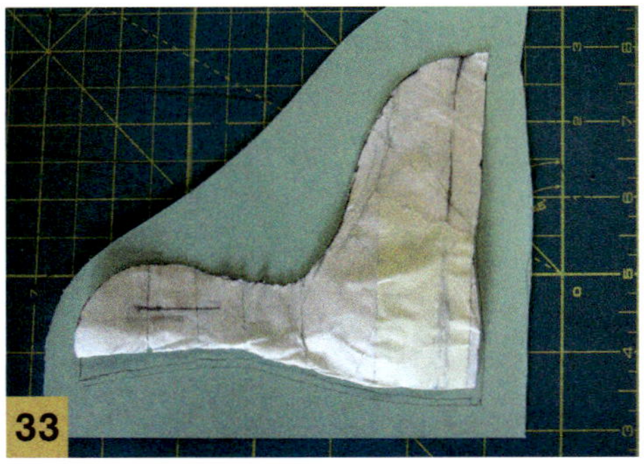
33

Schnittvorlage

5. Wenn die Maquette stimmt, das Modell hinten und vorne mittig aufschneiden und von der Holzsohle abnehmen. *(Abb. 32)*

6. Die beiden Teile als Schnittvorlagen verwenden. Bei der Schnittmustererstellung unten 1 cm Material zum Annageln zugeben. *(Abb. 33)*

DEN SCHAFT HERSTELLEN

Für einen nicht gefütterten Schaft wird derbes, dickes, aber dennoch weiches Rindleder gebraucht. Dünne und dehnbare Leder müssen mithilfe von Buchbinderleim mit einem Futterleder hinterklebt werden, damit sie der Beanspruchung beim Laufen standhalten und sich nicht ausweiten.

34

Schnittmuster und Schaftteile

1. Die vier Schnittmuster für die Schaftteile sowie den Schnitt für die Fersenverstärkung platzsparend auf der nach Fehlern untersuchten Rinderhälfte auslegen, die Schnitte und den Fesselriemen von 2,5 x 31 cm anzeichnen und möglichst mit dem Messer ausschneiden. *(Abb. 34)*

2. Die Fersenverstärkung rundherum ausschärfen.

3. Textilband an der am stärksten belasteten Stelle der vorderen Abschlusskante innen einkleben und 2 mm vom Rand entfernt absteppen.

4. An den markierten Positionen Schlitze von 25 x 4 mm für den Fesselriemen durchschlagen.
Alternativ: Steht kein spezielles Langlocheisen zur Verfügung, können mit einer einfachen Lochzange (Lochpfeifengröße 3–4 mm) rechts und links der Markierung Löcher eingeschlagen und die Zwischenräume mit einem Messer ausgeschnitten werden.

35

Die fertig gestanzten, verstärkten und genähten Schaftteile

5. Vordere und hintere Mittelnaht Fleischseite auf Fleischseite am Rand zusammenkleben und gleichmäßig im Abstand von 2 mm zur Kante absteppen, Faden vernähen und Fadenenden abbrennen. *(Abb. 35)*

6. Die Fersenverstärkung zusammenklappen, die Mittelpunkte markieren, die Fersenverstärkung hinten mittig auf das Schaftinnenteil legen und anzeichnen.

7. In diesen Bereich Schuhmacherkleber gleichmäßig und satt auftragen. Dabei den Kleber genau bis zum äußersten Rand, aber nicht über den Rand streichen. *(Abb. 36)*

8. Die Fersenverstärkung ebenfalls gleichmäßig und satt mit Schuhmacherkleber einstreichen, den Kleber antrocknen lassen.

9. Die Fersenverstärkung in den markierten Bereich innen von der Mittellinie aus einkleben und mit dem Hammer festklopfen. *(Abb. 37)*

10. Die Lederkanten von Klebstoffresten befreien und mit einem Stück Filz und schwarzer Farbe die Kanten schwärzen.

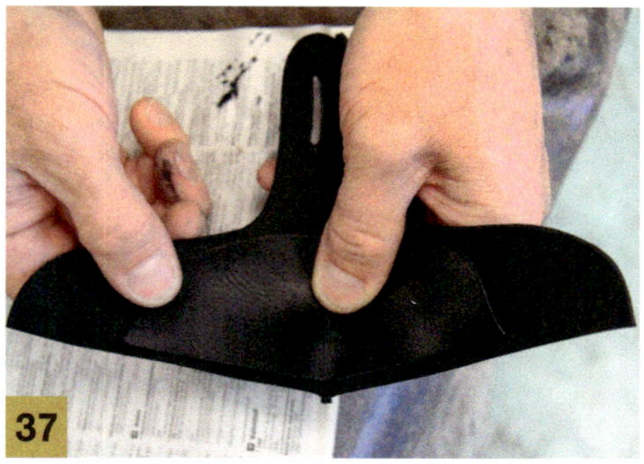

Die Fersenverstärkung einkleben.

VERBINDUNG VON SCHAFT UND SOHLE

Holzsohle mit Kleber einstreichen.

1. Auf der Holzsohle dort eine Linie an zeichnen, wo der Schaft aufgenagelt wird.

2. Den angezeichneten Bereich mit Schuhmacherkleber einstreichen. *(Abb. 38)*

3. Die Schaftteile auf die markierten Bereiche der Holzsohle kleben. *(Abb. 39)*

4. Mit dem Stechzirkel ca. 5 mm von der Lederkante entfernt eine Linie anritzen. *(Abb. 40)*

5. Die Schaftteile zuerst rechts und links außen festnageln, anschließend in der Mitte einen Nagel setzen. Weitere Nägel gleichmäßig verteilen. Die Nägel immer leicht nach unten einschlagen, damit sie nicht versehentlich das Holz sprengen. *(Abb. 41)*

TIPP
Wenn die Linie in 9 mm Höhe angezeichnet wird, obwohl über eine Höhe von 1 cm geklebt werden soll, verschwindet sie später unter dem Leder.

Schaftteile aufkleben.

Mit dem Zirkel eine Nagellinie anritzen.

Schaftteile festnageln.

TIPP
Vor dem Nageln mit dem Bohrer ein kleines Loch an der richtigen Stelle vorbohren, dann verrutscht der Nagel nicht so leicht.

Holzsohlen mit Holzleim einstreichen.

RIEMEN

1. Für die Schnalle auf der einen Seite des 2,5 x 31 cm großen Fesselriemens 3 cm von der Schnittkante entfernt mittig einen Schlitz von 10 x 2 mm für den Schnallendorn einschlagen. Die Schnalle durchziehen, den Riemen nach innen umklappen und feststeppen.

2. Auf der anderen Seite des Riemens fünf Löcher (Lochpfeifengröße 3 mm) im Abstand von 1,5 cm stanzen. Je mehr Löcher, desto besser lässt sich der Riemen an die Fessel anpassen. Das Riemenende rund zuschneiden.

3. Die Schnittkanten mit einem Stück Filz und schwarzer Farbe schwärzen.

Den Gummisohlenrand beschneiden.

BESOHLEN

Um trotz der hohen Holzabsätze einen weicheren Auftritt zu haben, wird eine Gummisohle mit Profil aufgebracht.

1. Die Holzsohlen entstauben.

2. Mit wasserfestem Holzleim einstreichen und diesen vollkommen durchtrocknen lassen – das kann bis zu 24 Stunden dauern. Der Holzleim schafft die Verbindung zwischen Holz und Schuhmacherkleber. *(Abb. 42)*

3. Auf den trockenen Holzleim Schuhmacherkleber gleichmäßig und satt auftragen.

4. Die Gummisohlen anrauen und ebenfalls mit Schuhmacherkleber einstreichen.

5. Den Kleber antrocknen lassen und die Gummisohle fest auf die Holzsohle pressen, dabei mit einem Hammer nachhelfen.

6. Den Gummisohlenrand mit dem Hakenmesser egalisieren. *(Abb. 43)*

Wenn Sie den Zoccolo mit einer Ledersohle statt einer Holzsohle versehen, wird daraus eine Sandale *(siehe folgende Anleitung)*.

PROJEKT 11: FESSEL-RIEMENSANDALE

Wie der Schaft der Fesselriemensandale gearbeitet wird, finden Sie beim vorigen Projekt „Holzzoccolo“ erklärt. Nur die Paspel in der vorderen und hinteren Mittelnaht kommt neu hinzu und ihre Fertigung wird nachfolgend beschrieben. Außerdem wird die Holzsohle durch eine Lederbrandsohle ersetzt. Aufgrund des erhöhten Absatzes und der Gelenkfeder fällt die Besohlung nicht leicht. Es empfiehlt sich, einen Schuhmacher aufzusuchen und auf dessen Schnellpresse zurückzugreifen. Verzichten Sie auf den erhöhten Absatz, ist kein Gelenk erforderlich und die Sandale lässt sich mit Schraubzwingen und Presshölzern zu Hause fertigstellen.

MATERIAL UND WERKZEUG

ZUSÄTZLICHES MATERIAL FÜR EIN PAAR FESSELRIEMENSANDALEN

- Brandsohlenleder, am besten vom Rinderhals
- Gespaltener dünner Lederstreifen in passender Farbe für die Paspel, 1,5 cm breit (Länge richtet sich nach der Größe des Schuhs, gemessen wird die vordere und hintere Mittelnaht)
- Eventuell Schnur
- Gummisohle (hier naturfarben), 6 mm stark
- 2 Holzgelenke
- Leder-Unterflecke
- Gummi-Lauflecke
- Schuhmacherkleber

ZUSÄTZLICHES WERKZEUG FÜR EIN PAAR FESSELRIEMENSANDALEN

- Bodenlederschere
- Spindelpresse oder Lochzange (Lochpfeifengröße 1,5 mm)
- Sattlerzwirn (gewachst)
- 2 Sattlernadeln (stumpf)

PROJEKTANLEITUNG

SCHAFT

Ist das Leder dünn und dehnbar, muss unterfüttert werden.

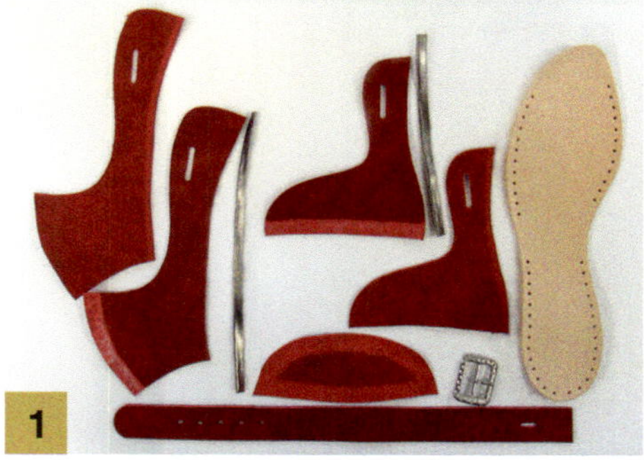

Zugeschnittene Schaftteile und Brandsohle

PASPEL

1. Für die Paspel den Lederstreifen mit Schuhmacherkleber einstreichen, den Kleber kurz antrocknen lassen, den Streifen mittig falten und über die ganze Länge zusammenkleben. Nach Belieben in der Mitte der Paspel eine Schnur einarbeiten.

2. Die Paspel zwischen die ausgeschärfte vordere Naht kleben und die vordere Mittelnaht schmalkantig absteppen. *(Abb. 2, 3, 4)*

Die Paspel in die hintere Mittelnaht einkleben und einnähen.

ACHTUNG!
Passen Sie gut auf, dass sich die Teile nicht verschieben!

3. Überstehendes Leder innen zurückschneiden, damit es nicht drückt. *(Abb. 5)*

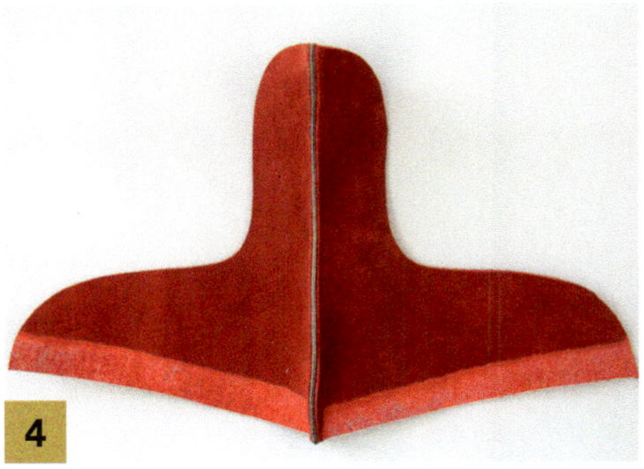

Das Zurückschneiden des überschüssigen Leders

BRANDSOHLE

1. Das Schnittmuster für die Sohle laut Schnitt „Zoccolo" zuschneiden.

2. Die Brandsohlen aus Brandsohlenleder zuschneiden.

3. Beide Sohlen aufeinanderlegen und die Schnittkanten rundherum glatt schleifen.

4. Die Markierungen vom Sohlenschnitt auf die Brandsohle übertragen. Den Sohlenrandabstand von 4 mm einzeichnen und im Abstand von 6 mm lochen. Zusätzlich wird auf der Brandsohle vor und nach jeder Markierung ein Extraloch zum Einfassen der Schaftkante gelocht.

5. Die Brandsohle auf der Fleischseite aufrauen.

DEN SCHAFT ANPASSEN

1. Sind die Paspeln an den Schaftteilen eingenäht, die Fersenverstärkung von der Mitte aus so einkleben, dass sich keine Fältchen bilden. *(Abb. 6, 7)*

2. Um ein Weiten der offenen Spitze des Schaftes zu verhindern, ein Textilband als vordere Spitzenverstärkung unterkleben und feststeppen. *(Abb. 8)*

3. Die genähten Schaftteile im markierten Bereich leicht um die Sohle kleben, nicht andrücken

4. Mit dem Fuß in die Sandale schlüpfen und kontrollieren, ob sie gut passt. Sollte dies nicht der Fall sein, durch Verschieben des Schaftes auf der Sohlenunterseite die Passform verändern.

5. Erst wenn Größe und Weite der Sandale sauber eingestellt sind, den Schaft auf der Unterseite der Sohle anzeichnen. *(Abb. 9)*

6

7

Fersenverstärkung einkleben.

8

Vordere Spitzenverstärkung (Textilband) einkleben.

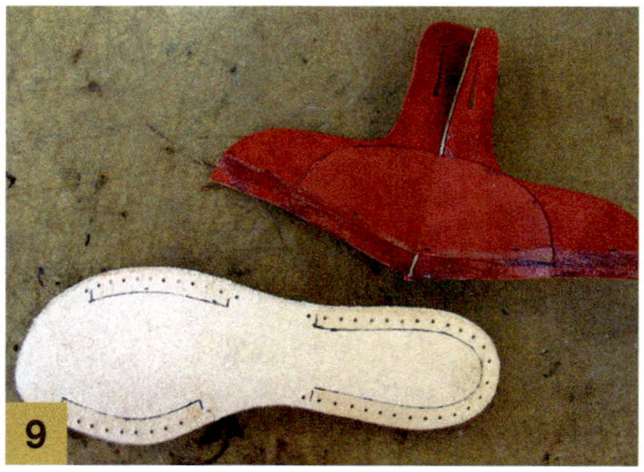

9

Die fertig gestanzte Sohle mit angezeichneten Schaftenden auf der Unterseite und das Schaftteil mit eingeklebter Fersenverstärkung.

6. Den angezeichneten unteren Bereich des Schaftes ausschärfen.

7. Den Schaft unter das Bodenleder kleben und mit dem Bohrer die Nählöcher auf das Schaftleder übertragen. *(Abb. 10, 11, 12, 13)*

8. Die Schaftteile mit dem Sattlerstich annähen. Nach Abschluss der Naht sollen die Fadenenden auf der Unterseite liegen. *(Abb. 14, 15)*

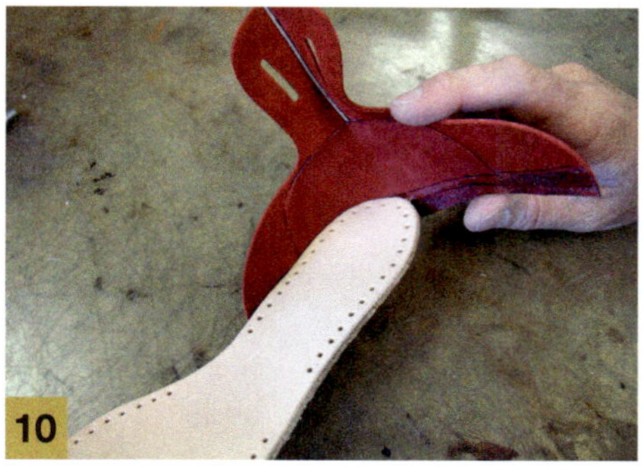
10

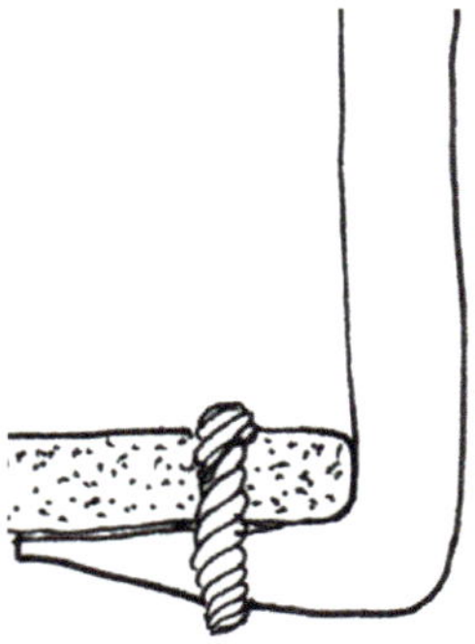

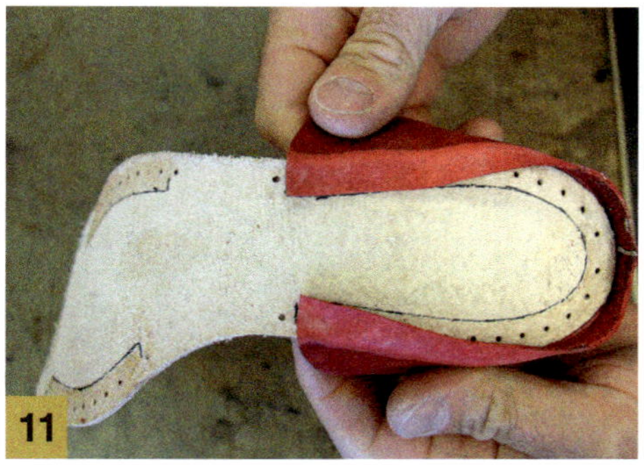
11

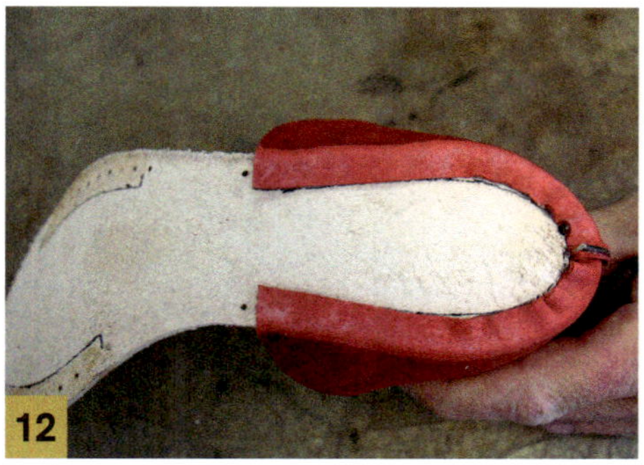
12

13

Das schrittweise Kleben des Schaftes um die Brandsohle

14

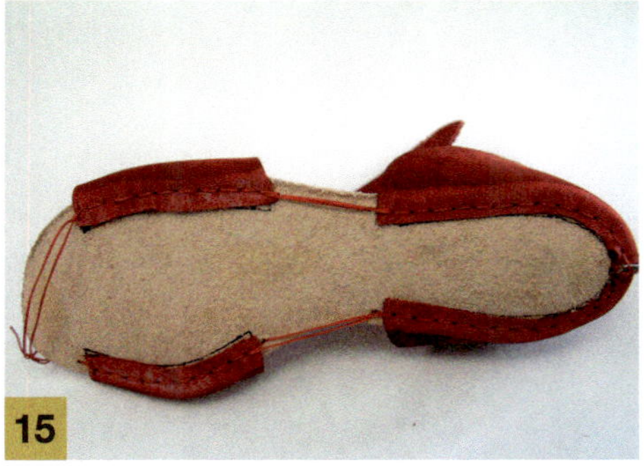
15

Schaftteile und Brandsohle mit dem Sattlerstich verbinden.

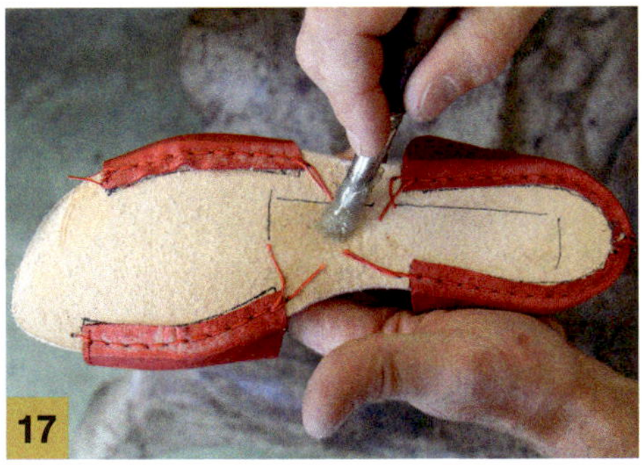

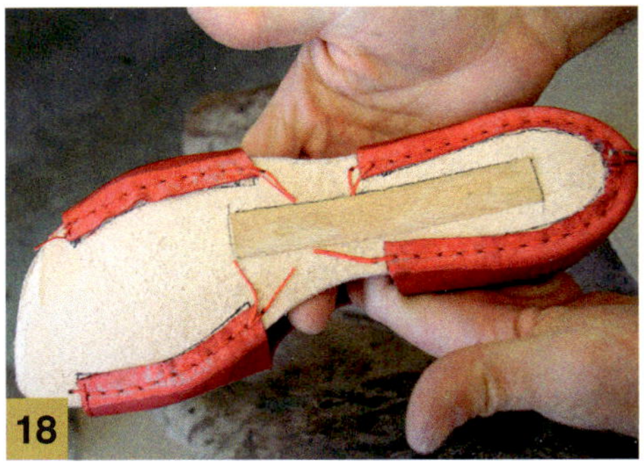

Anzeichnen und Ankleben des Gelenkstückes

GELENKSTÜCKE

1. Das Gelenkstück stabilisiert den Absatzschuh: Holzgelenkstück anzeichnen und unterkleben. Hierfür Sohle und Gelenkstück mit Schuhmacherkleber einstreichen, 10 Minuten warten und Klebeseiten fest aufeinanderdrücken. *(Abb. 16, 17, 18)*

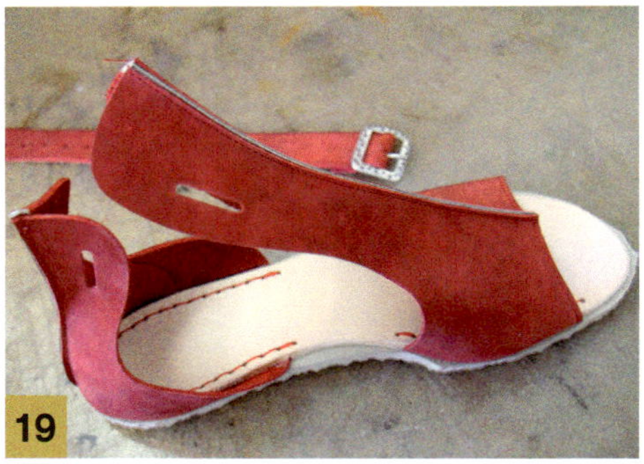

Schuh mit Laufsohle

BODENAUFBAU

1. Die Laufsohle zuschneiden und anrauen.

2. Sohlenbahn und Laufsohle mit Schuhmacherkleber einstreichen, den Kleber mindestens 10 Minuten antrocknen lassen und die Sohlen aufeinanderpressen. *(Abb. 19)*

3. Überstehendes Sohlenmaterial mit dem Hakenmesser wegschneiden. *(Abb. 20)*

4. Für den Absatz das Sohlenmuster auf das Bodenleder legen und im definierten Bereich vier Absatzflecke ausschneiden, zusätzlich einen aus dem Laufsohlenmaterial. Den Absatz auf der Laufsohle anzeichnen. *(Abb. 21)*

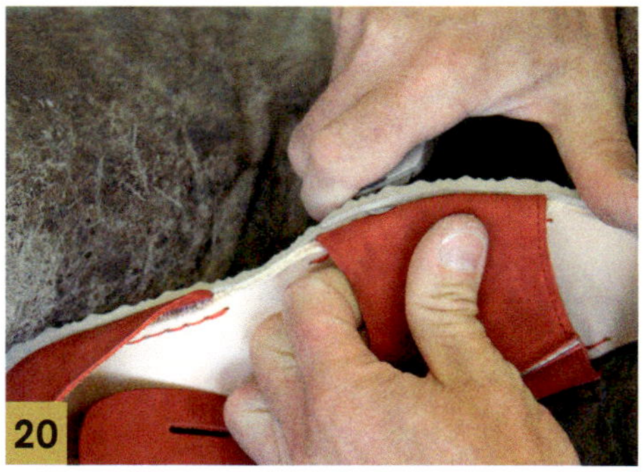

Das überstehende Laufsohlenmaterial mit dem Hakenmesser zurückschneiden.

Den Absatz anzeichnen.

5. Die Laufsohle im gekennzeichneten Bereich mit dem Messer begradigen und mit der Raspel aufrauen. Das Profil muss dabei vollständig weggeraspelt werden. *(Abb. 22, 23)*

6. Den aufgerauten Bereich mit Schuhmacherkleber einstreichen. Antrocknen lassen.

7. Den ersten Lederfleck aufkleben und die Innenseite mit dem Messer anschrägen, um eine leicht angewinkelte Lauffläche zu erreichen. *(Abb. 24)*

Das Profil im Bereich des Absatzes entfernen.

Den Absatzfleck anschrägen.

8. Die Lederflecke auf beiden Seiten mit Schuhmacherkleber einstreichen. Dann die Flecke so aufstellen, dass sie nirgendwo festkleben.

9. Nach 10 Minuten Antrocknungszeit die vier Lederflecke Stück für Stück fest aufeinanderkleben.

10. Zum Schluss einen Gummiabsatz/Oberfleck aufkleben. Hierfür den Absatzfleck aus Laufsohlenmaterial mit der Raspel anrauen und mit Schuhmacherkleber einstreichen. Den Kleber antrocknen lassen und den Absatzfleck aufkleben. Anschließend die Absatzform mit der Raspel vorschleifen. *(Abb. 25, 26)*

11. Einen Schuhmacher aufsuchen, um an der Schnellpresse den Bodenaufbau zu pressen und den Absatz in die gewünschte Form zu schleifen.

12. Fesselriemen einziehen, Länge regulieren und fertig ist die Sandale!

TIPP
Weil das Oberleder beim Besohlen mit eingeklebt wird, ist es wichtig, den Klebebereich gut aufzurauen.

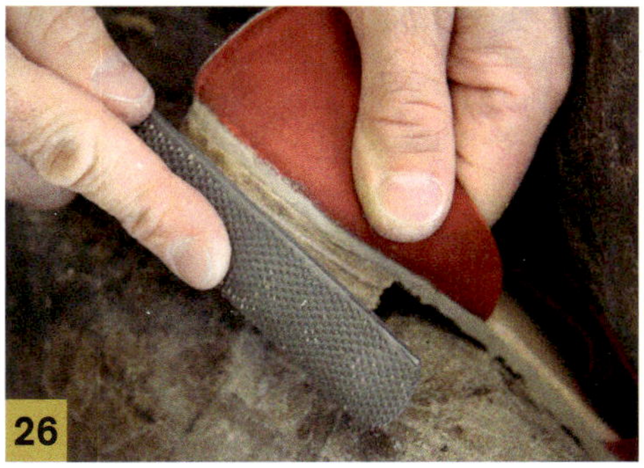

Den geklebten Absatz mit der Raspel vorschleifen.

PROJEKT 12: HERREN-SANDALE

Römersandalen sind trendy – sowohl als durchbrochene Schaftsandale als auch hochgeschnürt. Sandalen können auf eine lange Vergangenheit zurückblicken, zählen sie doch zu den ältesten und einfachsten Fußbekleidungen.

Bei diesem Sandalenprojekt ist Kreativität gefragt. Wir geben nur einige Anregungen für die Konstruktion – das Schnittmuster für den Sandalenschaft müssen Sie selbst erarbeiten. Die einfachste Variante entsteht aus einem Spiel mit Lederriemen. Beachten Sie, dass eine Riemenkonstruktion umso schwieriger wird, je mehr Formen Sie einsetzen. Darum erst einmal mit wenigen und möglichst gleich breiten Riemen arbeiten. Diese können auf Wunsch zusätzlich verziert werden. So lässt sich eine einfache Sandale beispielsweise durch ein mit Perlen besticktes ovales Mittelstück veredeln.

Hilfreich ist es, im Vorfeld eine Sohle aus Karton auszuschneiden (6 mm schmaler als die gewünschte Endform), die Papier- oder Lederriemen daran zu befestigen und über den Fuß zu spannen, um die optimale Lage der Bänder bestimmen und markieren zu können. Ein solches Probemodell vermittelt einen guten Eindruck von der konstruierten Sandale und eventuelle Verbesserungen oder Korrekturen sind schnell vorzunehmen.

Da die Gefahr des Verziehens der Riemen bei Sandalen besonders groß ist, sollte das Obermaterial immer hinterklebt werden. Sind die Riemen verstärkt, bleibt die Passform bestehen und die Sandale leiert nicht aus. Allein Kernleder verzieht sich nicht und kann ohne das Hinterkleben von Futterleder verarbeitet werden.

Die Herrensandale ist übrigens auch für Frauen geeignet.

MATERIAL UND WERKZEUG

MATERIAL FÜR EIN PAAR HERRENSANDALEN

- Papier und Karton für die Schnitterstellung
- Brandsohlenmaterial
- Leder, Lederbänder, fertige Riemen
- Eventuell Futterleder
- Schuhmacherkleber
- Gummisohle
- Lederfarbe
- Wattestäbchen

WERKZEUG FÜR EIN PAAR HERRENSANDALEN

- Stechbeitel (*alternativ:* Lochzange und Cutter)
- Messer
- Bodenlederschere
- Riemenschneider
- Kantenzieher
- Hakenmesser
- Zeichenmaterial, z. B. Silberstift
- Schraubzwingen
- Raspel
- 2 Presshölzer (1 x kleiner als Sohlenform, 1 x größer)
- Flachzange

PROJEKTANLEITUNG

Um eine Sandale herzustellen, wird als Erstes eine passende Sohle ausgearbeitet. Das geht am besten in Partnerarbeit.

BRANDSOHLENMUSTER ERSTELLEN

TIPP
Genügend Zeit für die Erstellung der Sohlenform einrechnen!

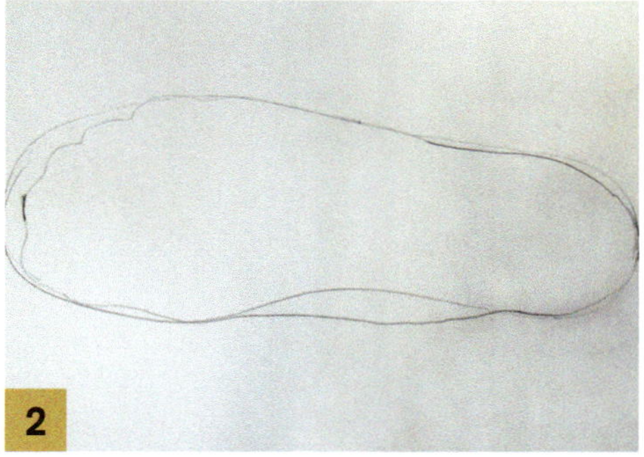

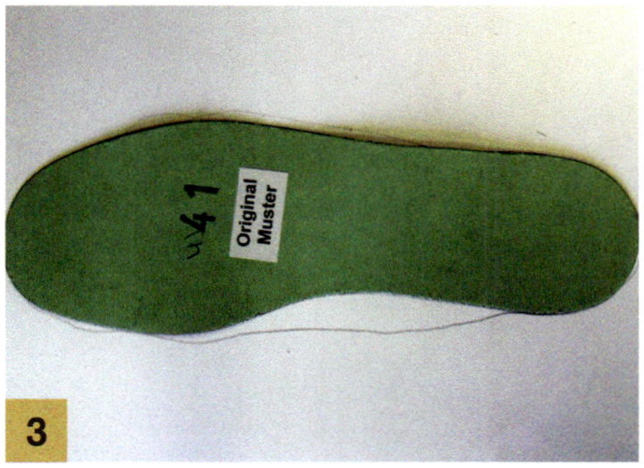

Die Sohlenform wird ermittelt.

1. Den Fußumriss abnehmen: Dazu den Fuß auf ein Blatt Papier stellen und mit einem kurzen Bleistift umranden (mit einem kurzen Bleistift kommt man besser um die Knöchel). Der Bleistift muss im rechten Winkel zum Boden gehalten werden, um Ungenauigkeiten zu vermeiden. *(Abb. 1)*

2. An der Spitze die Zehenform beachten und entscheiden, ob sich die Sandalenform nach der individuellen Zehenform richten oder frei definiert werden soll. Die gesamte Form der Sandale hängt davon ab.

3. Fußumriss und Sohlenform anpassen. *(Abb. 2, 3)*

4. Die konstruierte Brandsohlenform auf das Brandsohlenmaterial übertragen, ausschneiden und die Ränder plan schleifen. *(Abb. 4)*

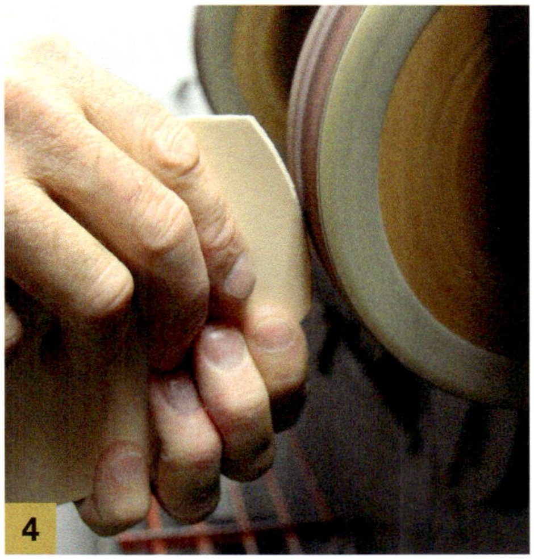

Das Schleifen der Brandsohlenform

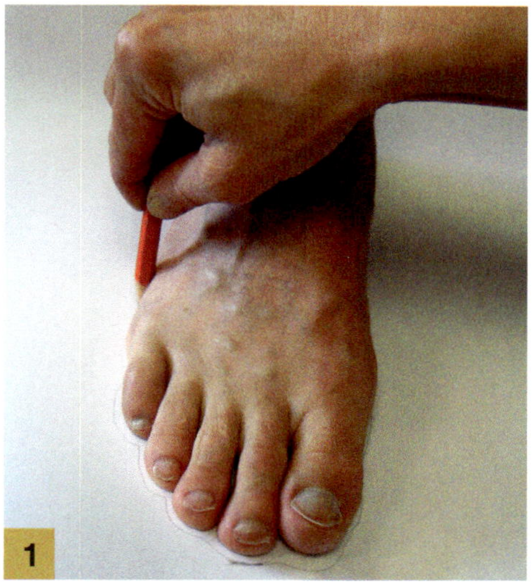

Das Ausmessen des Fußes

TIPP
Grundsätzlich gilt: Die Brandsohle der Sandale ist länger und schmaler als die ausgemessene Fußsohle! Das wirkt nicht nur optisch besser, sondern verbessert auch die Passform der Sandale.

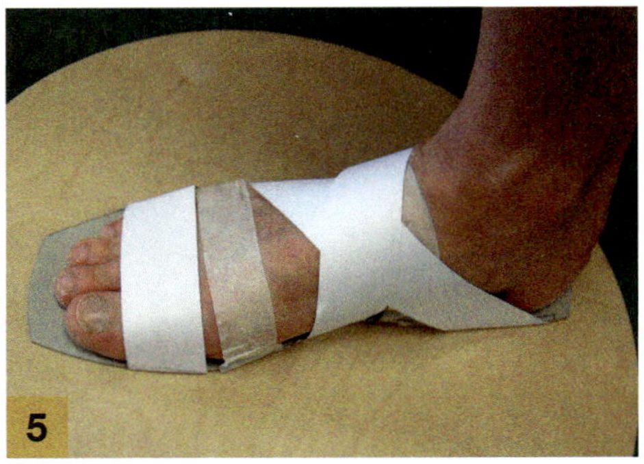

Die individuelle Anpassung der Papierstreifen an den Fuß

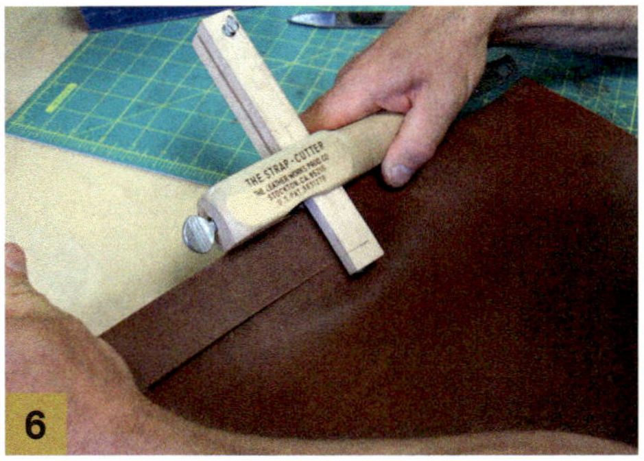

Die Riemen mit dem Riemenschneider zuschneiden.

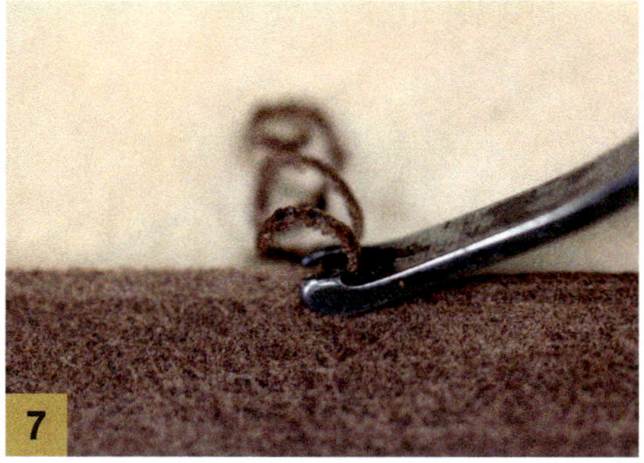

Die Riemenkanten mit dem Kantenzieher abhobeln.

SANDALENSCHAFT

1. Zusätzlich eine Brandsohlenform aus Pappe herstellen. Mit Papierstreifen in 3 cm Breite die gewünschte Riemenkonstruktion imitieren und am eigenen Fuß testen, indem die Streifen um die Pappsohle geklebt werden. Die Enden der Papierstreifen auf der Unterseite der Pappsohle markieren und die Markierungen auf die Brandsohle übertragen. *(Abb. 5)*

2. Mit dem Riemenschneider einen 3 cm breiten Riemen über die ganze Länge des Leders schneiden. *(Abb. 6)*

3. Wenn nötig, alle benötigten Lederriemen hinterkleben. Sehr dehnbares Leder sollte zur Sicherheit noch ein textiles Zwischenfutter bekommen, denn die Riemen werden später stark belastet.

4. Mit dem Kantenzieher die Lederkanten abhobeln. *(Abb. 7)*

5. Riemenschnittkanten mit einem Permanentmarker oder Lederfarbe und einem Wattestäbchen einfärben. *(Abb. 8)*

Einfärben der Riemenkante mit einem Wattestäbchen

ACHTUNG!

Berücksichtigen Sie, dass für den Winkel, mit dem die Riemenenden auf die Sohle treffen, zusätzliches Riemenmaterial benötigt wird und deshalb die Riemen wesentlich länger zugeschnitten werden müssen.

TIPP

Riemen können ohne Riemenschneider auch mit dem Messer entlang einer Schiene gleichmäßig geschnitten werden.

ACHTUNG!

Riemenkanten sollten nicht auf dem kleinen Zeh enden!

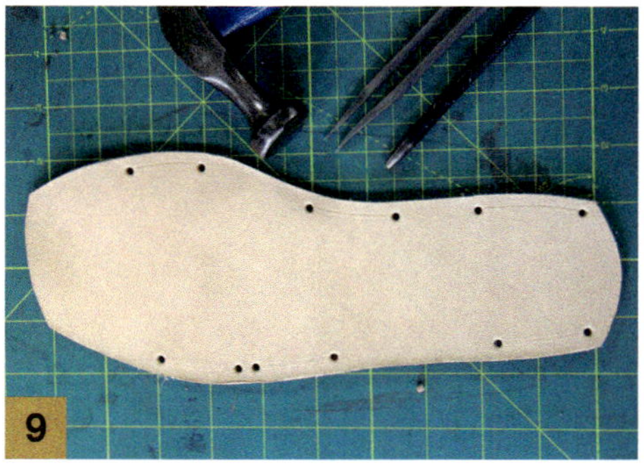

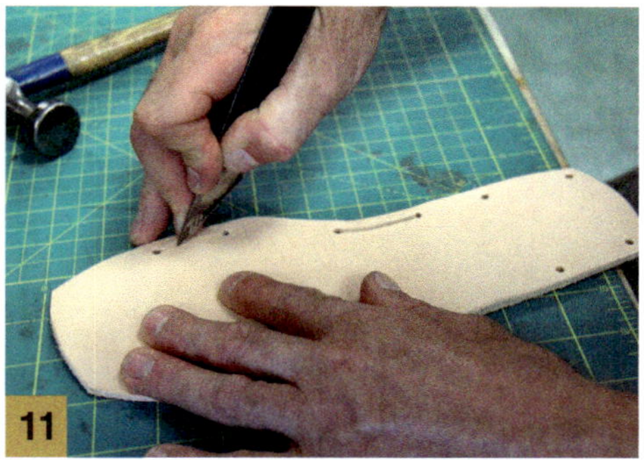

Die Schlitze schneiden.

6. Die Brandsohle an den Stellen, an denen später die Riemen hindurchgezogen, werden mit einem Stechbeitel einschneiden.
Alternativ: Anfang und Ende des Schlitzes mit der Lochzange lochen, dann den Zwischenraum mit einem Messer wegschneiden, dabei eine PVC-Unterlage verwenden. Vorsicht vor Verletzung! *(Abb. 9, 10, 11)*

7. Die Riemenenden unter die Sohle ziehen.

8. Die Riemenenden und die markierten Bereiche unter der Sohle mit Kleber einstreichen, antrocknen lassen und die Riemenenden vorsichtig auf die Markierungen kleben.

9. Wenn die Riemen festgeklebt sind, die Sandale anprobieren. Passt sie oder muss noch etwas nachgezogen werden? *(Abb. 12)*

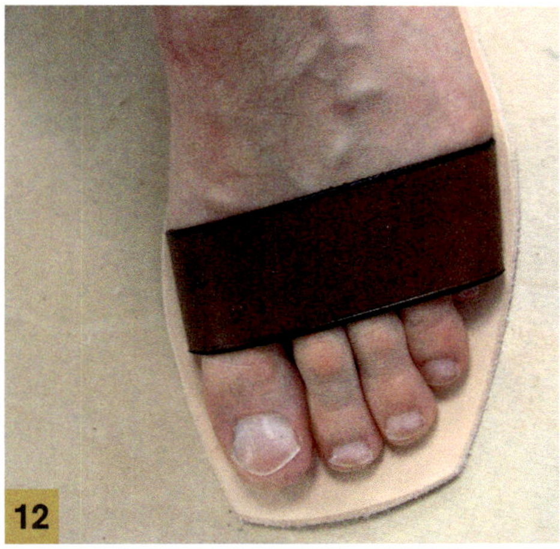

Das Einziehen des Riemens und die erste Anprobe

10. Bei Bedarf Riemen wieder lösen, überschüssige Länge auf 2 cm Einschlag zurückschneiden und den Bereich unter der Sohle, auf den die Riemenenden nun treffen, anzeichnen. *(Abb. 13)*

TIPP
Über Rist und Ballen sollte der Riemen nicht zu eng sein.

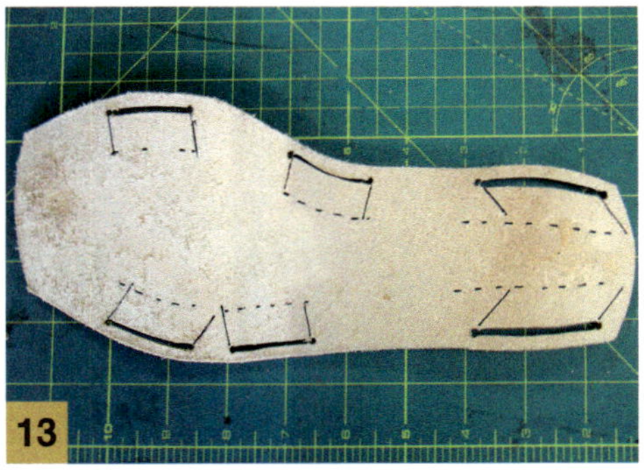

Die Unterseite der Brandsohle mit angezeichneten Riemenenden

Die Enden der Lederriemen werden unter die Sohle geklebt.

11. Die eingezogenen Enden der Lederriemen mit dem Messer ausschärfen, damit sie nicht auftragen.

12. Wenn alles richtig sitzt, Riemenenden und markierten Bereich unter der Sohle nochmals mit Kleber einstreichen, den Kleber antrocknen lassen und die Enden festklopfen. *(Abb. 14)*

Das Unterkleben der Laufsohle

BESOHLEN

1. Für die Laufsohlen das Brandsohlenmuster auf das Gummisohlenmaterial auflegen, mit einer Zugabe von 3 mm rundherum anzeichnen und die Laufsohlen zuschneiden. Für die Sandale ein leichtes und flexibles Sohlenmaterial wählen, damit sich der Schuh später gut an den Fuß schmiegt.

2. Leder- und Gummisohlen mit Schuhmacherkleber sorgfältig einstreichen, den Kleber mindestens 10 Minuten trocknen lassen. *(Abb. 15)*

3. Die Sohlen exakt aufeinanderlegen und mit der Schnellpresse oder Schraubzwingen und Presshölzern pressen. *(Abb. 16)*

4. Den Rand mit der Flachzange andrücken. *(Abb. 17)*

5. Die Sohlen rundherum auf der Schleifmaschine plan schleifen oder mit einem Hakenmesser zurückschneiden. *(Abb. 18)*

Die Sohle mit der Schnellpresse pressen.

Den Sohlenrand mit der Flachzange andrücken.

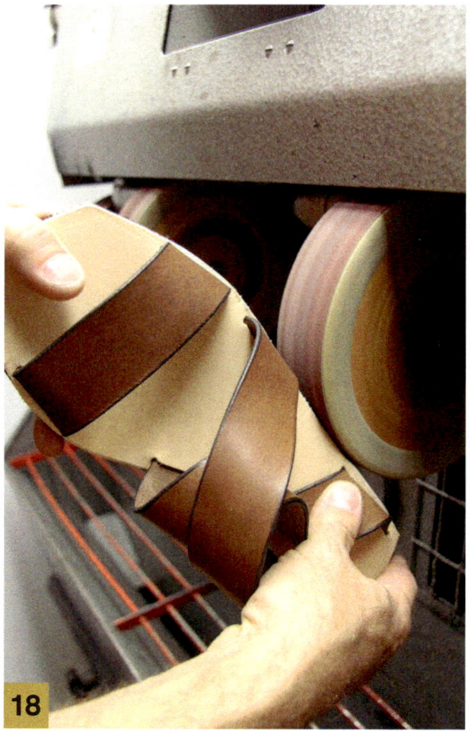

Den Sohlenrand plan schleifen.

HILFE BEI NÄHFEHLERN

VERSCHIEBUNG DER NÄHLÖCHER VON SCHAFT UND BRANDSOHLE: Wenn sich die Nählöcher an der vorderen Mittelmarkierung der Spitze nicht treffen, muss leider wieder aufgetrennt und der Fehler gesucht werden.

FILM

FALSCHER STICH: Beim Zusammennähen von Schaft und Brandsohle müssen immer beide Stiche parallel durch beide Materialien geführt werden. Sind die Fäden nicht parallel, wurde ein Fehler gemacht.
Hilfe: Wurde beim Nähen ein Stich aus Versehen nur durch ein Material gestochen, muss bis zum falschen Stich aufgetrennt und dann durch beide Materialien gestochen werden.

ZU LOCKERE NAHT: Sieht man die Stiche von außen oder wölbt sich die Naht aus Sattlerzwirn, vor dem Besohlen mit dem Bohrer von unten (Sohlenseite) in die Stiche gehen und kräftig nachziehen, die entstandene Schlaufe in die Mitte ziehen und festkleben.

ACHTUNG!
Durch die Doppelnaht entstehen zwei Schlaufen, die unabhängig voneinander gezogen werden müssen.

FILM

KNOTEN: Wenn sich beim Nähen des Sattlerstiches die Fäden verknoten: Pause einlegen!
Hilfe: Den Knoten vorsichtig lösen und weiternähen. Falls sich der Knoten nicht lösen lässt, Faden abschneiden und verfahren, wie unter „Zu kurzer Faden“ erläutert.

ZU KURZER FADEN: Wenn der Faden trotz Abmessen nicht um die ganze Sohle reicht, muss mit einem neuen Faden weitergearbeitet werden.
Hilfe: Den oben liegenden Faden auf die Unterseite ziehen, sodass beide Fadenenden auf der Unterseite liegen. Neuen Faden einfädeln, drei Nähstiche vorher mit dem neuen Faden einstechen und diese drei Stiche ein zweites Mal nähen. Die Fadenenden auf ca. 2 cm zurückschneiden und beim Besohlen unter die Brandsohle kleben.

KAPITEL 10 **DER RAHMENGENÄHTE MASSSCHUH**

Ein handgemachter zwie- oder rahmengenähter Maßschuh stellt die „Krönung" der Schuhmacherkunst dar. Sowohl beim zwie- als auch beim rahmengenähten Schuh werden Schaft und Brandsohle durch eine kräftige Handnaht mit einem selbst hergestellten Pechdraht über einem Rahmen verbunden. Wirkt das rahmengenähte Modell häufig eleganter, weil die Naht nicht zu sehen ist, so macht der zwiegenähte Schuh mit seinen zwei bis drei sichtbaren Stichreihen oftmals einen sportlich robusten Eindruck, weshalb insbesondere Stiefel zwiegenäht werden.

Der rahmengenähte Schuh war bereits im 16. Jahrhundert im europäischen Raum bekannt, wie bildliche Darstellungen belegen. Dieser handwerklich anspruchsvolle Schuh erforderte damals wie heute einen großen Arbeitsaufwand. Die dafür nötigen Werkzeuge und Materialien sind im Prinzip bis heute die gleichen geblieben. Für die ca. 180 Arbeitsschritte, die nötig sind, um ein Paar Schuhe herzustellen, braucht man mindestens sechs Tage. Doch in dieser Zeit entstehen maßgefertigte Schuhe, die individuell, funktional und ergonomisch sind und zu großem Wohlbefinden beitragen. Da für die Herstellung eines rahmengenähten Schuhs großes handwerkliches Geschick, viel Übung und besondere Schuhmacherwerkzeuge gebraucht werden, empfiehlt es sich, einen Kurs zu besuchen und die eigenen Ideen und Entwürfe unter professioneller Anleitung umzusetzen.

In einem solchen Kurs im Kurszentrum Ballenberg sind die Fotos zu diesem Kapitel entstanden, das nicht als Anleitung gedacht ist, sondern einen kleinen Einblick in die alte Handwerkskunst des Schuhmachers geben möchte.

Werkzeug

DIE MASSSCHUHHERSTELLUNG

Die Maßschuhherstellung gliedert sich in:

1. Modellentwurf

2. Ausmessen des Fußes

3. Erstellung des Brandsohlenmusters

4. Maßleistenbau (Chaussieren der Leisten)

5. Erstellung des Schaftmusters

6. Schaftbau

7. Vorbereitung zum Rahmennähen

8. Zwicken

9. Rahmennähen

10. Sohlenbau

11. Ausleisten

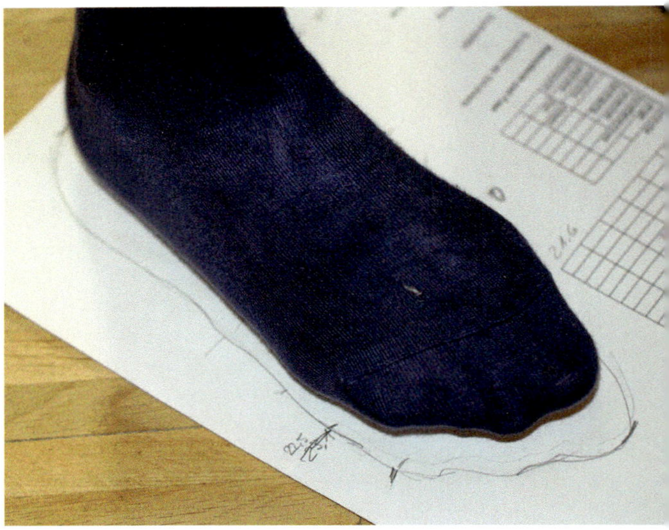

MODELLENTWURF

Detailgetreue Skizzen und kolorierte Reinzeichnungen mit entsprechenden Anmerkungen helfen, einen kreativen Entwurf für das gewünschte Schuhmodell zu entwickeln, in dem auch konstruktive Details und kleine Finessen Platz finden. Inspirationen finden sich überall: auf der Straße, in Modezeitschriften, in Schuhläden. Bevor es an die praktische Ausarbeitung geht, sollte die ästhetisch-formale und die funktionale Qualität des Schuhmodells genau feststehen, um den passenden Leisten, das optimale Oberleder, die verschiedenen Sohlen, Absatzform und -höhe, die Ausführung und Dekorationen aufeinander abzustimmen.

AUSMESSEN DES FUSSES

Damit der rahmengenähte Schuh optimal passt und keine Druckstellen verursacht, müssen beide Füße einzeln genau ausgemessen werden, denn fast immer bestehen Unterschiede zwischen links und rechts. So wird auch von beiden Füßen eine Fußumrisszeichnung mit einem rechtwinklig gehaltenen, kurzen Bleistift angefertigt, um die Schuhgröße und Schuhform zu bestimmen. Mit dem Schuhmachermaßband werden fünf Messstrecken (Zehenmaß, Ballenmaß, Vorristmaß, Ristmaß, Fersenmaß) ermittelt. In Maßblatt und Schuhformular *(siehe Anhang)* können Sie so viele Informationen wie möglich über die Füße des späteren Trägers eintragen. Eine zusätzliche Kontrolle der Füße auf Druckstellen und eventuelle Fehlstellungen gibt ebenso wertvolle Hinweise wie die Prüfung getragener Schuhe (Abnutzung des Schuhfutters, der Schuhsohle und des Absatzes). Um eine optimale Passform erreichen zu können, müssen die nötigen Korrekturen vermerkt und bei der weiteren Arbeit berücksichtigt werden.

Alle auf dem Maßblatt notierten Angaben sowie die Werte des Fußumrisses und des Fußtyps werden herangezogen, um die genauen Maße des Leistens zu definieren.

ERSTELLUNG DES BRANDSOHLENMUSTERS

Aufbauend auf den Fußumriss wird das Brandsohlenmuster erstellt, wobei die Brandsohlenform immer schmaler ist als der Umriss. Dabei ist es sehr wichtig, eine harmonische Form zu zeichnen. Die Brandsohlenform begleitet uns durch den gesamten Herstellungsprozess, entsprechend kann die Brandsohlenform auch Grundform genannt werden. Die Brandsohlenform wird zuerst aus Karton gefertigt und kann so, wenn nötig, leicht korrigiert werden. Ungeübte zeichnen die Brandsohlen fast immer zu breit, zu kurz und mit einer leichten Innendrehung der Spitze (Bananenform).

Erfahrung ist nötig, um die anatomisch-funktionalen und die modischen Aspekte gleichermaßen zu berücksichtigen. Während die Spitzenform vor allem zum modisch-ästhetischen Sektor gehört und viel Spielraum zulässt, sind die Ballen- und Fersenbereiche zentral für die Passform.

Spitze Schuhformen müssen bei gleicher Ausgangslage länger gestaltet sein als breite (auf dem Schuhformular überprüfen). Die Form der Spitze bestimmt maßgeblich die Länge der Brandsohle.

Die Absatzbreite kann je nach Mode stark variieren. Wird die Absatzform im Brandsohlenmuster zu breit gestaltet, führt das zu einem entsprechend breiten Absatz am fertigen Schuh.

Was das innere Gelenk angeht, so besteht viel Gestaltungsspielraum (außer bei Senk- und Plattfüßen), denn dieser Bereich des Schuhs wird nicht belastet und die Form kann ziemlich frei gestaltet werden. Das äußere Gelenk berücksichtigt die Fußform.

Beim Zeichnen der Brandsohle muss bereits feststehen, wie das Schuhmodell aussehen soll.

MASSLEISTENBAU (CHAUSSIEREN DER LEISTEN)

Ein perfekt passender Schuh kann nur auf einem passenden Leisten hergestellt werden. Daher wird der Leisten mit viel Akribie bearbeitet. Rohleisten gibt es in allen gängigen Größen und Absatzhöhen. Sie sind etwas größer als nötig – so ist immer genügend Material vorhanden, um die gewünschte Form auszuarbeiten.

Die Brandsohlenform wird auf die Unterseite des Leistens gezeichnet. *(Abb. 1)*

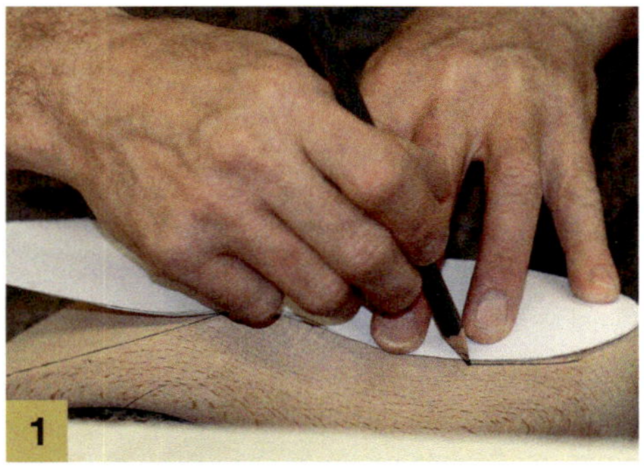
1

Überschüssiges Material wird so weit zurückgeschliffen, bis der Leisten genauso groß ist wie das Brandsohlenmuster. *(Abb. 2, 3, 4)*

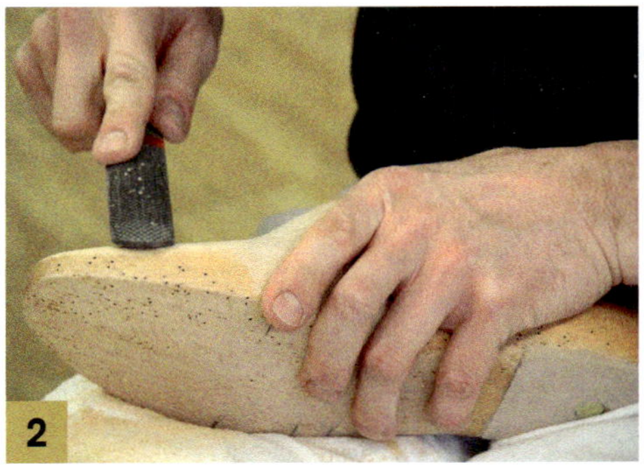
2

3

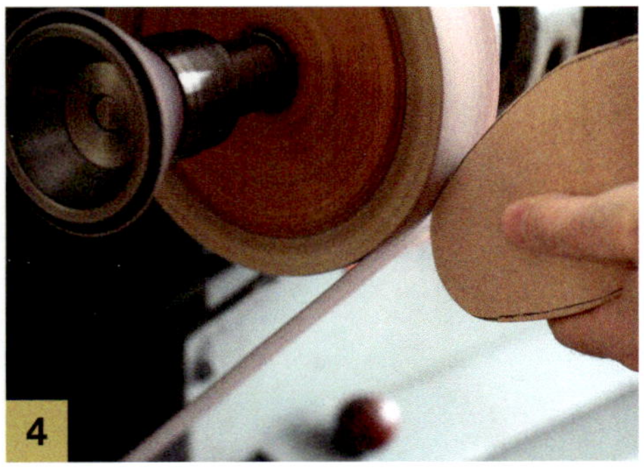
4

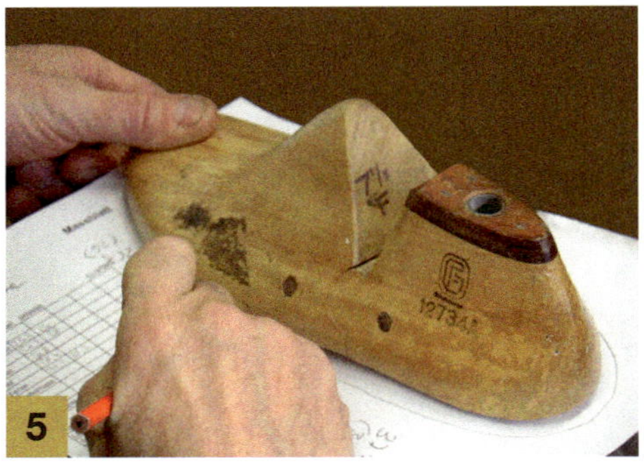

5

Anschließend wird kontrolliert, ob Fußumriss und Leistenumriss übereinstimmen. *(Abb. 5)*

Die ermittelten Messpunkte werden übertragen, der Leisten wird ausgemessen und mit den definitiven Leistenmaßen verglichen. Erst die Kombination der Maße und der gewünschten Form ergibt den optimalen Leisten. Aufbauend auf diese Synthese wird der Leisten geformt. Fehlendes Material wird mit Kork oder mit rundherum ausgeschärftem Leder aufgebaut, dabei dürfen die Lederteile nicht zu knapp geschnitten werden, damit sich fließende Übergänge ergeben. Beim Aufkleben müssen beide zu verklebenden Teile aufgeraut und entstaubt sein. Nachdem der Schuhmacherkleber beidseitig satt aufgetragen ist, werden nach ca. 10 Minuten beide Teile fest aufeinandergedrückt. Überschüssiges Material wird weggeraspelt und -geschliffen.

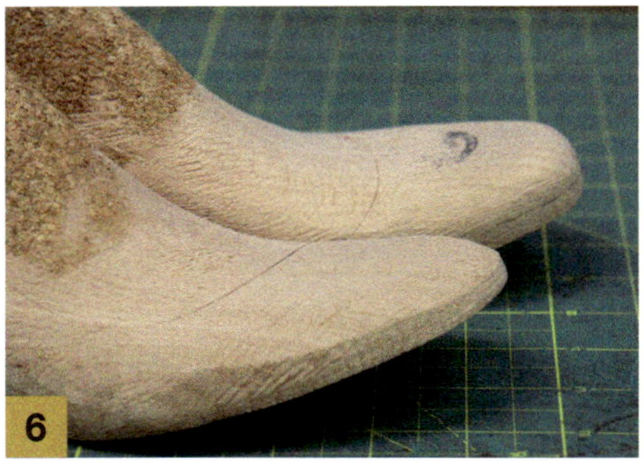

6

Ist die Grundform erarbeitet, wird die Schuhspitze herausgearbeitet. *(Abb. 6)*

Wenn Maße, Umriss und Form stimmen, wird der Leisten mit immer feinerem Schleifpapier so lange geschliffen, bis ein harmonischer Handschmeichler entsteht.

TIPP

Wird ein feiner Trikotstoff über den Leisten gespannt, lassen sich Unebenheiten gut erkennen und beheben.

7

Der Leisten gibt nicht die endgültige Form des Schuhs wieder. Der fertige Schuh wird um einiges höher, seine Form wird durch das Leder runder und auch messerscharfe Kanten werden weicher.
Die erarbeitete Form wird konsequent auch auf den zweiten Leisten übertragen, denn zum Schluss sollen beide Leisten quasi identisch sein. *(Abb. 7)*

BESTIMMUNG DER ACHSE

Um weiterarbeiten zu können, muss die Achse eingezeichnet werden. Gearbeitet wird immer mit dem rechten Leisten. Um die mittlere Achse zu bestimmen, wird ein einfaches Gummiband über die Mitte der Spitze und die Mitte der Ferse gespannt, sodass zwei optisch gleich große Hälften entstehen. Dabei hilft eine senkrecht gehaltene Lichtquelle, deren Schatten die bestmögliche Linie ergibt. Auch asymmetrische Spitzen lassen sich nach Augenmaß mittig teilen. Die Achse wird mit Bleistift angezeichnet. *(Abb. 8)*

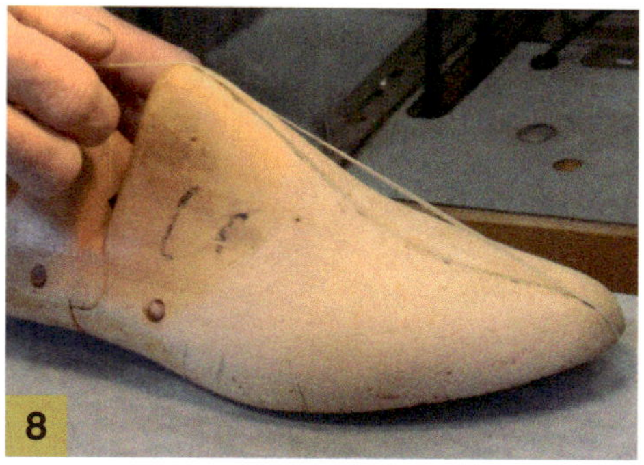

8

BALLENPUNKT: Am rechten Leisten misst man die Distanz von der hinteren Linie seitlich innen bis zur Spitze. Ein Drittel dieses Maßes wird von der Spitze über die Achse zurückgemessen. Dort liegt der Ballenpunkt.

SCHAFTHÖHE: Die optimale hintere Schafthöhe beim Halbschuh errechnet man, indem man der Leistenlänge in Stich 20 mm zugibt (Größe 38 + 20 = 58 mm). Beim Pumps errechnet sich die Schafthöhe aus Leistenlänge in Stich zuzüglich 15–17 mm (38 + 15 = 53). Das errechnete Maß wird markiert.
Zum Schluss wird die Funktion der Klapp- und Schlüsselleisten kontrolliert, um die Schuhe später auch gut ausleisten zu können. Eventuell muss das Gelenk durch Ölen gangbar gemacht werden.

ERSTELLUNG DES SCHAFTMUSTERS

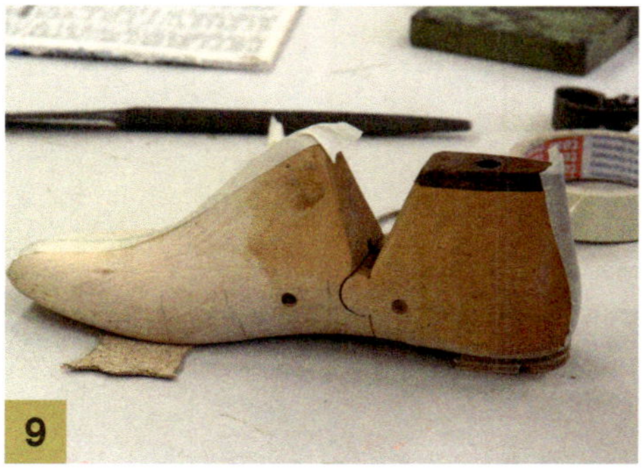

9

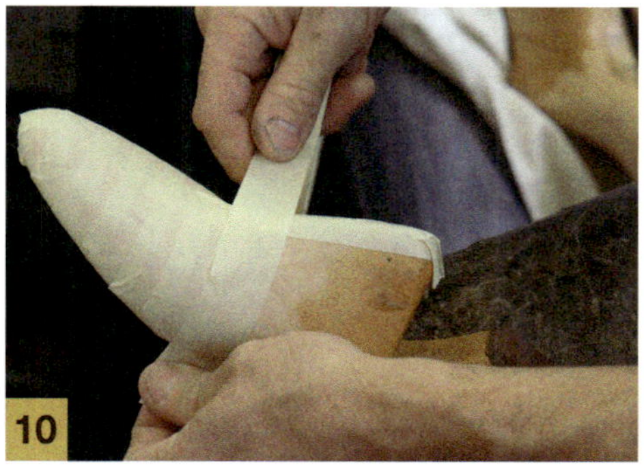

10

Da sowohl die praktische als auch die formal-ästhetische Funktion des Schuhs entscheidend vom Schaftschnitt bestimmt wird, ist genaues Arbeiten während Muster- und Schaftbau sehr wichtig.

LEISTENKOPIE: Um das Schnittmuster für den Maßschuh anzufertigen, wird aus dem dreidimensionalen Leisten ein zweidimensionaler Schnitt erstellt – die Leistenkopie. Am einfachsten lässt sich das Schnittmuster durch Abformen des Leistens mit Malerkreppband erreichen. *(Abb. 9, 10, 11)*

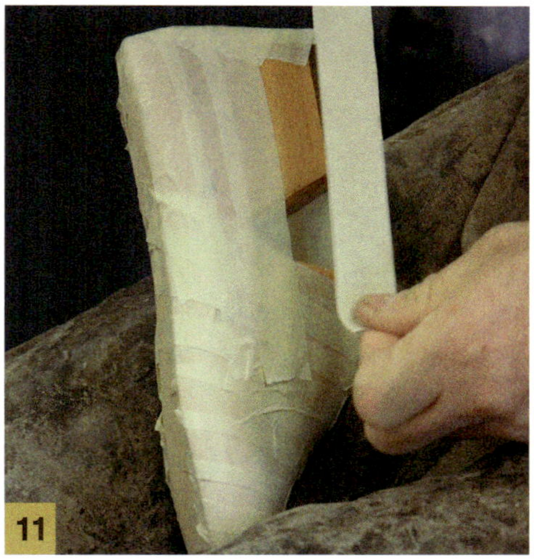

11

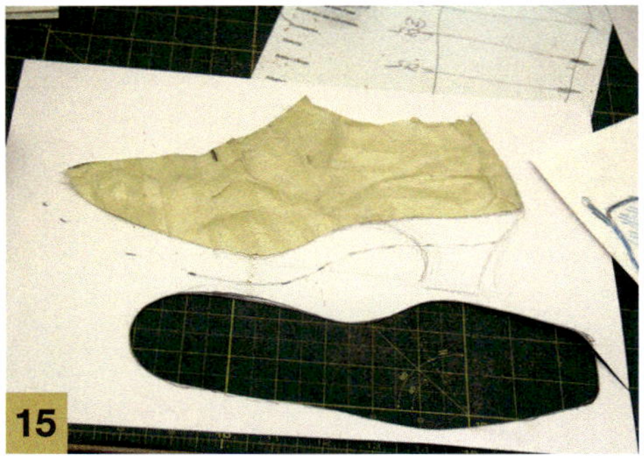

Achse, Ballenpunkt und beim Halbschuh auch die Schaftkantenhöhe werden übertragen. An der unteren Kante wird das überstehende Klebeband weggeraspelt. *(Abb. 12)*

Die Leistenkopie wird von der Spitze aus mit dem Messer entlang der Achse aufgeschnitten. *(Abb. 13)*

Die innere Leistenkopie wird sorgfältig abgelöst und auf ein ausreichend großes Papier aufgeklebt. *(Abb. 14)*

Die sich bildenden Falten werden vorsichtig nach oben und unten ausgeglichen. Dann kann man genau um die Leistenkopie herumzeichnen und Ballenpunkt (= Referenzpunkt) sowie Schafthöhe markieren. *(Abb. 15)*

Jetzt wird auch die äußere Seite der Leistenkopie gelöst, auf ein Papier geklebt und ausgeschnitten. Das Muster auf Ballenpunkt und Fersenlinie der inneren Seite der Leistenkopie auflegen. Dann wird der Umriss übertragen und eine Synthese zwischen innen und außen gezeichnet.

GRUNDMUSTER:
Auf dem Grundmuster werden alle Linien, Teile und Verzierungen eingezeichnet und anschließend kontrolliert. Alle Unterschiede zur Leistenkopie müssen berücksichtigt werden. *(Abb. 16)*

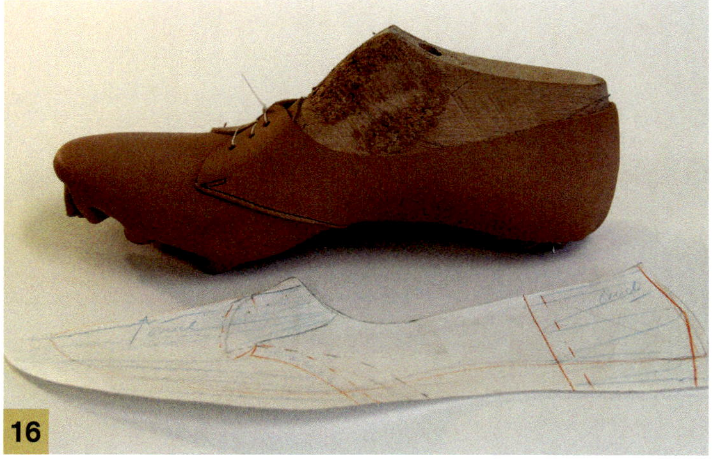

Vorn sehen Sie das Grundmuser, hinten einen Probeschuh.

Arbeitsschritte zu Erstellung des Grundmusters:
- Innen- und Außenseite egalisieren
- Schaftabschlusskante definieren
- Fersenhalt einrechnen
- Hinterkappenzugabe zugeben
- Zugabe von 2 cm zum Zwicken einberechnen
- Grundmuster auf dem Leisten kontrollieren *(Abb. 17)*

17

Beim Zeichnen der Detaillinien auf das Grundmuster ist es oft schwierig, sich die verschiedenen Teile am fertigen Schuh vorzustellen. Als Hilfe können die Linien direkt auf den Leisten gezeichnet und nachgemessen werden. Sämtliche Oberleder- sowie Futterlederteile inklusive Ösen, Untertritte usw. werden eingezeichnet, wobei man auf eine möglichst harmonische und klare Linienführung achtet. Nähte müssen nicht eingezeichnet werden, mit Ausnahme der Ziernähte.

DETAILMUSTER: Entsprechend der eingezeichneten Linien auf dem Grundmuster die einzelnen Detailmuster ausschneiden. Sie dienen als Schnittvorlage für den Zuschnitt des Ober- und des Futterleders für den Schaft. Auf die Detailmuster werden Untertritte, Ösenpunkte, Riegel etc. durch einige Punkte mit dem Bohrer übertragen, damit das Platzieren der oberen Teile präzise gelingt. Für durchgängige Kappen oder das Vorderblatt das Papier im Bruch zusammenlegen.

SCHAFTBAU

LEDER AUSSCHNEIDEN: Das Ober- und Futterleder wird beidseitig auf eventuelle Fehler geprüft. Dann alle Schnittmusterteile platzsparend auf das Leder legen, mit Gewichten beschweren, anzeichnen oder direkt um das Schnittmuster herum mit dem Messer ausschneiden. Anschließend werden die einzelnen Teile vorbereitet, an bestimmten markierten Stellen umgebugt, an anderen ausgeschärft. *(Abb. 18)*

18

19

SCHÄRFEN: Ausgeschärft wird hauptsächlich an den Stellen, an denen zwei Lederkanten aufeinandertreffen, um so einen weicheren Übergang zu schaffen. Die zu schärfenden Lederteile werden an der Schärfmaschine ausgedünnt.

AUFWALKEN: Falls es das Modell vorsieht, werden Lederteile nass gemacht und aufgewalkt, um ihre Form bleibend zu verändern. *(Abb. 19, 20)*

20

21

Die verschiedenen Schaftteile

VERSTÄRKEN: Besonders exponierte Stellen, wie Hinternaht, Riegel, Ösen etc., werden mit einem Textilband extra verstärkt. *(Abb. 21)*

NÄHEN: Vor dem Nähen fixiert man die zugeschnittenen Lederteile mit Schuhmacherkleber, um zu verhindern, dass sich die Teile beim Nähen verschieben, und näht sie mit der Nähmaschine zum Schaft zusammen. Beim Futterleder werden viele Verbindungen ausschließlich mit Schuhmacherkleber verleimt und so drückende Nähte vermieden. *(Abb. 22)*

VERBINDEN VON FUTTER- UND OBERLEDER: Die fertig genähten Futter- und Oberlederschäfte werden vor dem Zusammennähen auf der Kante mit dem Schumacherkleber verleimt. Bei Pumps und vielen Stiefeln kann der Schuh mit einer Naht fertig genäht werden. Bei Schnürschuhen werden zuerst die Schaftkante von einem Riegelpunkt zum anderen, dann die Lasche und zum Schluss der Riegel mit allen vier Schichten genäht. *(Abb. 23, 24)*

VERSCHLÜSSE: Ösen, Schnallen, Elastikgewebe oder Reißverschlüsse werden individuell am Schaft eingearbeitet.

22

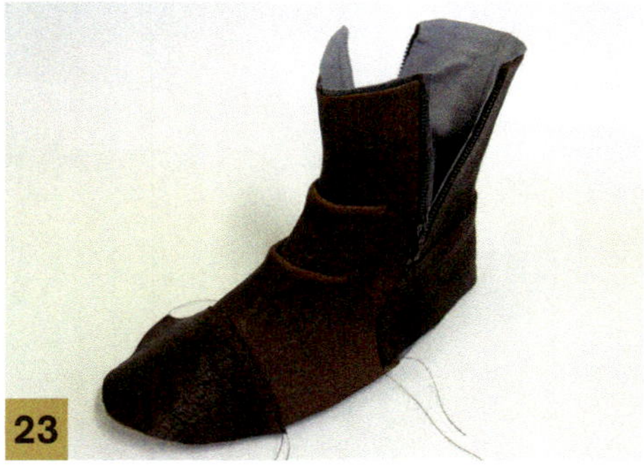

23

24

Die fertig genähten Schäfte

VORBEREITUNG ZUM RAHMENNÄHEN *(Abb. 25)*

PECHDRAHT: Für den zwie- und rahmengenähten Schuh wird ein ca. 2 m langer Draht aus Leinen- oder Hanffasern hergestellt. Da Hanf das Pech besser aufnimmt, ist es zu bevorzugen. *(Abb. 26)*

26

25

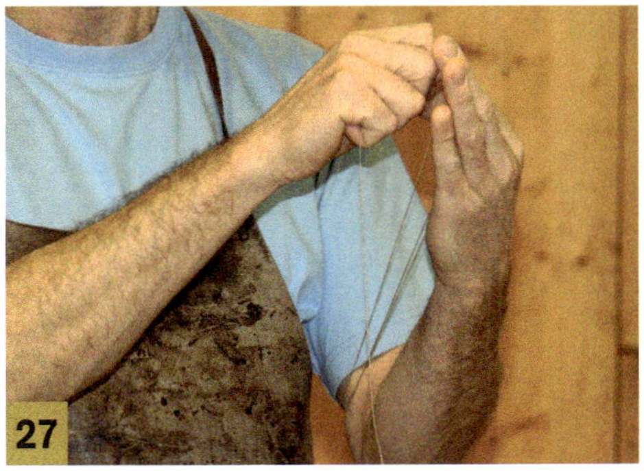

27

28

FILM

Der Hanffaden wird in gewünschter Menge aufgewickelt. *(Abb. 27, 28)*

Beim sogenannten Abwerfen werden die Hanffasern aus dem Verbund herausgezogen und ausgespleißt. Alle Fasern werden dabei gerissen und nicht abgeschnitten, da ein gleichmäßiger Faserverlauf wichtig ist. Auch der Spitzenverlauf lässt sich so gut staffeln. *(Abb. 29)*

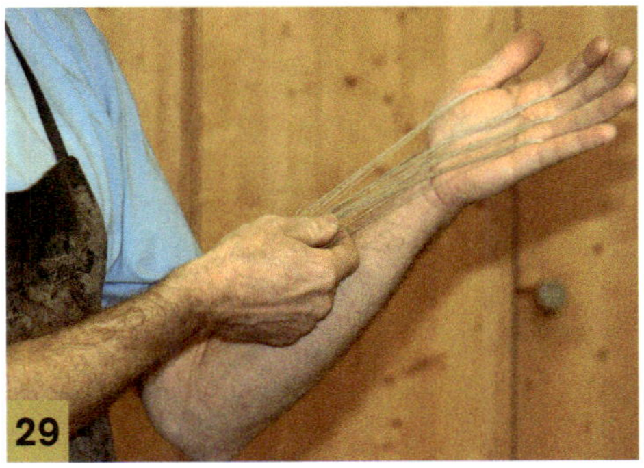

29

30

Mit dem Fingernagel durch den Draht fahren, um eventuelle Unebenheiten zu beseitigen, denn es dürfen sich keine Verknotungen oder Unreinheiten im Garn befinden. Der Pechdraht muss sehr glatt und gleichmäßig sein, damit es beim Nähen keine Probleme gibt.

Die Spitzen werden verjüngt und immer separat gepecht und gedreht, da sie beim Nähen am meisten belastet sind. *(Abb. 30)*

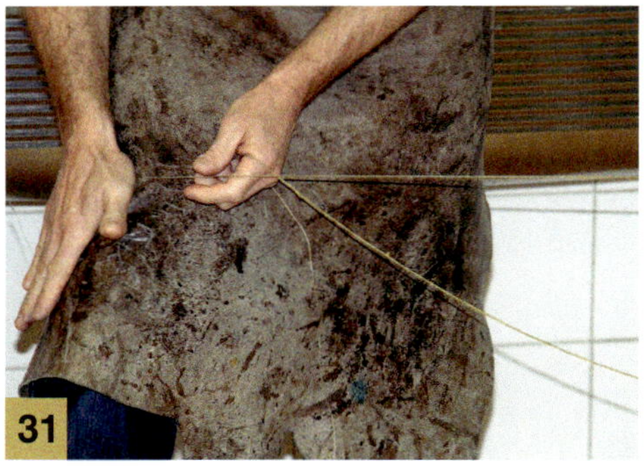

31

Dann den Draht an einen Haken hängen. Er wird nacheinander eingepecht, eingedreht, wodurch er fester wird, und eingerieben. Reiben erzeugt Wärme und treibt das Pech ins Innere des Drahtes. *(Abb. 31)*

FILM

Der Pechdraht ist nun wasserfest, das Pech hat sich fest mit den Hanffasern verbunden. Für eine bessere Gleitfähigkeit beim Nähen den Draht ganz vorsichtig durch Bienenwachs ziehen.

Wurde früher mit einer Schweinsborste als Nadel gearbeitet, verwenden wir heute Angelsehne oder Drahtborsten mit einem Durchmesser von 0,5–0,8 mm.

Zum Einfädeln werden die zugespitzten Pechdrahtenden flach gedrückt und durch das Öhr gefädelt.

Beim Verbinden des Drahtes mit der Angelsehne muss er sehr präzise aufgedreht werden. Da die Sehne kein Nadelöhr hat, kann der Draht nur durch Reibung mit der Sehne verbunden werden. Hier liegt der Vorteil in der dünnen Spitze, die den Draht nicht verletzen kann. *(Abb. 32, 33, 34)*

32

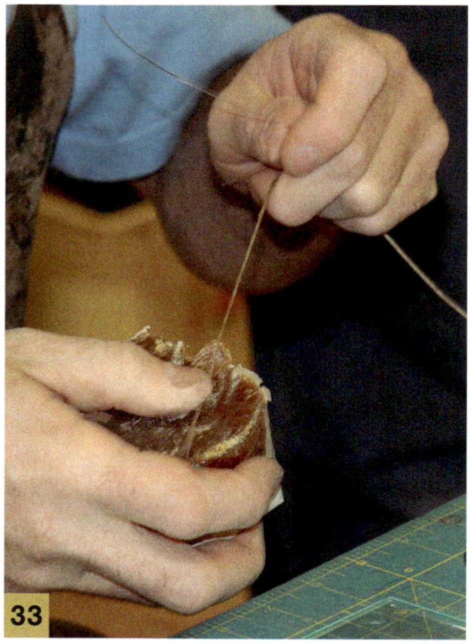

33

34

ANPASSEN DER BRANDSOHLE: Die Brandsohle wird laut Brandsohlenmuster mit einer großzügigen Zugabe von rundherum 5 mm zugeschnitten. Erst wird die oberste Narbenschicht mit einer Ziehklinge weggeschabt, damit der fertige Schuh nicht quietscht und atmungsaktiver ist, dann wird die Brandsohle für etwa 5 Minuten in einem Wasserbad eingeweicht. *(Abb. 35)*

35

36

Die noch feuchte Brandsohle heftet man mit drei Stiften auf den Leisten. Die Zwickstifte werden dabei nur bis zur Hälfte eingeschlagen und umgebogen, damit sie leicht wieder entfernt werden können. Anschließend wird die Brandsohle unter Druck angeformt, indem man sie ca. 5 Minuten auf den Leisten presst. *(Abb. 36, 37)*

FILM

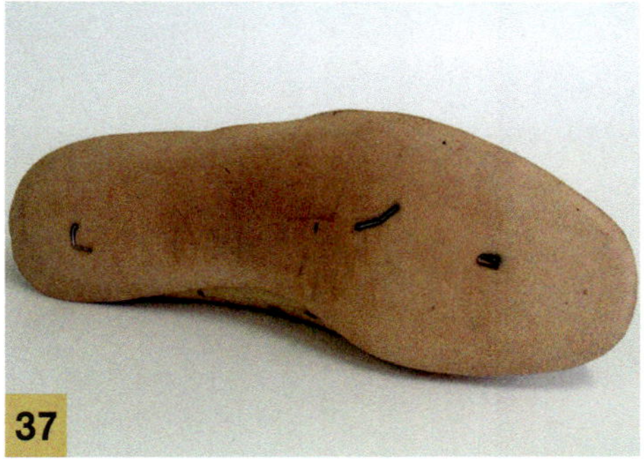

37

An die Leistenform angepasste Brandsohle

Dann schneidet man die überschüssige Brandsohlenzugabe im Leistenverlauf sehr genau mit dem scharfen Messer entlang der Leistenkante zurück und gleicht mit der Raspel aus. *(Abb. 38)*

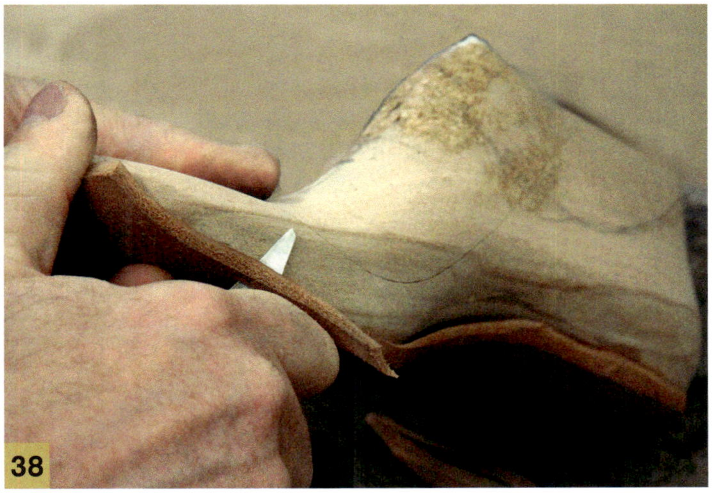

38

39

40

DIE RANGIERUNG: Die Rangierung dient dazu, den Rahmen und den Schaft mit der Brandsohle zu vernähen. Der Absatz wird nicht rangiert, man zeichnet ihn über ein Viertel der Leistenlänge ein. Die äußere Linie der Rangierung wird mit 6–8 mm Abstand von der Brandsohlenkante eingezeichnet und laut Foto mit dem Messer auf halbe Materialstärke eingeschnitten. *(Abb. 39)*

41

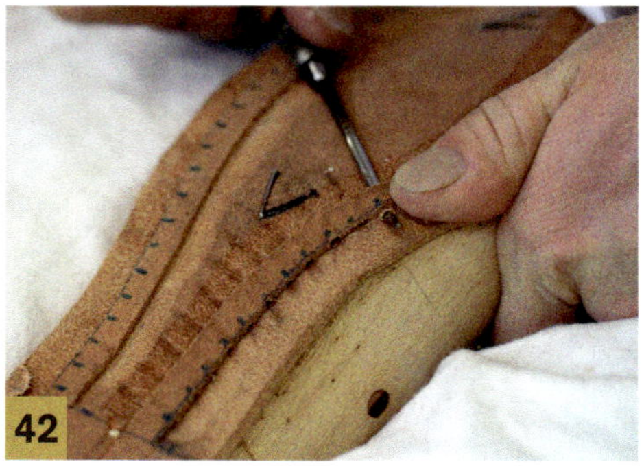

42

Dann wird der Riss geöffnet und mit dem Rangiermesser bis auf die halbe Brandsohlendicke zurückgeschnitten. *(Abb. 40)*

Die Breite der Rangierung von 8 mm wird mit dem Zirkel eingezeichnet und mit dem Messer wieder auf halbe Materialstärke eingeschnitten. Der innere Riss wird geöffnet. Dann hobelt man mit dem Rangiermesser das Leder verdünnend weg, sodass ein Einstechdamm von ca. 8 mm Breite und 2 mm Höhe stehen bleibt. *(Abb. 41)*

Anschließend werden alle Löcher mit der Plattahle vorgelocht: Der Stichabstand beträgt außen 8 mm und an der Spitze 6 mm. *(Abb. 42)*

Sind alle Löcher vorgestochen, wird der Leisten mit der rangierten Brandsohle in eine feuchte Zeitung gewickelt. Die Sohle muss bis zum nächsten Arbeitsschritt feucht bleiben.

VORBEREITEN DER VERSTÄRKUNGEN: Der zusammengenähte und gefütterte Schaft benötigt noch Verstärkungen an der Spitze und der Ferse, um Stabilität und Haltbarkeit zu garantieren. Man schneidet zwei Vorderkappen (Bouts) aus Euroflex Tepp II genau nach Schnittmuster aus und streicht sie einseitig mit Schuhmacherkleber ein.

Zwei Hinterkappen werden mit der Lederschere nach Schnittmustervorlage ohne Zugabe aus dem Halsleder ausgeschnitten und mindestens 5 Minuten gewässert. Beidseitig (auch auf der Narbenseite) schärft man sie auf einer Glasplatte gut aus, dabei lässt man die Oberkante und Seite auf null auslaufen, die Unterkante nur auf halbe Materialstärke. Um den Leim besser aufnehmen zu können, werden die Hinterkappen anschließend auf einer weichen Unterlage mit einer Ziehklinge ausgeschabt und feucht in eine Zeitung gewickelt. *(Abb. 43)*

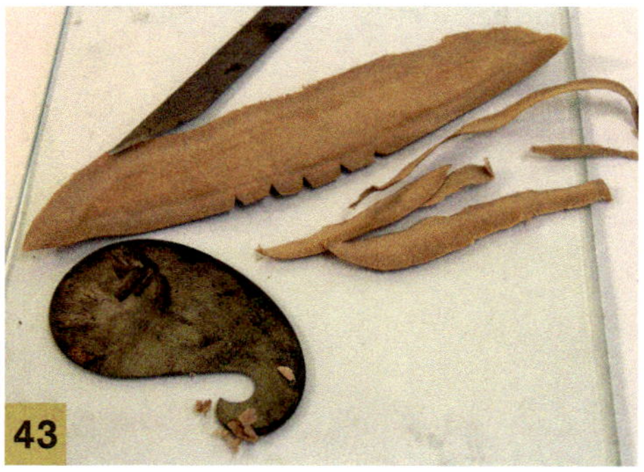

43

Hinterkappe aus Halsleder

ZWICKEN

Die Brandsohle ist auf dem Leisten befestigt und der genähte Schaft liegt bereit. Bevor man den Schaft auf den Leisten zwickt, werden alle bisherigen wichtigen Arbeitsschritte kontrolliert.

GRUNDSÄTZLICHES ZUM ZWICKEN: Gezwickt wird mit Zwickstiften und der Zwickzange, mit der die Zwicknägel auch wieder entfernt werden können. Durch Zwicken wird der fertig genähte Schaft an den modellierten Leisten angeformt. Die Zwickstifte werden nur zum Befestigen gebraucht und alle müssen nach dem Kleben oder Nähen wieder entfernt werden. Besondere Sorgfalt ist beim Zwicken an Spitze und Ferse nötig, da das Zuviel an Ledermaterial faltenfrei über die Leistenkante gezogen werden muss. Beim Zwicken zeigt sich, ob der Schaft richtig genäht wurde. Das Leder muss im richtigen Verhältnis gespannt und mit genügend Nägeln an den richtigen Stellen befestigt sein sowie die korrekte Zugrichtung aufweisen.

44

EINKLEBEN DER HINTERKAPPE: Bevor man mit dem Aufzwicken des Schaftes beginnt, muss die Hinterkappe eingeklebt werden. Die Hinterkappe ist nicht symmetrisch. Die tiefere Seite kommt nach außen, da der äußere Knöchel tiefer liegt. Man trägt den wasserlöslichen Hinterkappenkleber nur einseitig auf die Hinterkappen auf. So sind noch Verschiebungen während des Zwickens möglich. *(Abb. 44)*

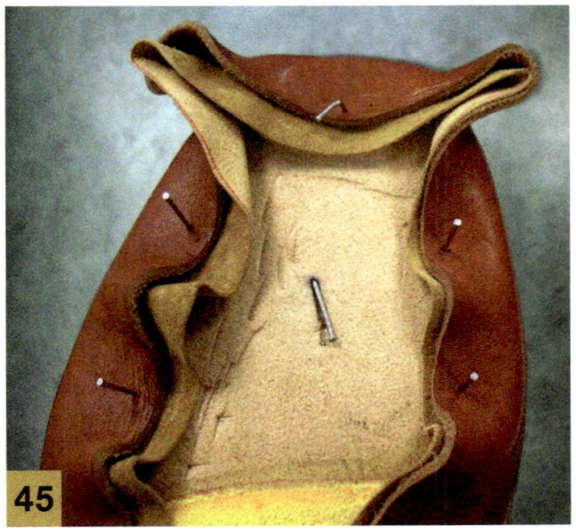
45

VORHOLEN DES SCHAFTES: Durch das Vorholen fixiert man den Schaft auf dem Leisten, um ein späteres Verziehen zu verhindern. Fünf Zwickstifte werden eingeschlagen, so bleibt der Schaft gerade auf dem Leisten und schafft eine solide Basis für den weiteren Zwickvorgang. *(Abb. 45)*

FILM

Für die ersten Arbeiten an der Spitze positioniert man den Schaft in der Achsenrichtung genau auf dem Leisten. (Er ist hinten ca. 4 cm zu hoch, damit ein besserer Fersenhalt erreicht wird.)

1. Mit der Zwickzange spannt man zuerst die Spitze und befestigt sie mit Zwickstift 1.

2. Stift 2 wird auf der Innenseite zwischen Spitze und Ballen eingeschlagen, dabei darf nicht zu stark gezogen werden, um den Schaft nicht zu verziehen.

3. Stift 3 wird genau gegenüber gesetzt (mit mehr Zug).

4. Stift 4 am Ballen auf der Innenseite setzen (mit wenig Zug).

5. Stift 5 schlagen Sie gegenüber auf der Außenseite mit mehr Kraft ein.

FILM

ZWICKEN DES FERSENBEREICHS: Das Fersenteil des Schaftes zieht man auf die richtige Höhe herunter und befestigt es mit einem Stift im Absatz.

Dann wird die Schafthöhe mit einigen Stiften fixiert, um ein Abrutschen zu verhindern. Effektives Ziehen des Futters verhindert Faltenbildungen im Schuh. Futter, Hinterkappe und Oberleder werden möglichst weit nach vorn gespannt, damit sich die Fersenpartie besser anformt. Durch Anklopfen mit der scheibenförmigen Bahn des Hammers erhält der Fersenbereich seine dem Leisten entsprechende Form. Das Leder wird in gleichmäßigen Abständen gespannt und die Stifte werden ca. 1 cm von der Kante entfernt bis zum Ballen eingeschlagen. *(Abb. 46)*

46

ZWICKEN DES FUTTERSPITZE: Dann werden die fünf Vorholstifte wieder herausgezogen, die Fixierung wird nun nicht mehr gebraucht. Das Oberleder wird nach hinten gelegt, das Futterleder um die Spitze gezwickt (dabei dürfen sich erst 5 mm unter der Kante Falten bilden) und das Futter angeklebt. *(Abb. 47, 48, 49)*

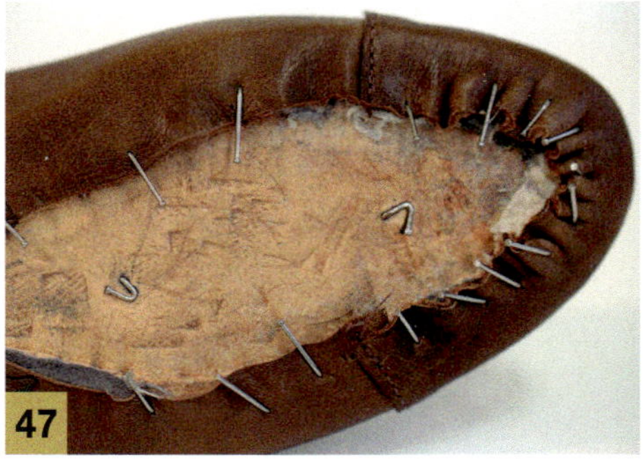
47

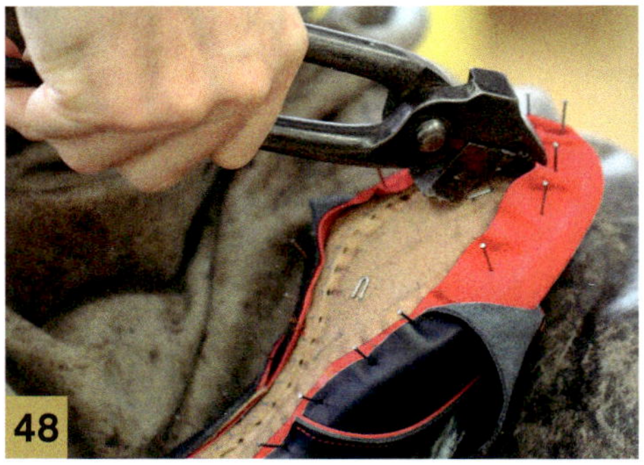
48

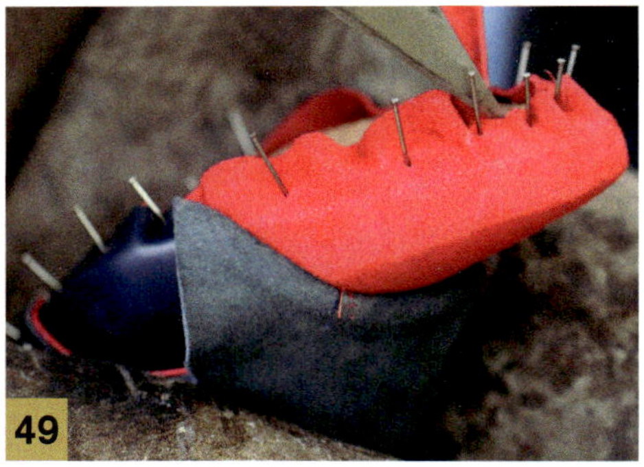
49

FILM

MONTAGE DES BOUTS: Die Länge des Bouts (ca. 5–7 cm je nach Spitzenform und Schuhgröße) zeichnet man im rechten Winkel zur Leistenachse ein. Schuhspitze und Bout werden mit Schuhmacherkleber gut eingestrichen, denn auch der Kleber hat eine versteifende und stabilisierende Funktion. Der Bout aus thermoaktivem Euroflex Tepp II wird mit dem Heißluftföhn auf ca. 130 °C gut erwärmt und mit leichtem Zug nach hinten faltenfrei aufgeklebt. Dabei muss zügig gearbeitet werden, da das Material schnell auskühlt. Das Zurückschleifen des Bouts mit der Maschine oder Raspel an der Schuhoberseite und der Sohle lässt sichtbare Übergänge verschwinden. *(Abb. 50)*

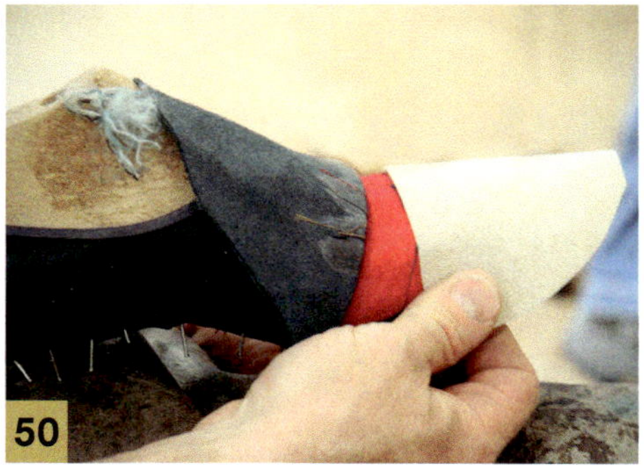
50

FERTIGZWICKEN DER SPITZE: Den Bout streicht man mit Hinterkappenkleber ein, legt das Oberleder darüber, zwickt das Oberleder mit fünf Stiften auf und verteilt die restlichen Falten, bis die Spitze faltenfrei auf dem Leisten liegt. *(Abb. 51)*

51

KLEBEN DER FERSE: Mit einem Schraubenzieher wird der ganze Einschlag gehoben, um Schicht für Schicht verkleben zu können. Hierfür die verschiedenen Schichten mit Schuhmacherkleber einstreichen und nach der Trocknungszeit unter Zug verkleben. Anschließend werden die Zwicknägel umgeschlagen und mit der scheibenförmigen Bahn des Hammers angeklopft. Nach etwa 5 Minuten hebt man die Nägel mit dem Schraubenzieher an und entfernt alle Nägel im Fersenbereich mit der Beißzange.

HÄMMERN: Durch vorsichtiges, behutsames Klopfen mit der flachen Bahn des Schusterhammers wird das Leder des Schaftes rundherum an die plastische Form des Leistens angepasst und gleichzeitig werden die Fasern des Leders verdichtet. Mit der Finne des Hammers werden die noch bestehenden kleinen Fältchen zwischen den Zwickstiften geglättet. Störende Übergänge an Bout und Hinterkappe werden durch flaches Klopfen angeglichen.

RAHMEN: Aus Rinderhalsleder wird nun ein ca. 18 mm breiter und 3 mm starker Lederstreifen zugeschnitten. Die Länge richtet sich nach der Schuhgröße und der Schuhform. Gemessen wird der Schuhumfang plus 4 cm. Der zugeschnittene Rahmen wird gewässert und mit einer Phase und einer Nut zum Nähen vorbereitet.

52

NÄHEN: Bei der Rahmennaht wird mithilfe des Pechdrahtes die Brandsohle mit dem Schaft und dem Rahmen von Hand verbunden. Dazu braucht man eine Plattahle, ein Handleder und einen Spannriemen. Damit er besser nachgibt, den Einstechrahmen nochmals 10 Minuten vor dem Nähen in Wasser einweichen. *(Abb. 52)*

Beim rahmengenähten Schuh wird das Schaftleder bis zur Rangierung zurückgeschnitten, um die Löcher in der Rangierung sichtbar zu machen. Zur Stabilisierung schnallt man sich den Schuh mit dem Spannriemen auf den Oberschenkel. Der Rahmen wird immer im inneren Gelenk auf der Höhe des Absatzes zusammengesetzt, damit der Übergang möglichst nicht sichtbar ist.

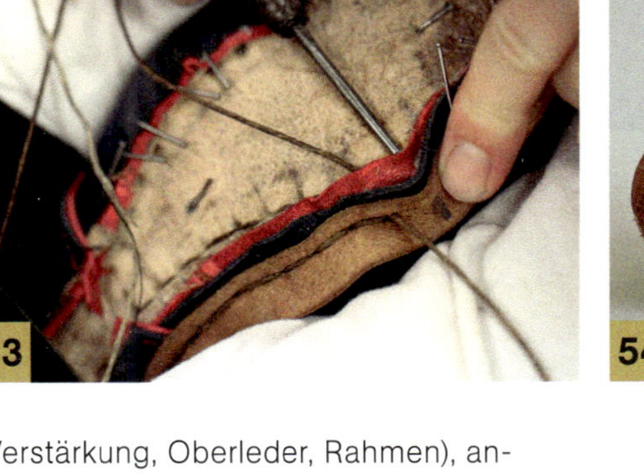

53

54

Beim Nähen wird zuerst jeder Stich nochmals mit der Plattahle vorgelocht, und zwar durch alle Schichten (Brandsohle, Futter, Verstärkung, Oberleder, Rahmen), anschließend wird der Pechdraht mit dem einen Drahtende von außen nach innen und mit dem anderen Drahtende durch das gleiche Loch von innen nach außen geführt und der Faden fest angezogen. Besonders fest kann angezogen werden, wenn der Pechdraht um die Ahle gewickelt wird. Während des Nähens zieht man die Zwicknägel fortlaufend heraus, damit sich das Oberleder gut befestigen lässt und die Nägel beim Arbeiten nicht stören. Zum Schluss die äußere Naht nach innen ziehen und verknoten. *(Abb. 53, 54)*

55

RAHMEN AN DER FERSE: Der Rahmenrest wird im Bereich der Ferse noch einmal kurz genässt, damit er sich besser an die Fersenform anpassen kann, und mit wenigen Holznägeln im Fersenbereich fixiert. Dazu mit dem Bohrer vorlochen, dann die Holznägel mit möglichst einem Schlag versenken. In die Zwischenräume werden im Abstand von 7 mm weitere Holznägel eingeschlagen. *(Abb. 55)*

FILM

GELENKFEDERN: Gelenkstücke und Gelenkfedern stabilisieren den gesamten Fersenbereich. Zuerst werden die passenden Gelenkfedern auf die Brandsohlen gelegt und so lange angeklopft, bis sie sich dem Leisten genau angepasst haben. Man zeichnet ihre Position auf der Brandsohle an und klebt sie mit Schuhmacherkleber auf den angezeichneten Bereich der Brandsohle. *(Abb. 56)*

Danach werden die Gelenkstücke aus Eurostabil Termit gemäß Schnittmuster ohne Zugabe ausgeschnitten. Brandsohle und Gelenkstück einseitig einstreichen (eine Seite ist bereits beschichtet). Das zugeschnittene Gelenkstück mit dem Heißluftföhn auf ca. 140 °C erwärmen, bis es weich ist, und über die Gelenkfeder kleben. Es muss gut angeklopft und sofort gepresst werden, da das Material schnell abkühlt. Mit der Schleifmaschine werden die Übergänge egalisiert.

56

AUSBALLUNG: Der durch die Materialstärke von Rangierung, Rahmen und Schaft entstandene Hohlraum muss nun ausgefüllt werden. Ziel ist es, die Unebenheiten in der Brandsohle auszugleichen, bevor die Zwischen- oder Laufsohle aufgebracht wird. Dazu ein Muster vom Hohlraum in der Sohle mit Transparentpapier abnehmen. Nach dieser Mustervorlage wird die Ausballung aus Einballgummi oder flexiblen Korkauflagen ausgeschnitten, leicht angeraut, mit dem Schuhmacherkleber eingeklebt und gepresst. Anschließend wird die Ausballung an der Schleifmaschine oder mit der Raspel plan geschliffen.

SOHLENBAU

Ist der Boden plan, kann die Sohle nach eigenen Vorstellungen weiter aufgebaut werden. Beispielsweise mit einer oder zwei Sohlen, genäht oder geklebt, mit Gummi- oder Ledersohle oder einer Kombination.

EINFACHE SOHLE: Ledersohlen werden in einer Stärke von etwa 4 mm formgenau, aber mit rundherum 3 mm Zugabe zugeschnitten. Die Ledersohle wird mit der Raspel aufgeraut, Ledersohle und Schuh werden mit Schuhmacherkleber eingestrichen und nach dem Trocknen verklebt. Auf der Hydraulikpresse werden die geklebten Stellen verdichtet.

Mit der Flachzange drückt man den Sohlenrand rundherum zusammen und schneidet das überschüssige Leder mit dem Messer auf Rahmenbreite zurück. Nun kann eine Laufsohle aus Laufsohlenmaterial mit einer Zugabe ausgeschnitten, aufgeraut und mit Schuhmacherkleber untergeklebt werden.

58

ABSATZMONTAGE: Zum Aufbau des Absatzes wird erst die gewünschte Form bestimmt. Die Absatzhöhe wurde ja bereits beim Leistenbau berücksichtigt.
Mit einem Karton stellt man das Absatzmuster her. Die Verläufe müssen zur Schuhform passen. Die Normallänge des Herrenabsatzes beträgt ein Viertel der Sohlenlänge plus 1 cm. Damenabsätze werden kürzer berechnet. Aus Bodenleder werden die nötigen Absatzflecke ausgeschnitten, die erst zu hoch und zu groß sein müssen, damit sie auf die richtige Form zurückgeschliffen werden können. Absatzfleck für Absatzfleck baut man den Absatz auf, indem man jeweils beide zu klebenden Flächen aufraut, entstaubt und gleichmäßig mit Schuhmacherkleber bestreicht. Dann die Teile pressen. Wenn alle Flecke verbunden sind, Schuhsohle und Absatz passgenau anschleifen, erst danach wird die richtige Höhe angeglichen. Als Abschluss wird ein Oberfleck aus Leder oder Gummi aufgeklebt. Gummi ist haltbarer als Leder und nicht so glatt, außerdem läuft es sich weicher auf Gummi.

57

AUSPUTZEN VON SOHLE UND ABSATZ: Mit dem Schleifband werden Sohlenrand und Absatzkante in eine gleichmäßige Form gebracht. Der offene seitliche Schnitt wird mit Kantenfarbe angestrichen.

AUSLEISTEN

Der Leisten hat jetzt seinen Zweck erfüllt, Schaft und Sohlen sind verbunden und der Schuh ist geformt. Der große Moment ist da: Der Schuh wird geboren.

Zum Ausleisten entfernt man eventuell vorhandene Schnürsenkel und löst die Leistenschrauben. Mit dem Leistenhaken oder dem Ausleistbock wird der Leisten aus dem Schuh herausgezogen. *(Abb. 59)*

ABSCHLUSSARBEITEN: Zum Schluss das Futter zurückschneiden, die Holznägel an der Ferse zurückraspeln, das Oberleder imprägnieren und polieren, die Decksohle einlegen oder einkleben und den Schuh anprobieren!

59

FILM

60

DER ZWIEGENÄHTE SCHUH

Der zwiegenähte Schuh unterscheidet sich vom rahmengenähten durch eine andere Rangierung, eine andere Verarbeitung des Bouts, eine andere Form des Zwickens sowie eine wesentlich robustere Boden- und Sohlenbearbeitung durch die sichtbaren Stichreihen. So hat ein zwiegenähter Schuh mit einfacher Sohle zwei sichtbare Stichreihen. Der Zwiegenähte wird nicht wie der Rahmengenähte nur bis zum Absatz, sondern rundherum genäht.

BOUT: Der Bout wird nach Schnittmustervorlage aus weichem Rinderhalsleder ausgeschnitten, in einem Wasserbad eingeweicht und sehr breit rundherum ausgeschärft.

FILM

RANGIEREN DER BRANDSOHLE: Die Brandsohle zuerst genau nach Leistenform zuschneiden, dann mit einem Kugelschreiber eine Linie mit einem Abstand von 8 mm zur Kante rund um die Brandsohle anzeichnen. Auf dieser Linie schneidet man mit einem Messer bis auf die Hälfte der Materialstärke senkrecht ein. Mit dem Bohrer und Rissöffner wird der Riss verbreitert, um mit dem Rangiermesser auf der Innenseite des Risses gut und tief schneiden zu können. Das Leder wird keilförmig herausgeschnitten und die Rangierung mit der Plattahle vorgelocht. Der Stichabstand beträgt dabei außen 1 cm, an der Spitze und Ferse 8 mm.

ZWICKEN: Im Unterschied zum Rahmengenähten wird die Vorderkappe (Bout) von Anfang an mitgezwickt. Die Zwickstifte schlägt man innen an der Rangierung knapp ein (also nicht mittig). Es braucht weniger genau ausgezwickt zu werden, da mit dem Nähen das Oberleder bereits gut angeformt wird.

RAHMENNAHT: Zum Nähen der ersten Rahmennaht wird ein Pechdraht verwendet, der während des Nähens nachgepecht wird. Stich für Stich sticht man mit der Plattahle Brandsohle, Futter, Verstärkung, Oberleder und Rahmen vor. Da die Naht sichtbar bleibt, muss sehr exakt vorgestochen werden. Beim Nähen die Zwicknägel Nagel für Nagel fortlaufend herausziehen. Die Rahmenenden stoßen im inneren Gelenk zusammen. Nach dem Nähen wird der Rahmen mit einem Winkel von 90° nach außen flach gearbeitet und überstehendes Material wird zurückgeschnitten. *(Abb. 62)*

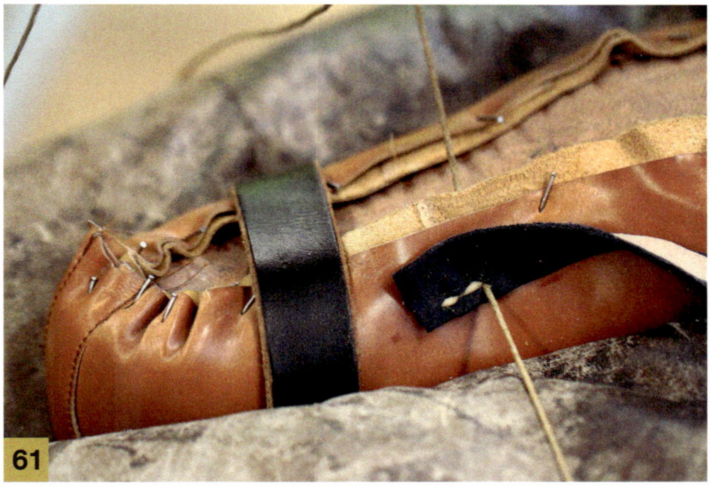

61

62

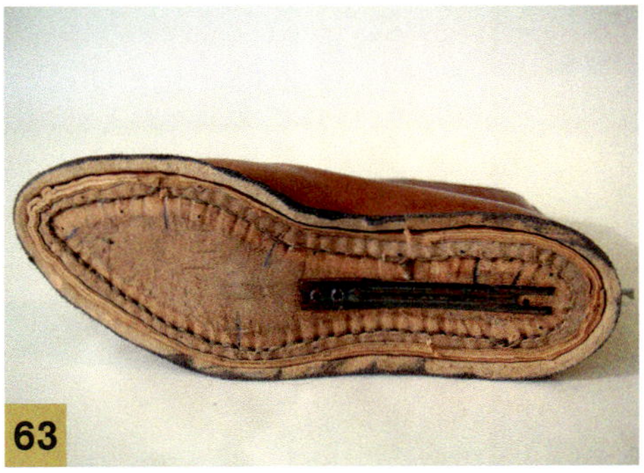

63

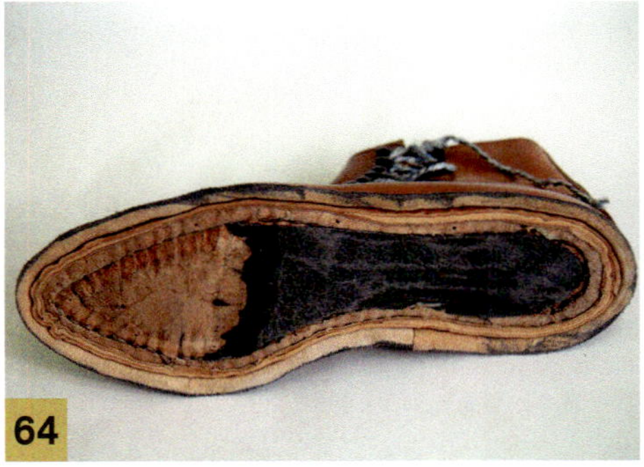

64

65

ZWISCHENSOHLENNAHT: Die zweite Naht verbindet den Rahmen und die Zwischensohle. Hier liegen die hauptsächlichen Unterschiede zur rahmengenähten Machart. Nach der Rahmennaht wird der Schuh mit einer Gelenkfeder, einer Gelenkverstärkung und der Ausballung versehen. *(Abb. 63, 64)*

Die Zwischensohle wird auf den horizontal gebogenen Rahmen geklebt. Mit dem Rangiermesser wird ein Riss auf halbe Materialstärke geschnitten, in dem der Rahmen mit der Sohle vernäht wird. *(Abb. 65, 66)*

66

67

Die Stiche liegen parallel, aber versetzt zu den Stichen der oberen Einstechnaht, das heißt an den Seiten um 5 mm, an Spitze und Ferse um 4 mm versetzt. Mit der Plattahle wird jeder Stich vorgestochen, dabei darf die bestehende Naht nicht verletzt werden. Mit dem Pechdraht in neunfacher Stärke und zwei Borsten sofort in der Mitte des Stiches der ersten Stichreihe beginnen, von oben nach unten und gleichzeitig von unten nach oben den gegenläufigen Stich zu bilden. *(Abb. 67, 68, 69, 70, 71)*

68

Als **Laufsohle** wird oft eine Profilsohle verwendet, die die Naht abdeckt und schützt. Die **Endarbeiten** entsprechen denen am rahmengenähten Schuh.

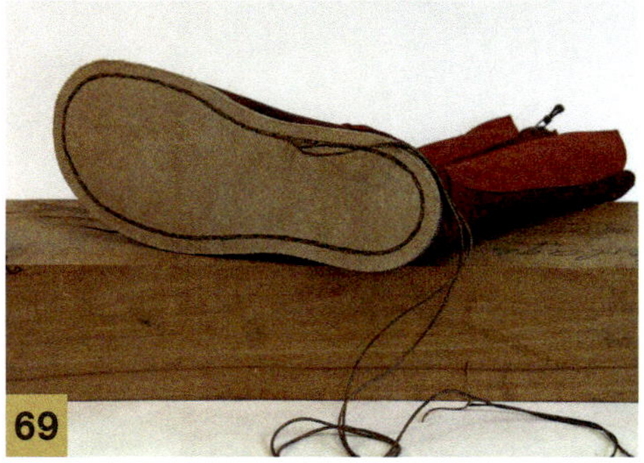
69

70

71

Werbeanzeige für Schuhpflegemittel, um 1950

KAPITEL 11 **SCHUHPFLEGE**

Damit Sie lange Freude an Ihrem selbst gemachten Schuh haben, sollte der Schuh gut aufbewahrt und regelmäßig gepflegt werden.

Wenn es der Platz erlaubt, können die Schuhe in Kartons aufbewahrt werden. Dort liegen sie trocken und lichtgeschützt. Auch Baumwollsäckchen schützen und lassen den Schuh dennoch atmen. Plastiktüten sind zu meiden, da die Schimmelgefahr zu hoch ist.

Slipper (z. B. Ballerinas) immer mit einem Schuhlöffel anziehen, um das Heruntertreten der inneren Fersenverstärkung zu vermeiden.

Dreck entfernt man am besten mit einem feuchtwarmen Tuch, dabei immer gleichmäßig und großflächig arbeiten, um Wasserflecken zu vermeiden. Besonders festen Dreck an schwer zugänglichen Stellen löst eine alte Zahnbürste.

Grundsätzlich gilt, dass Schuhe aus Glattleder, die viel getragen werden, einmal in der Woche mit Schuhcreme geputzt werden sollten. Sollte das Leder aber bereits trocken und leicht rissig oder brüchig sein, schafft eine farblose Schuhcreme auf Wachsbasis (besonders geeignet ist Palmenwachs) Abhilfe, die relativ dick aufgetragen und eingerieben wird. Mit einem Heißluftföhn vorsichtig erhitzt, zieht das Wachs tief in das Leder ein. Eine abschließende Politur bringt den Schuh auf Hochglanz und gibt dem Leder nicht nur seine positiven Eigenschaften zurück, sondern schützt es zusätzlich vor Nässe und Schmutz. Trockene Leder lassen sich auch gut mit wasserhaltigen Emulsionen behandeln. Die stark beanspruchte Schuhspitze und die Ferse besonders aufmerksam putzen. Silikone besser meiden, sie verschließen die Fasern im Leder, sodass es nicht mehr atmen und auch keine Feuchtigkeit mehr aufnehmen kann. Pflegemittel immer erst an einer verdeckten Stelle des Schuhs probieren.

Rauleder sind etwas schwieriger zu pflegen, hier hilft eine Bürste, um das Leder von grobem Schmutz zu befreien. Auch Lederseife tut gute Dienste bei stark verschmutzten Schuhen. Mit einem speziellen Radiergummi lassen sich Flecken ausradieren.

Nasse Schuhe – egal, ob die Nässe durch die Reinigung oder das Wetter verursacht wurde – am besten mit Zeitungspapier ausstopfen und in Ruhe trocknen lassen. Nicht auf die Heizung stellen!

Schuhspanner helfen, die Form der Schuhe zu erhalten.

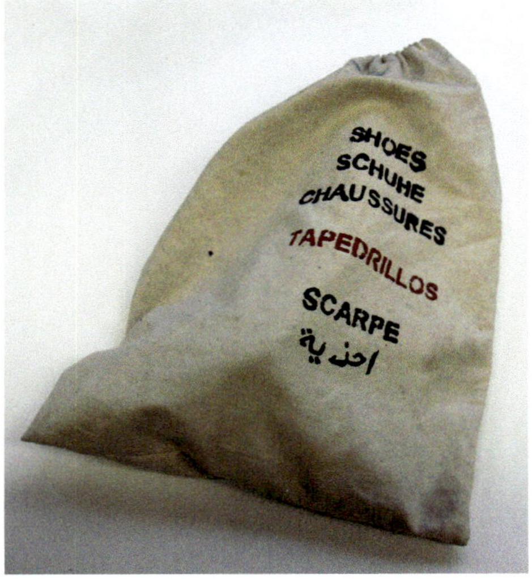

Baumwollsäckchen

Verschiedene Schuhspanner:
vorn hölzerner Schuhspanner mit Scharnier, um 1900,
dahinter hölzerne und metallene Schuhspanner mit Spiralfedern,
rechts wattiert und mit Plüsch überzogen, 1960er-Jahre

KAPITEL 12 **ANHANG**

GLOSSAR

Aasseite Unter- oder Fleischseite des Leders

Aceton Lösungsmittel für Zelluloid, Nebenprodukt der Holzessigfabrikation

Ahle Vorstechnadel

Altgerbung Spezielle Grubengerbung mit pflanzlichen Gerbstoffen (z. B. mit Eichen- oder Kastanienlohe), durch die innerhalb von mindestens zwölf Monaten Gerbzeit ein sehr haltbares und robustes Leder entsteht. Zu erkennen an der gleichmäßigen Gerbstoffverteilung im Lederquerschnitt.

Anilinleder Mit Anilinfarbstoffen im Fass vorgenommene transparente Lederfärbung, bei der Hautschäden des Leders erkennbar bleiben

Anschlag Sohlenteil der Ferse

Äschern Lockern und Zersetzen der Haarwurzeln in der Rohhaut in Kalkmilch

Ausballung Dient dem Überbrücken von Unebenheiten vor dem Aufkleben der Zwischensohle, besteht meist aus Kork oder Leder.

Ausleisten Herausziehen des Leistens aus dem Schuh

Balg Haut kleiner Tiere

Blanchieren Ausschaben und Walzen der Fleischseite

Blockabsatz Absatz mit einem Hohlraum im Gelenk

Blöße Nackte Lederhaut vor dem Gerben. Wenn sie getrocknet ist, nennt man sie Pergament.

Bodenleder Rindleder, speziell für Brandsohle und Sohlen vegetabil gegerbt

Bout Bezeichnung für die verstärkende Vorderkappe des Schuhs

Boxkalb Engl. *boxcalf*, glanzgestoßenes und gekrispeltes, feinnarbiges Chromkalbleder

Brandsohle Grundsohle (Leistenchaussiermuster). Basis, Fundament oder innere Sohle des Schuhs, die die Verbindung zwischen Schaft und Boden schafft. Diese Sohle wird durch Fußschweiß „brandig". Ist das Sohlenleder nicht richtig gegerbt, „brennt" es unter der Fußsohle.

Brandzeichen Brandstempelnarbe im Leder

Brogue Lochmuster beim Herrenschnürschuh. Kommt als Plainbrogue (nur die Schnittkanten sind gelocht), Semibrogue (gelochte Zierkanten mit Linienspiel auf einer geraden Vorderkappe) und Fullbrogue (gelochte Zierkanten und geflügelte Vorderkappenform mit Linienspiel) vor.

Büffel Rinderart, zu der unter anderen auch der Wasserbüffel gehört

Bugen Umlegen der Lederkante

Buna Künstlicher Gummi aus Kalk und Kohle (Butadien und Natrium)

CAD Computer Aided Design (Konstruieren am Computer)

Chaussieren Bearbeiten des Leistens

Chamois Weiches, griffiges Leder, mit Fischöl und Tran gegerbt

Chevreau Gebügeltes Zickelleder, von franz. *chevreau*: Ziege

Chevrette Ziegenleder

Cordovan Aus dem hinteren Teil des Pferdes gewonnenes festes Leder, aufgrund seines Glanzes auch Spiegel oder Shell genannt. Gewonnen wird es aus der mittleren Hautschicht, etwas mehr zur Fleischseite hin.

Croupon Sohlleder-Kerntafel, von franz. *croupe*: Rücken

Crust Fertig gegerbtes, gewalztes, ungefettetes Leder

Dasselfliege Stechfliege, die ihre Eier auf dem Rücken des Rindes ablegt. Wenn sich die Raupen unter der Haut verpuppen, verursachen sie Eiterungen (Löcher im Leder).

Doppeln oder Aufdoppeln Mit einer Doppelnaht werden Rahmen, Lauf- und Zwischensohle außen vernäht.

Durchnähnaht Eine die Brand-, Zwischen- oder Laufsohle verbindende Naht im Inneren des Schuhs (z. B. beim Mokassin)

Eindampfen Einweichen des Leders bis zum welken Zustand

Einstechnaht Verbindungsnaht zwischen Rahmen, Schaft und Brandsohlenlippe bei rahmen- und zwiegenähten Schuhen

Entfleischen Entfernen der Unterhaut von der Lederhaut

Enthaaren Entfernen von Haar und Oberhaut von der Lederhaut

Epidermis Oberhaut

Fahlleder Naturfarbenes (braunes) lohgares Rind- oder Kalbleder

Fassgerbung Schnellgerbung im Gerbfass

Fell Leder von Schaf und Ziege werden auch ohne Haare als Fell bezeichnet.

Ferment Wirkstoff aus Gärbakterien und Enzymen

Fermentation Gärung

Flämen Lockerer und weicher Teil einer Haut, der in der Schuhherstellung keine Verwendung findet

Fleischseite Grobfaserige Seite des Leders, auch als Aasseite bezeichnet

Fleischspalt Abgespaltene Aasseite des Leders

Futterleder Innenlederteile des Schaftes, meist weiches, flexibles und saugfähiges Leder

Futtersohle Bei einigen Fertigungsweisen drücken Nähte oder Nägel durch die Brandsohle auf den Fuß. Eine Futtersohle gleicht kleinere Unebenheiten aus.

Garnitur Verzierung, Dekoration

Gelenk Sohlenteil zwischen Absatz und Ballen

Gelenkstück Versteifung zwischen Absatz und Ballen

Glacégerbung Feinledergerbung eines Ziegenfells, ursprünglich mit Alaun, Kochsalz, Mehl und Eidotter

Grubengerbung Lohgerbung nach altem Verfahren in Gruben

Grünhaut Blöße, frisch abgezogene Tierhaut

Hälfte Über den Rücken halbiertes Rindleder

Heidermaß Einfache Messschiene zum Ermitteln der Schuhgröße

Hinterkappe Verstärkung zum Schutz der Ferse

Hydrophob Wasser abweisendes Material

Juchtenleder Mit Weidenrinde und Birkenteeröl weich gegerbtes und gefettetes Kalb- oder Rindleder

Kamm Mit Kamm wird der obere Abschluss des Leistens bezeichnet, der je nach Schuhmodell schmaler (Halbschuh) oder breiter (Stiefel) ausfällt.

Keilabsatz Durchgehender keilförmiger Absatz bis zum Ballen

Kernleder Leder von Rücken, Schild und hinterer Hälfte des Halses

Krispeln Leder wird Narbenseite auf Narbenseite umgebogen und an den Biegekanten gerollt, um es weich zu machen.

Langsohle Laufsohle, die sich lang über den ganzen Schuh erstreckt

Laufsohle Sohle mit Bodenkontakt

Leder Von mittelhochdeutsch *ledar*: durch Gerbung präparierte Tierhaut

Leisten Plastisches Modell der Synthese von Fußform und Negativform des späteren Schuhs

Leistenkopie Zweidimensionales Schnittmuster des Leistens

Lohe Von althochdeutsch *loh*: durch Brechen, Mahlen oder Zerreiben zerkleinerte Gerbrinde

Maquette Vom Leisten abgenommene Kunststofffolie, auf der der Designer das Modell skizziert. Hier auch die vom Fuß abgenommene Form, um einen individuellen Schaft zu konstruieren.

Maßleisten Ein nach individuellen Maßen erstellter Leisten

Mineralgerbung Salzgerbung, überwiegend Chromgerbung (erkennbar an der grünlichen Schnittkante)

Modellieren Erstellen des Schaftmusters

Narbenseite Feines, dichtes und glattes Fasergewebe der Lederoberfläche

Narbenspalt Abgespaltete Narbenschicht

Oberleder Lederne, Wasser abstoßende Außenteile des Schaftes

Pechgenäht Mit Pechdraht (gedrehte Hanfschnur, mit Pech und Wachs verklebt) genähte rahmen- oder zwiegenähte Schuhe

Pechdraht Die selbst hergestellte Pechschnur zum Rahmennähen wird wegen der Dicke und Steifheit als Draht/Pechdraht bezeichnet.

Pullover Schaft ohne Futter, der zur Probe und Kontrolle auf den Leisten gezwickt wird

Quadratfuß Flächenmaß für Oberleder: $1\ f^2 = 929\ cm^2$; $1\ m^2 = 10{,}76\ f^2$. Wird auf die Rückseite des Leders gestempelt.

Quartier Lederteil von Ferse bis Ballen

Rahmen (Kleberahmen) Einseitig gezacktes Lederband zum Aufkleben auf den fertig gezwickten Schuh. Die Zacken ermöglichen ein exaktes Anlegen an die runde Schuhform. Wird auf die Sohlenkante des Schaftes aufgeklebt.
(Einstechrahmen) Lederband, welches beim Rahmennähen mitgenäht wird

Rangieren Einschneiden einer Nählippe auf der Brandsohle

Saffianleder Weiches, sumachgares, pflanzlich oder kombiniert gegerbtes Ziegenfeinleder

Sämischgerbung Gerbung mit Fetten und Ölen

Schaft Oberteil des Schuhs

Schärfen Lederkanten auslaufend dünner schneiden.

Schuh Von germanisch *skohha*: Mittel zum Gehen

Schuhkappe Oberbezeichnung für alle Vorder- oder Hinterkappen

Schuster Von lat. *sutor*: Sohlenmacher, später Schuhflicker

Schwellen Auflockern des Fasergefüges der Blöße vor der Gerbung

Scotchgrain Zurichtverfahren beim Boxcalf oder Rindbox. In Schottland wurde eine Prägemethode des Oberleders entwickelt, um die Verletzungen der Häute der schottischen Hochlandrinder zu kaschieren. Grundierungen und verschiedene Farbaufträge trugen dazu bei, das Leder so charakteristisch zu prägen, dass die Vertiefungen hell, die Noppen dunkel gefärbt hervortraten. Durch die vielen Deckaufträge ist Scotchgrainleder leider nicht atmungsaktiv.

Sohle Von röm. lat. *solea*: Sandale

Sohlenriss Schnitt in der Sohle zum Versenken der Naht (Schutz gegen Abnutzung)

Spitzensprengung Abstand der Schuhspitze zum Boden. Sehr wichtig zum guten Abrollen beim Gehen.

Steifbout siehe Vorderkappe

Steppen Zusammennähen der Lederteile

Stichmaß Französisches Schuhmachermaß: 3 Stich = 2 cm (1 Stich = 0,66 cm)

Vorderblatt Lederteil um Spitze und Ballen

Vorderkappe Verstärkung zum Schutz der Zehen

Wildhäute Aus Übersee (z. B. Südamerika, Indien) importierte Häute. Erkennbar an den Brandzeichen.

Zahmhäute Häute von europäischen Zahmtieren

Zelluloid Hornartige Masse aus Nitrozellulose und Kampfer. Dient in der Schuhmacherei als Lederkitt, war einer der ersten Klebstoffe.

Zugrichtung Geringste Dehnung beim Spannen des Leders

Zurichtung Gegerbte Leder für ihren Gebrauchszweck herrichten. Veredelung der gegerbten Leder.

Zwicken Ziehen und Befestigen des Schaftes über den Leisten mithilfe von Zwickstiften, um den Schaft zu formen und die Sohle zu montieren

Zwickzugabe oder Zwickeinschlag Etwa 1,5 mm Materialzugabe am unteren Schaftrand, um Platz zum Zwicken zu schaffen

Zwiegenäht Zweifach genähte Verbindungsart für strapazierfähige Schuhe. Die erste Naht geht durch Brandsohle und Schaft, die zweite Naht durch Schaft und Zwischensohle.

SCHUHMUSEEN UND BEZUGSQUELLEN (Auswahl)

SCHUHMUSEEN

Deutschland:
Deutsches Ledermuseum / Schuhmuseum Offenbach
Frankfurter Straße 86
D-63067 Offenbach/Main
www.ledermuseum.de

Deutsches Schuhmuseum Hauenstein
Turmstraße 5, D-76846 Hauenstein
www.museum-hauenstein.de

Fagus-Werke, Schuhleistenfabrik mit Schuhausstellung
Hannoversche Straße 58
D-31061 Alfeld (Leine)
www.fagus-gropius.com

Schuhmuseum Weißenfels
Museum Schloss Neu-Augustusburg
Zeitzer Straße 4, D-06667 Weißenfels
www.museum-weissenfels.de

Österreich:
Wiener Schuhmuseum
Florianigasse 66, A-1080 Wien
www.schuhmuseum.at

Schweiz:
Bally Museum
Oltnerstraße 6, CH-5012 Schönenwerd
www.bally.com

Gentle Craft, Shoe Museum
Marquita und Serge Volken
Rôtillon 10, CH-1002 Lausanne
www.shoemuseum.ch

ORTHOPÄDIE- UND SCHUH-BEDARF

Deutschland:
Leder Adelt
Joachim-Friedrich-Straße 41, D-10711 Berlin
www.leder-adelt.de
(Schuhbedarf, Leder, Schuhmaschinen)

Rudolf Börnecke GmbH & Co. KG
Urbanstraße 100, D-10967 Berlin
www.boernecke-leder.de
(Leder)

Leder Hobby
Seestraße 103, D-13353 Berlin
www.leder-hobby.de
(Leder, Zubehör)

Leder Hofmann
Robert-Bosch-Str. 8–10
D-85235 Odelzhausen
www.leder-hofmann.de
(Leder)

Wiest GmbH
Auer Straße 33, D-89257 Illertissen
www.wiest-gmbh.de
(Leisten, Fußbettungen, Orthopädiebedarf)

Österreich:
Maximilian Hauser,
Inh. Ingrid Tichy-Schreder e. U.
Fugbachgasse 4, A-1020 Wien
www.maximilian-hauser.com
(Leder)

Ledergroßhandel Herbert Kolde
Nfg. H. Jansohn GmbH
Breitenfurter Straße 94, A-1120 Wien
www.koldeleder.com
(Leder, Orthopädiezubehör)

Helmut Kraemer GmbH
Laxenburgerstraße 105, A-1100 Wien
www.lederkraemer.at
(Leder, Werkzeug, Zubehör)

Schweiz:
Buchmann & Co
Grundstrasse 20, CH-6343 Rotkreuz
www.buchmannleder.ch
(Leder)

Max Gimmel AG
Landquartstrasse 97, CH-9320 Arbon
www.gimmelleder.ch
(Gerberei, Lederhandlung)

Hutmacher
Güterstrasse 18, CH-3550 Langnau i. E.
www.leder-gerbereien.ch/hutmacher/
(Felle, Leder)

Ortopag AG
Aarauer Strasse 42, CH-5734 Reinach
www.ortopag.ch
(Holzsohlen)

Antonio Quadranti AG
Schürbungert 42, CH-8057 Zürich
www.quadrantiag.ch
(Schnallen, Nieten, Werkzeuge)

Räber Leder AG
Seebodenstrasse 4, CH-6403 Küssnacht
www.leder.ch
(Leder)

Rudolf Roth AG
Bodmerstrasse 15, CH-3645 Gwatt-Thun
www.rothag.ch
(Schuhmaschinen, Schuhbedarf)

Siegenthaler AG
Wangenstrasse 41
CH-3360 Herzogenbuchsee
www.h-siegenthaler.ch
(Schuhmaschinen, Schuhbedarf)

Verband Fuss & Schuh SSOMV
Tribschenstrasse 7, CH-6002 Luzern
www.fussundschuh.ch
(Schweizerischer Fachverband Schuh-Service & Orthopädie-Schuhtechnik)

Hans Zbinden AG
Moosstrasse 7, CH-2542 Pieterlen
www.hanszbindenag.ch
(Leder, Schuhmacherbedarf)

Gerberei Jürg Zeller
Zelgstrasse 21, CH-3612 Steffisburg
www.gerberei-zeller.ch
(Gerberei)

VERWENDETE UND WEITERFÜHRENDE LITERATUR

Andritzky, Michael/Günter Kämpf/Vilma Link (Hrsg.): Z. B. Schuhe. Vom bloßen Fuß zum Stöckelschuh. Eine Kulturgeschichte der Fußbekleidung. Anabas Verlag. Frankfurt am Main 1998

Barbe, Josephine: Leder. Geschichte Techniken Projekte. Haupt Verlag. Bern 2007

Bazar, der. Berliner illustrirte Damen-Zeitung. Band XII. Bazar-A.G. Berlin 1859

Blattner, Max: Alles über Schuhe. Schweizerischer Schuhhändler-Verband. Rapperswil 2001

Boa, Schuhfabrik. Festschrift. Berlin 1923

Camper, Petrus: Abhandlung über die beste Form der Schuhe. Berlin und Stettin 1783

Diderot, Denis/Jean-Baptiste le Rond d'Alembert: L'Encyclopédie ou Dictionnaire raisonné des sciences, des arts et des métiers. 35 Bände. Paris 1751–1780

Dinglers Polytechnisches Journal. Jahrgänge 1828–1870. Cotta Verlag. Stuttgart 1820–1931

Durian-Ress, Saskia: Schuhe. Vom späten Mittelalter bis zur Gegenwart. Katalog zur Ausstellung im Bayerischen Nationalmuseum München. Hirmer Verlag. München 1991

Elegante Welt. Jahrgänge 1913, 1914, 1925. Berlin

Gabriel, Heinz/Arno Riedel: Schuh- und Täschnerwaren. Fachbuchverlag. Leipzig 1967

Girotti, Eugenia: Footwear. La Calzatura. Chronicle Books. San Francisco 1997, © 1986

Goubitz, Olaf/Carol van Driel-Muray/Willy Groenman-van Waateringe: Stepping through Time. Archaeological Footwear from Prehistoric Times until 1800. Zwolle 2001

Himer, Axel: Maßschuhe. Fackelträger-Verlag, Köln 2009

Journal des Luxus und der Moden. Jahrgänge 1779–1808. Verlag des Landes-Industrie-Comptoirs. Weimar 1787–1821

Kälin, Franz: Schuhe. Der Rahmengenähte (Kursbögen). Brienz 2012

Knötzele, Peter: Römische Schuhe. Luxus an den Füßen. Konrad Theiss Verlag. Stuttgart 2007

Kropf, Robert: Stammbaum der Schuhfertigungsarten. Selbstverlag. Däniken 1997

Krünitz, Johann Georg: Oeconomische Encyclopädie, oder allgemeines System der Staats- Stadt- Haus- u. Landwirthschaft, in alphabetischer Ordnung. Berlin 1773–1858

Loschek, Ingrid: Accessoires. Symbolik und Geschichte. Bruckmann Verlag. München 1993

Maissen, Placidus: Der Schuh. Fachbuch für die Schuhbranche. Umschau Verlag, Frankfurt am Main 1953

Marie-Claire. Paris. April 1959

Mazza, Samuele: Cinderella's Revenge. Chronicle Books. San Francisco 1994

Niederlücke, Ernst: Fachkunde für Schuh- und Schäftemacher. Julius Beltz Fachbuchhandlung. Weinheim o. J.

O'Keeffe, Linda: Schuhe. Eine Hommage an Sandalen, Slipper, Stöckelschuhe. Könemann Verlag. Köln 1997

Pattison, Angela/Nigel Cawthorn: Schuhe. Moden & Designs im 20. Jahrhundert. Bassermann'sche Verlagsbuchhandlung. Niedernhausen 1998

Sahm, Max: Arbeits- und Fachkunde für Schuhmacher. 5. Auflage. B. G. Teubner Verlag. Stuttgart 1960

Schuch, Monika/Christl Hamberger: Faszinierende Welt der Schuhe. Verlag Moderne Industrie. Landsberg am Lech 2000

Sulser, Wilhelm: Ausstellung Felsgarten Schönenwerd. Führer durch das Schuhmuseum der Bally Schuhfabriken AG. Bern 1948

Vass, László/Magda Molnár: Herrenschuhe handgearbeitet. Ullmann/Tandem (Könemann). Potsdam 2006

Verin, Helene: Beth Levine Shoes. Stewart, Tabori & Chang. New York 2009

Walford, Jonathan: The Seductive Shoe. Four Centuries of Fashion Footwear. Stewart, Tabori & Chang. New York 2007

Weber, Paul: Schuhe. Drei Jahrtausende in Bildern. 2. Auflage. AT Verlag. Aarau 1982

Zander-Seidel, Jutta: Kleiderwechsel. Frauen-, Männer- und Kinderkleidung des 18. bis 20. Jahrhunderts. Verlag des Germanischen Nationalmuseums. Nürnberg 2002

SCHUHFORMULAR

NAME

VORNAME

	links	rechts
• Schuhgröße bei gekauften Schuhen		
• Schuhgröße ab Umriss		
• Schuhgröße nach Heidermaß		
• Schuhgröße innen im Schuh		
• Schuhgröße an Leisten		
• Leistenform		

- Abnutzung der alten Schuhe

Besonderes zum Fuß

- Empfinden Schuhweite
- Druckstellen
- Stellung
- Breite/Länge
- Andere Bemerkungen

Schuh

- Schaftschnitt
- Leder
- Futterleder
- Rahmen
- Sohlen
- Absatz
- Absatzhöhe
- Spezielles

MASSBLATT

NAME

	Fuß unbelastet	Fuß belastet	Endmaß
• Länge			
• Zehenmaß			
• Ballen			
• Vorrist			
• Rist			
• Ferse			
• Stiefelmaß			
• Oberkante			

Kontrolle

• Länge			
• Schaftabschluss			
• Fersenhalt			
• Sprengung			
• Leistenhöhe Absatz			
• Leistenhöhe Rist			
• Ballenpunkt			

Besonderes zum Fuß

• Empfinden der Schuhweite	• Breite/Länge
• Druckstellen	• Arbeitsbeginn
• Stellung	• Chaussierkorrekturen

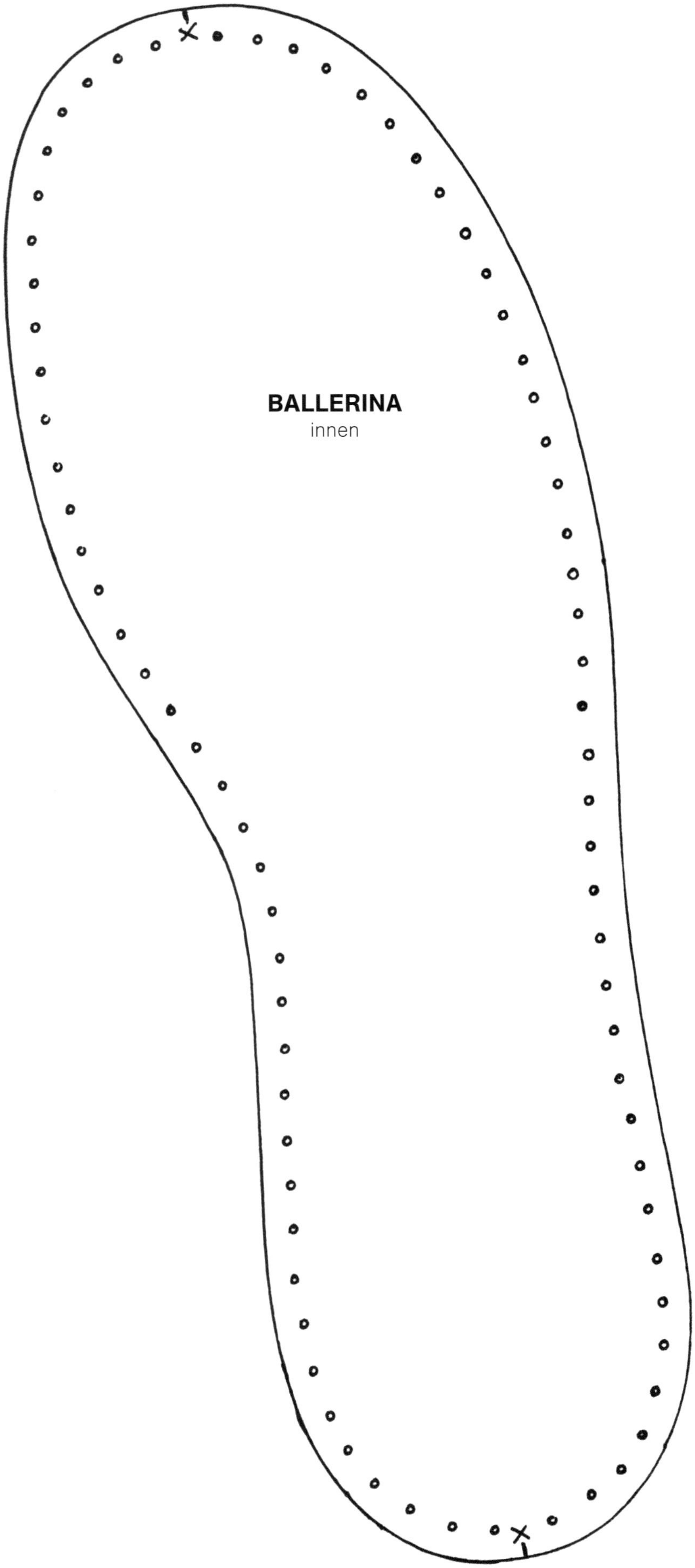
BALLERINA
innen

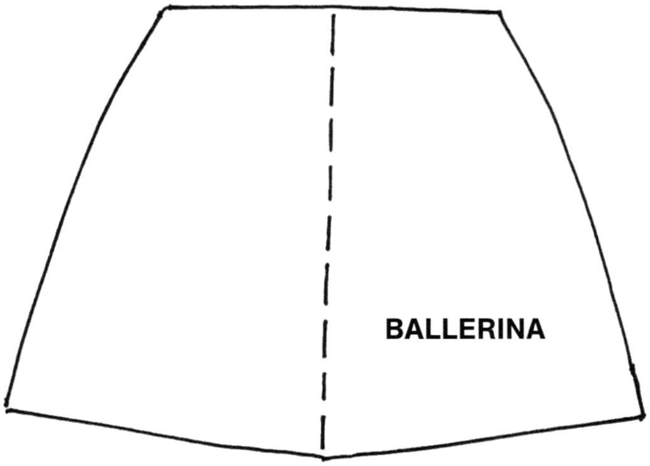
BALLERINA

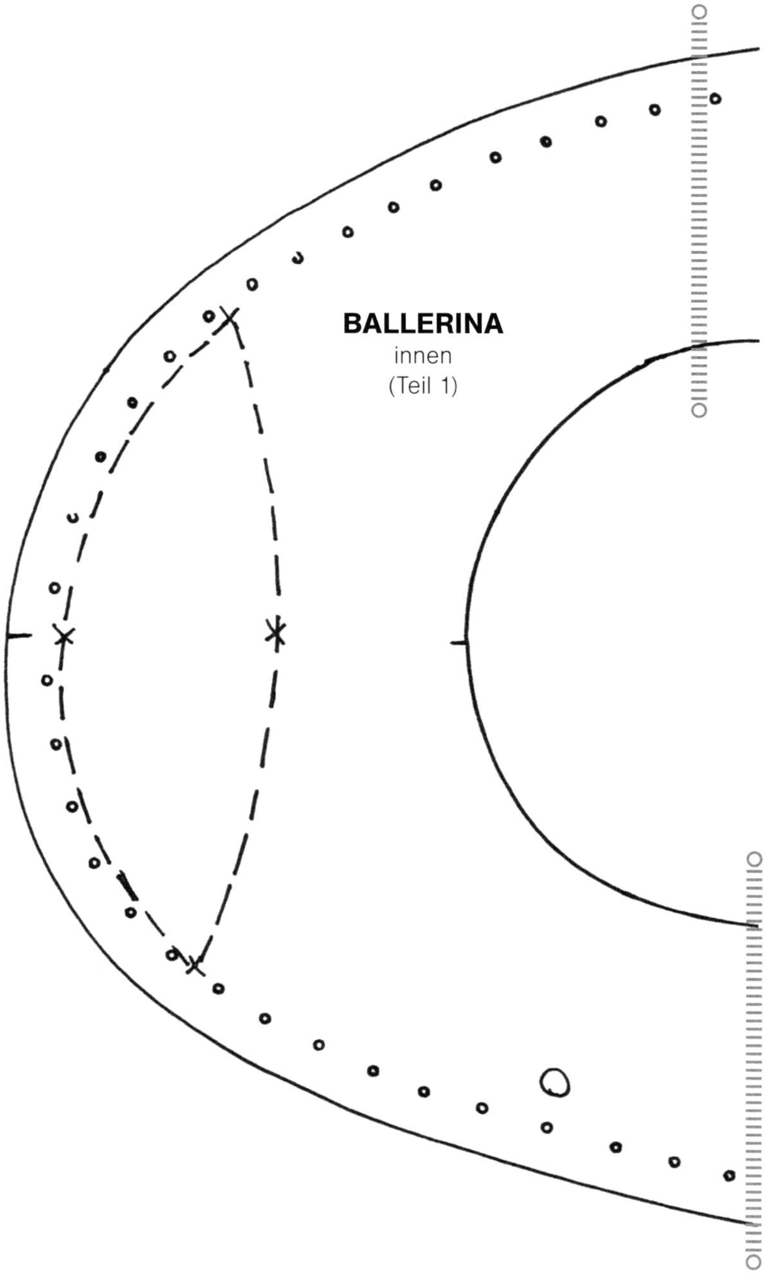
BALLERINA
innen
(Teil 1)

SCHNITTMUSTER „BALLERINA“

GRÖSSE	%
35	95 %
36	97 %
37	100 %
38	103 %
39	106 %
40	108 %
41	111 %
42	114 %
43	117 %
44	119 %
45	122 %

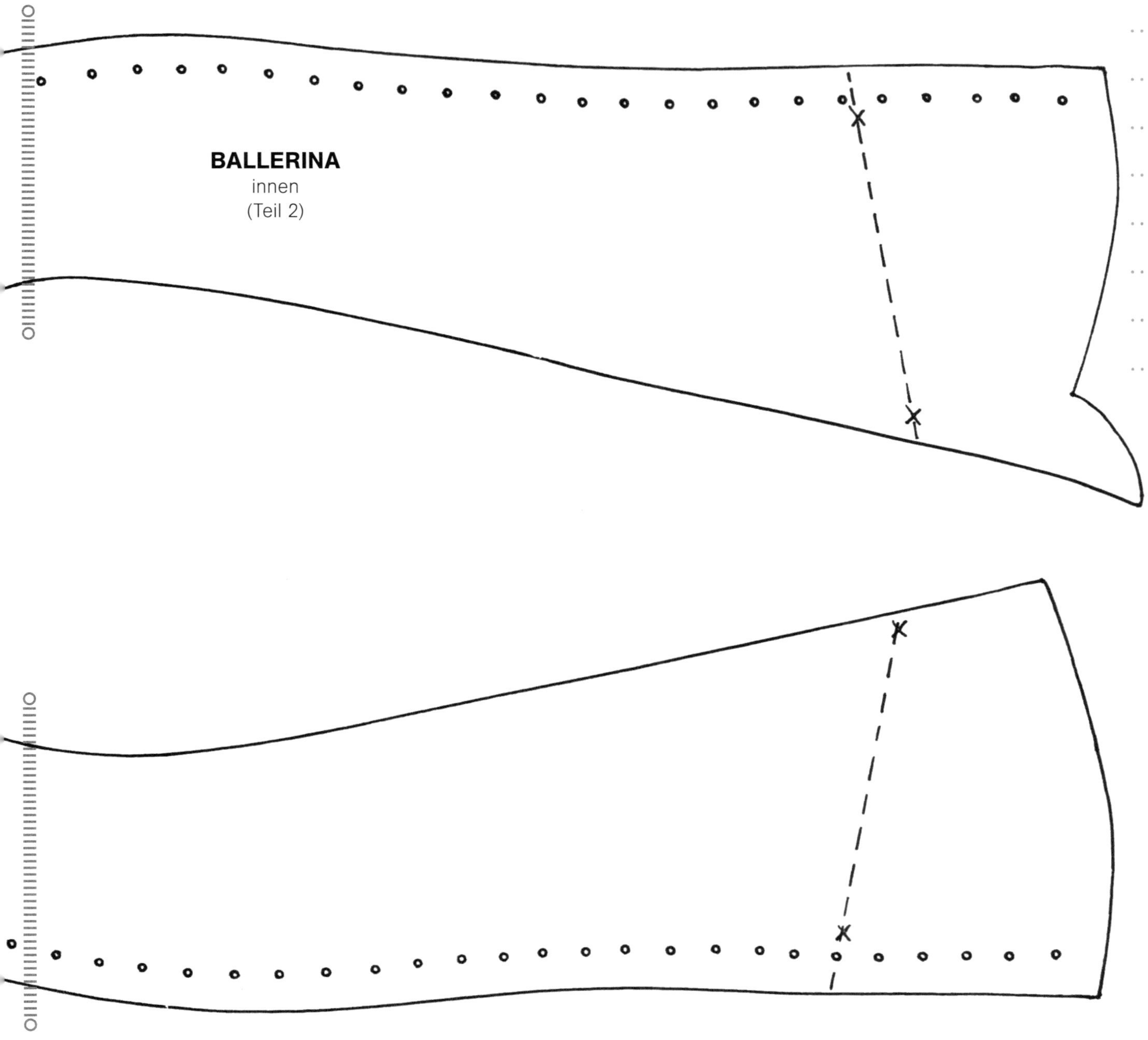

Referenzlinie: Bitte Schnittmuster an dieser schraffierten Linie zusammenkleben!

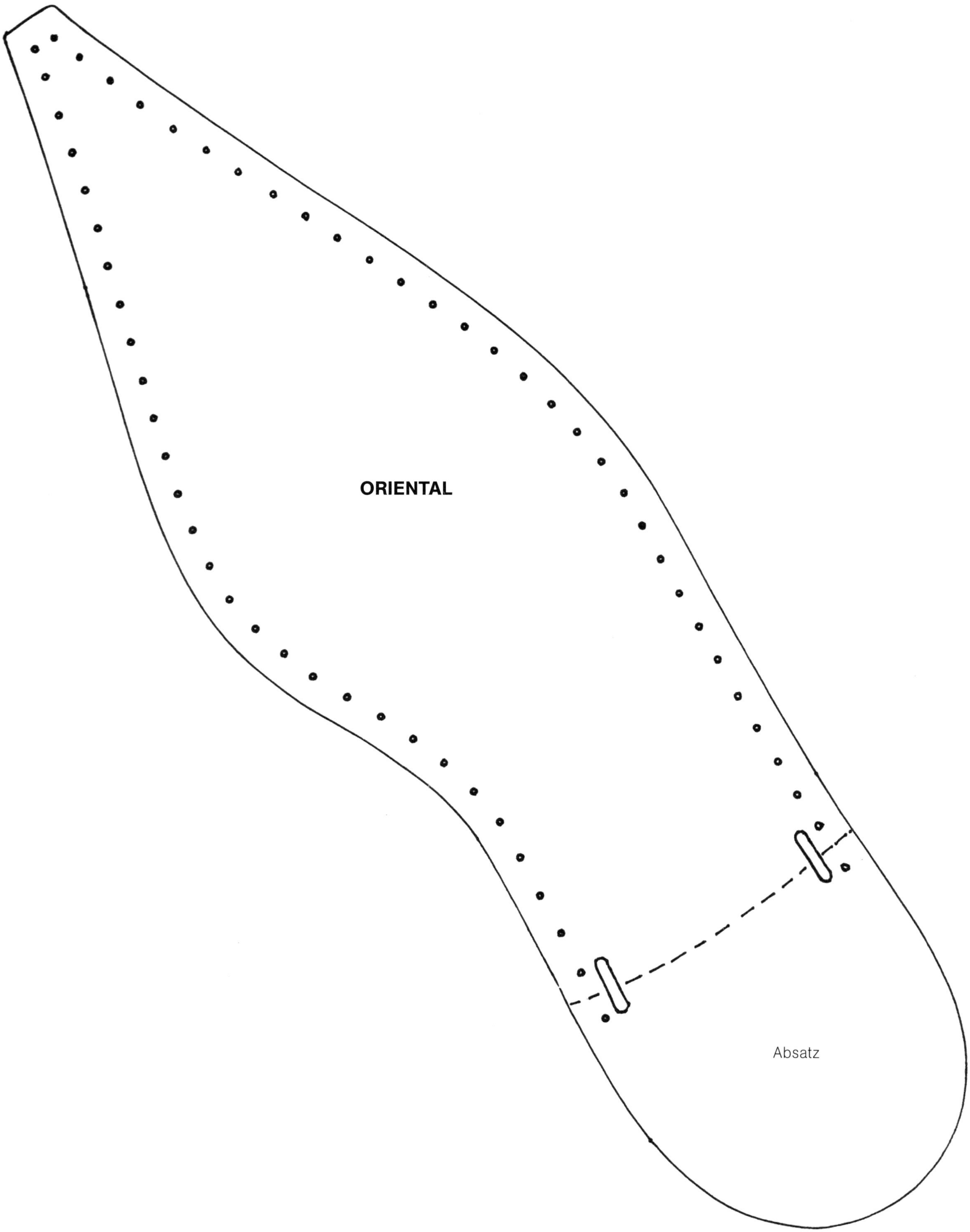
ORIENTAL
Absatz

SCHNITTMUSTER „ORIENTAL“

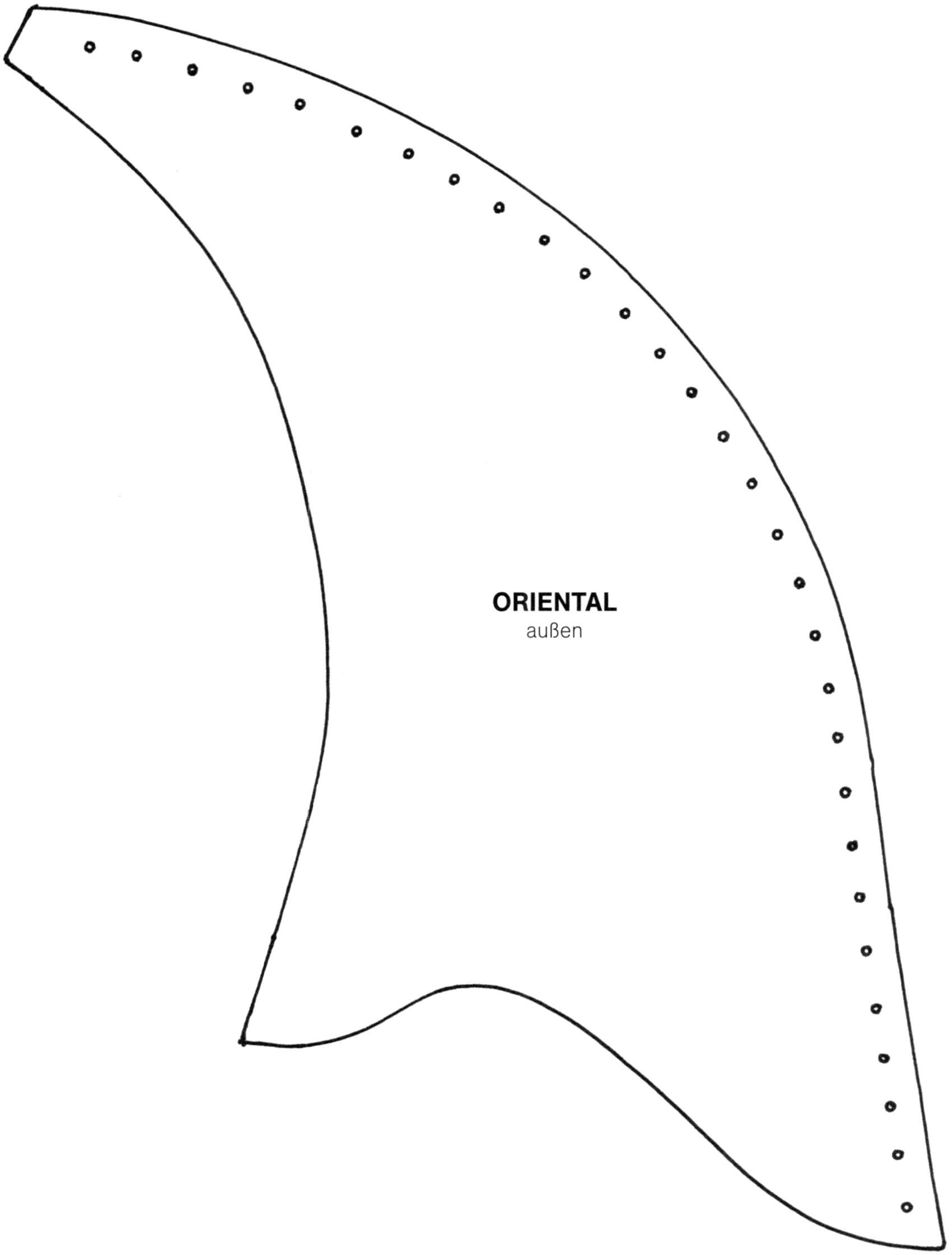

GRÖSSE	%
35	95 %
36	97 %
37	100 %
38	103 %
39	106 %
40	108 %
41	111 %
42	114 %
43	117 %
44	119 %
45	122 %

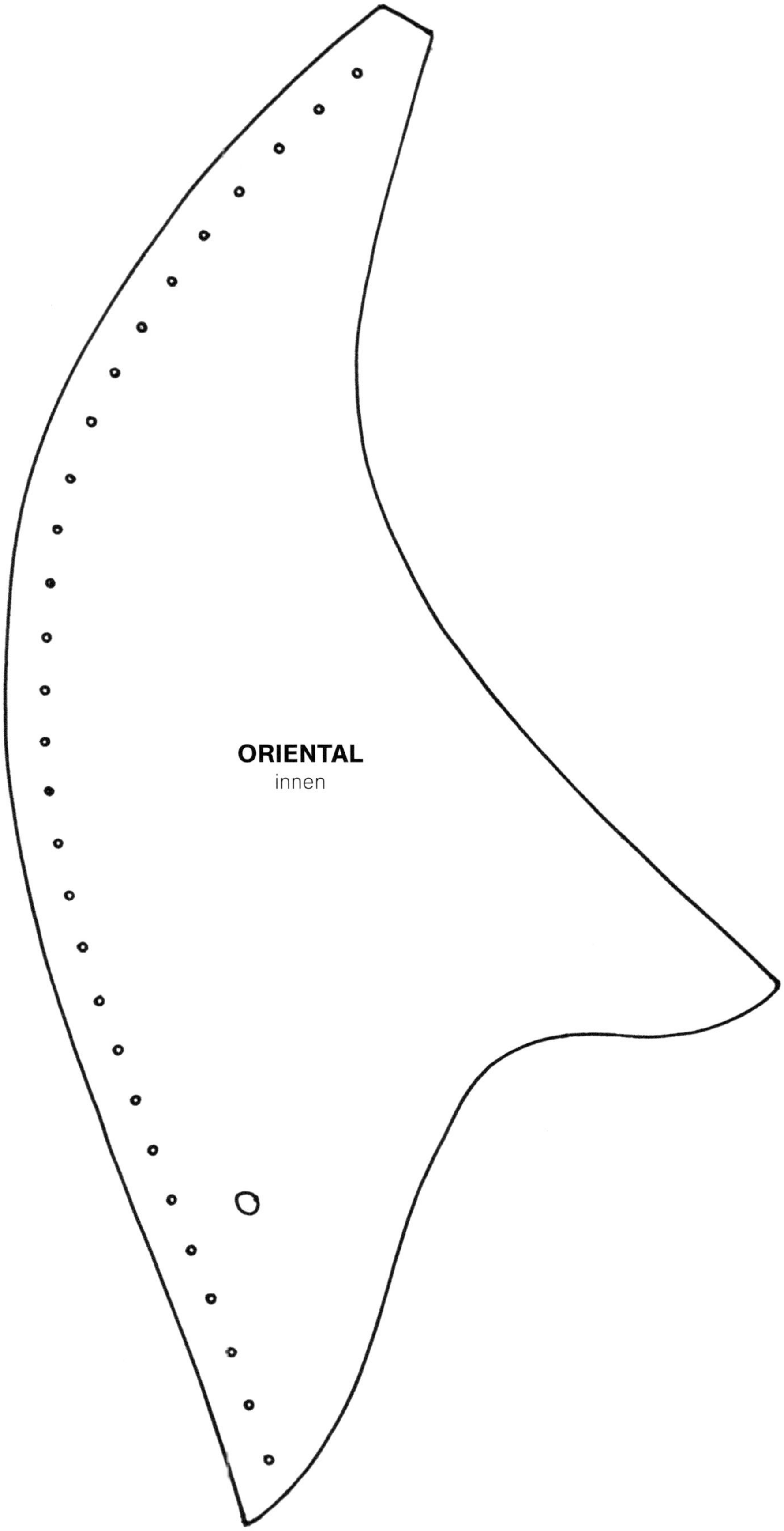
ORIENTAL
innen

SCHNITTMUSTER „ORIENTAL“

GRÖSSE	%
35	95 %
36	97 %
37	100 %
38	103 %
39	106 %
40	108 %
41	111 %
42	114 %
43	117 %
44	119 %
45	122 %

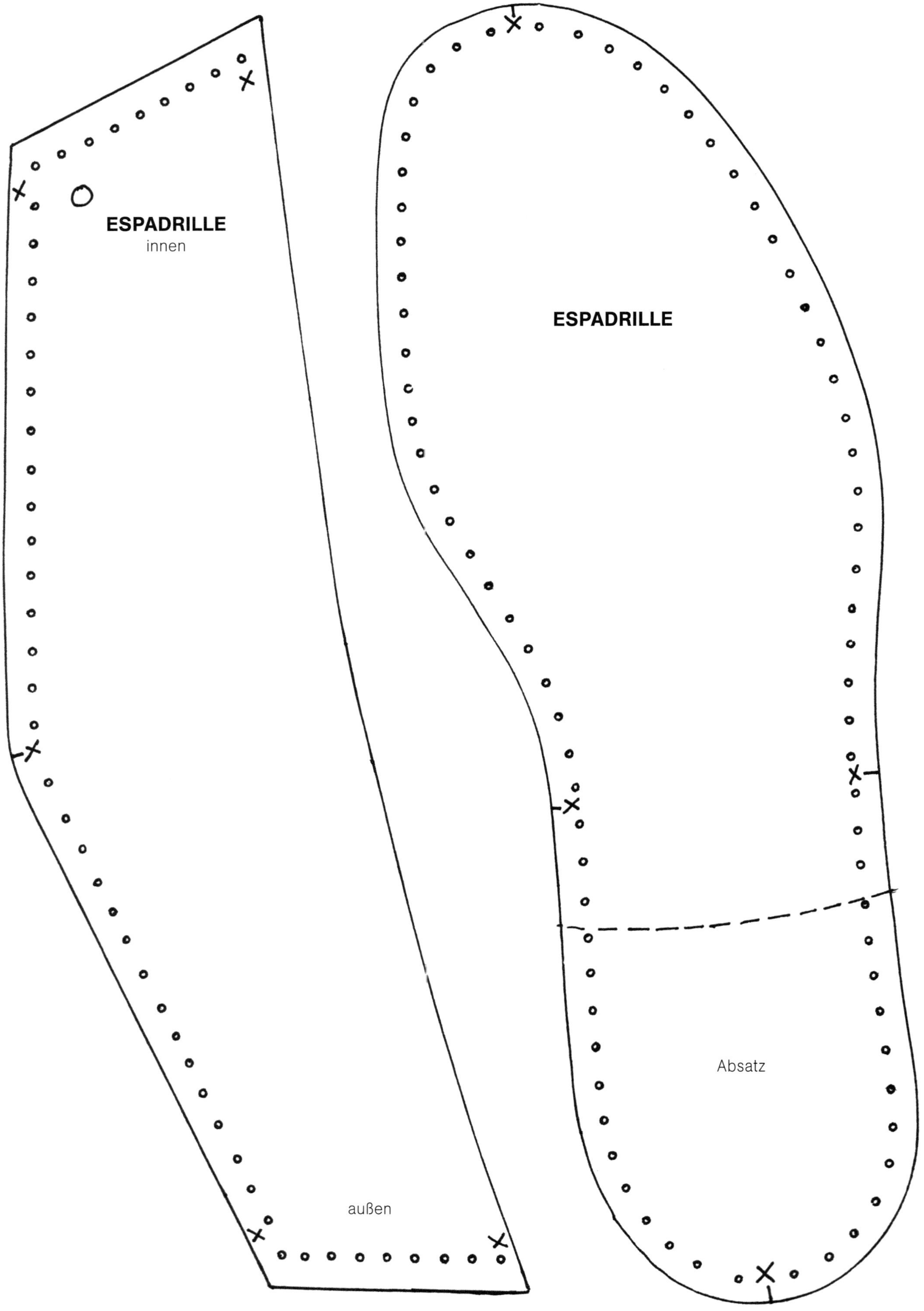
ESPADRILLE
innen
außen
ESPADRILLE
Absatz

SCHNITTMUSTER „ESPADRILLE“

GRÖSSE	%
35	95 %
36	97 %
37	100 %
38	103 %
39	106 %
40	108 %
41	111 %
42	114 %
43	117 %
44	119 %
45	122 %

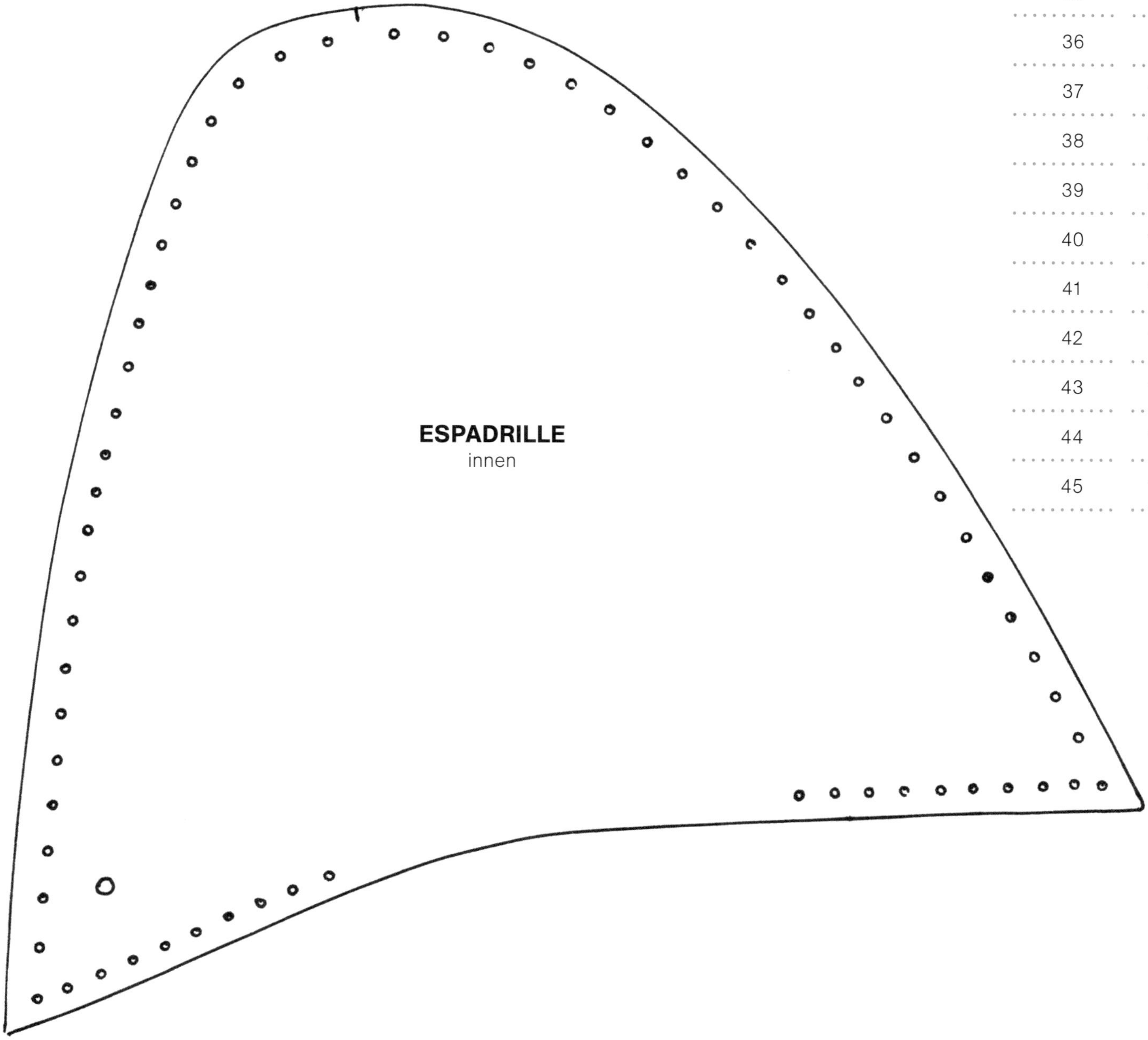

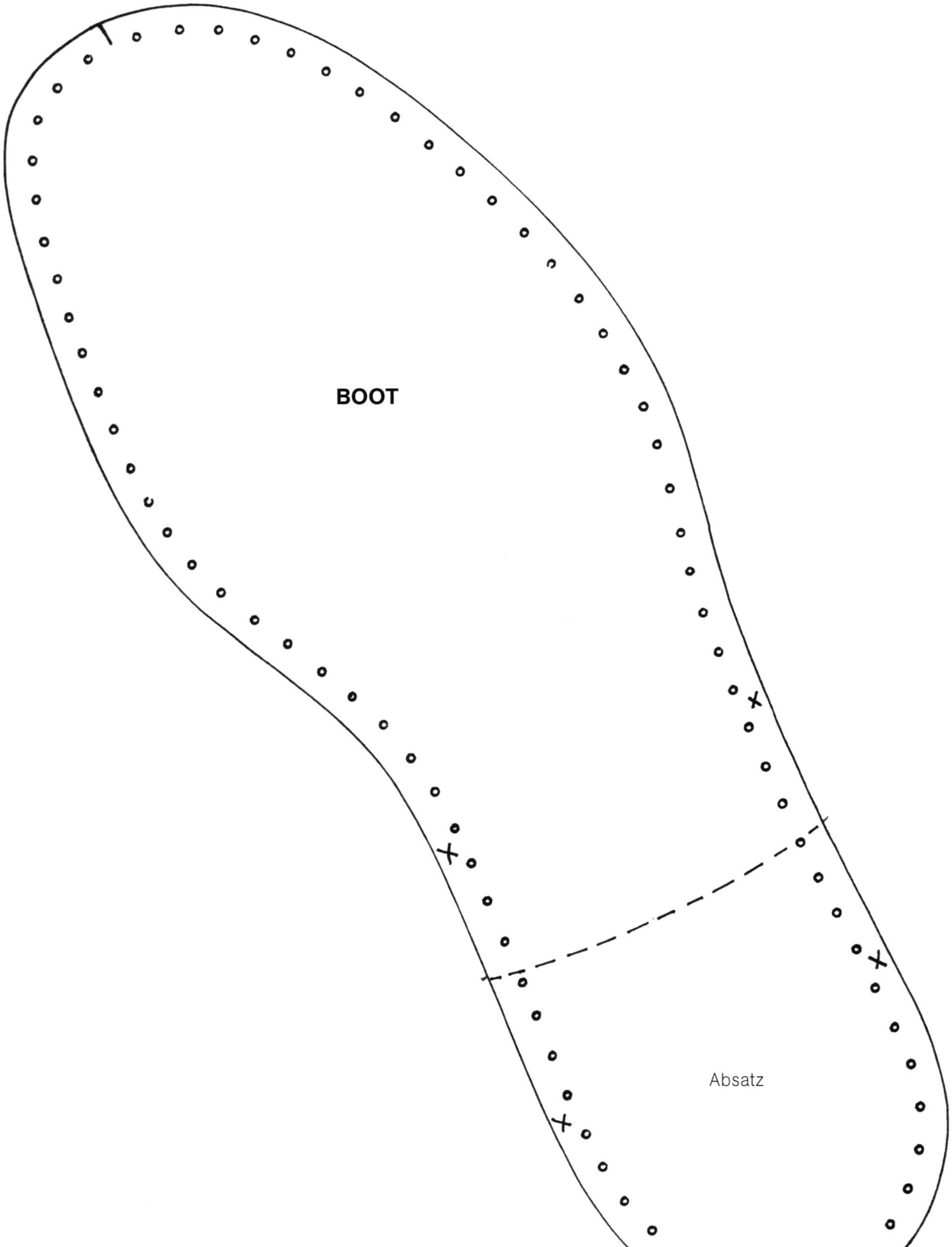
BOOT
Absatz

SCHNITTMUSTER „BOOT“

GRÖSSE	%
35	95 %
36	97 %
37	100 %
38	103 %
39	106 %
40	108 %
41	111 %
42	114 %
43	117 %
44	119 %
45	122 %

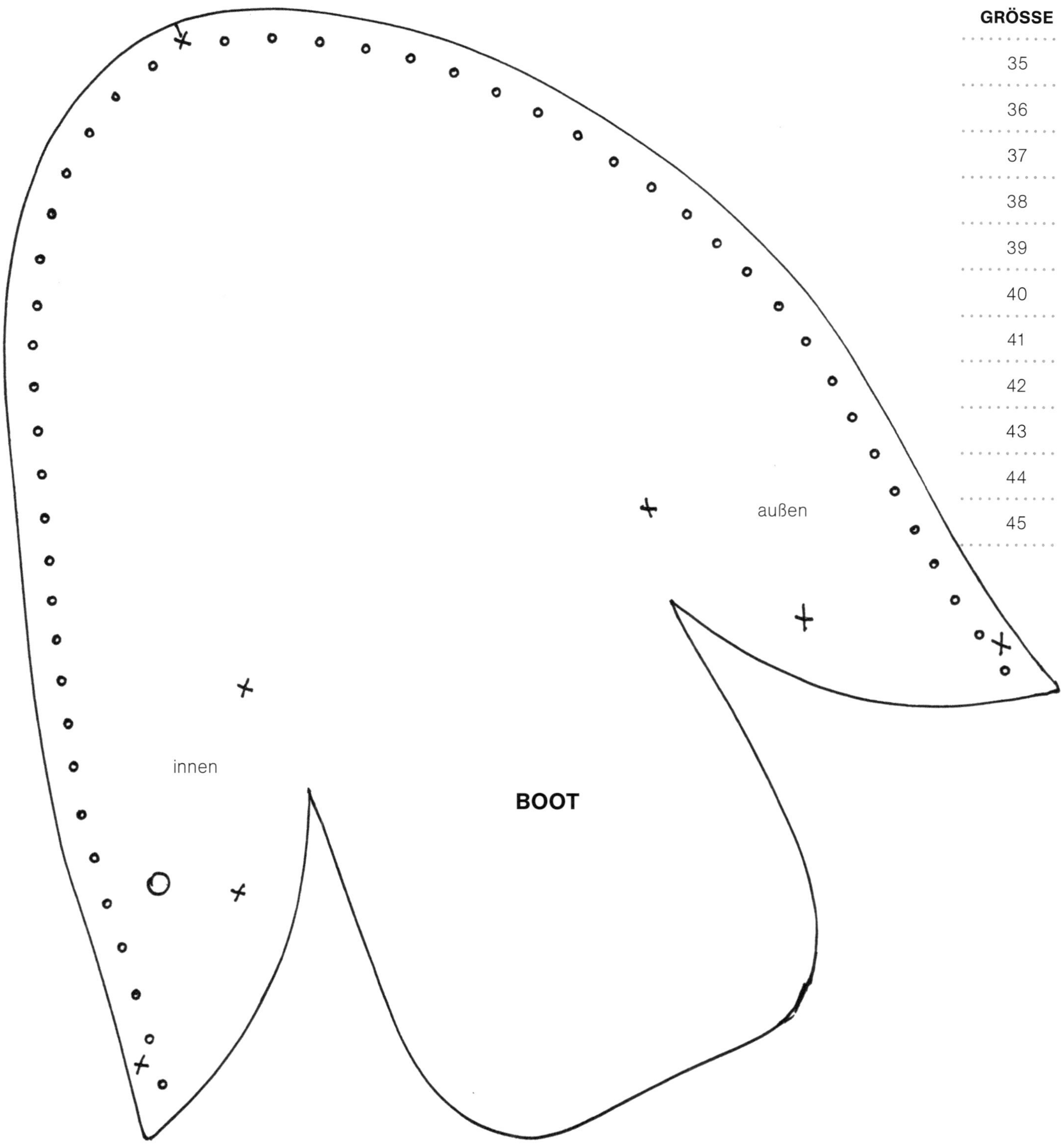

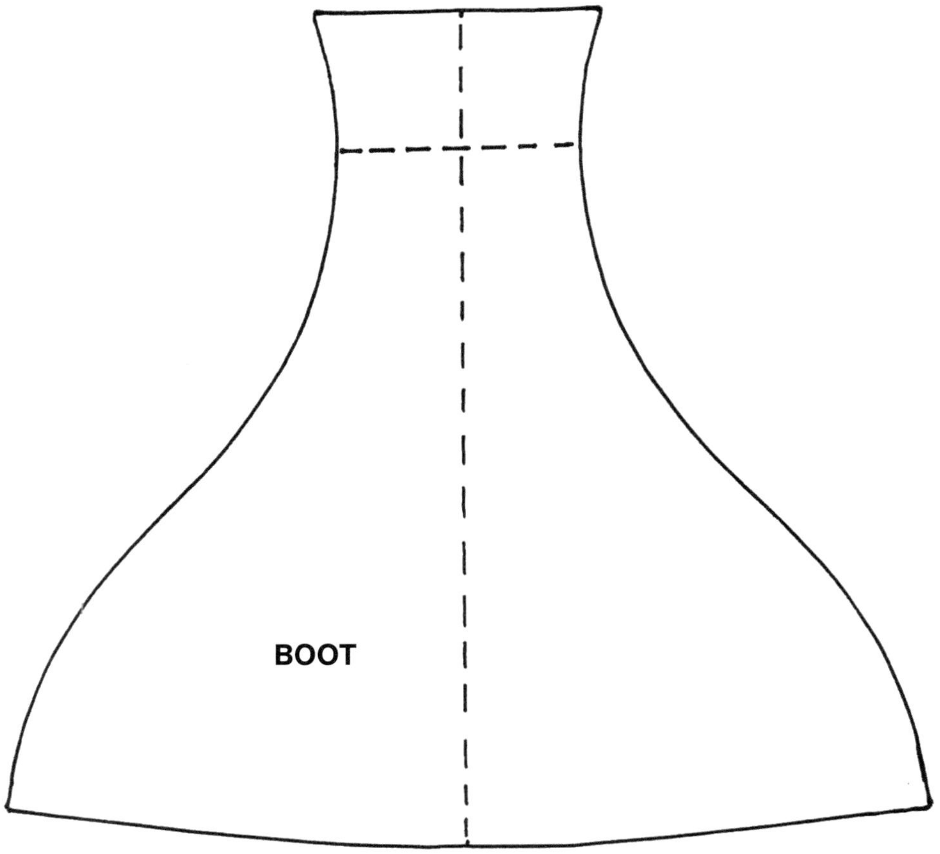
BOOT

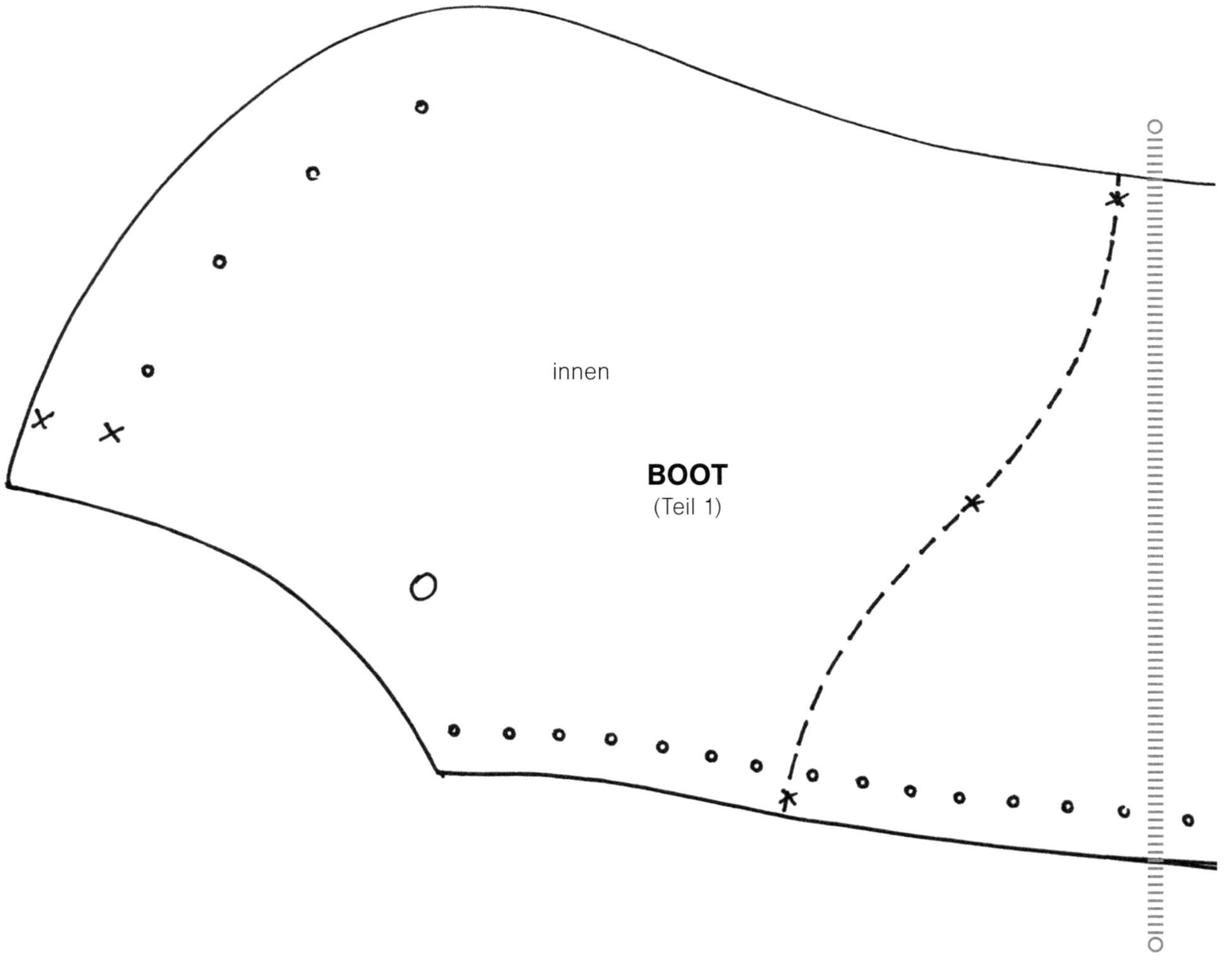
innen
BOOT
(Teil 1)

SCHNITTMUSTER „BOOT“

GRÖSSE	%
35	95 %
36	97 %
37	100 %
38	103 %
39	106 %
40	108 %
41	111 %
42	114 %
43	117 %
44	119 %
45	122 %

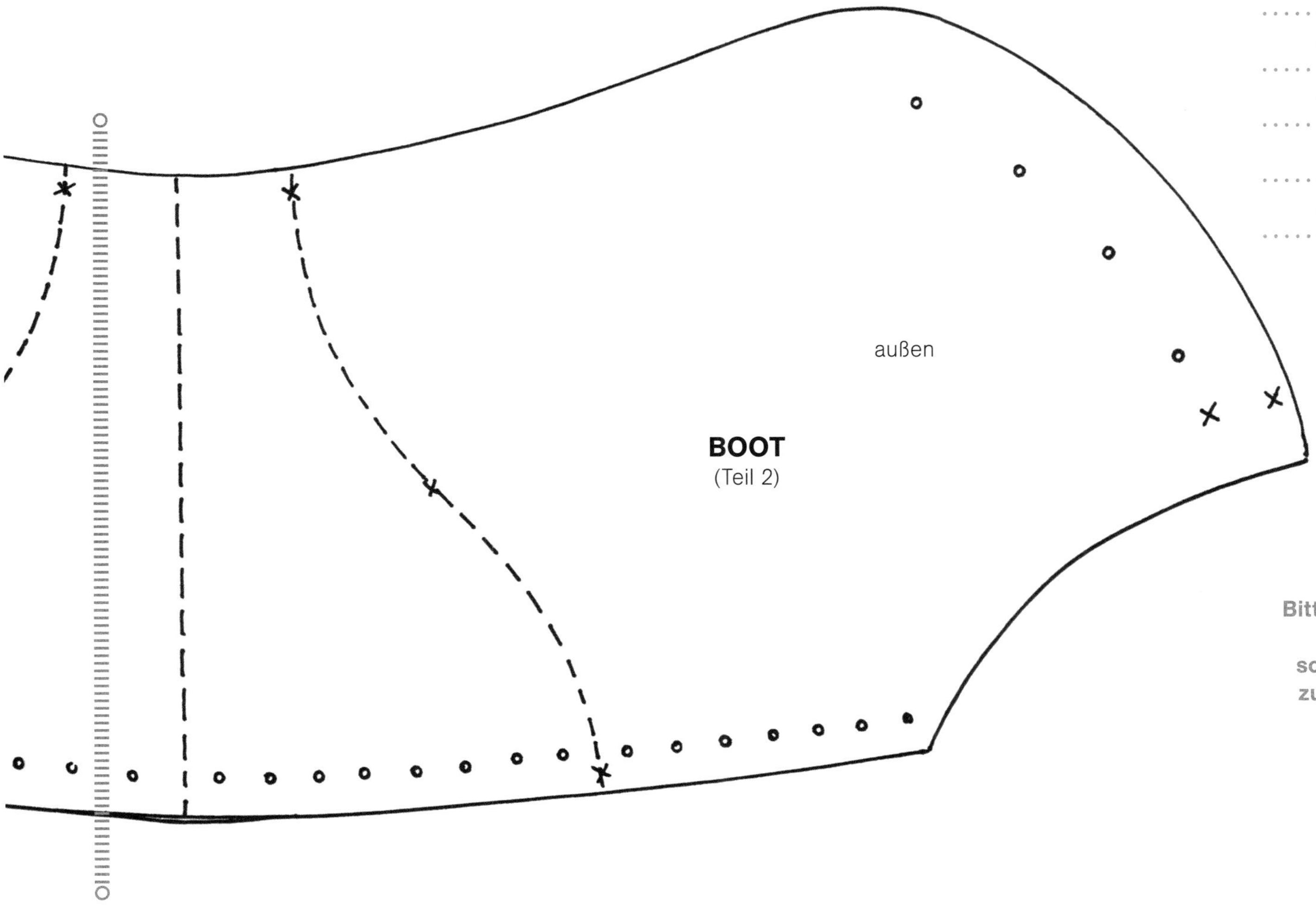

Referenzlinie: Bitte Schnittmuster an dieser schraffierten Linie zusammenkleben!

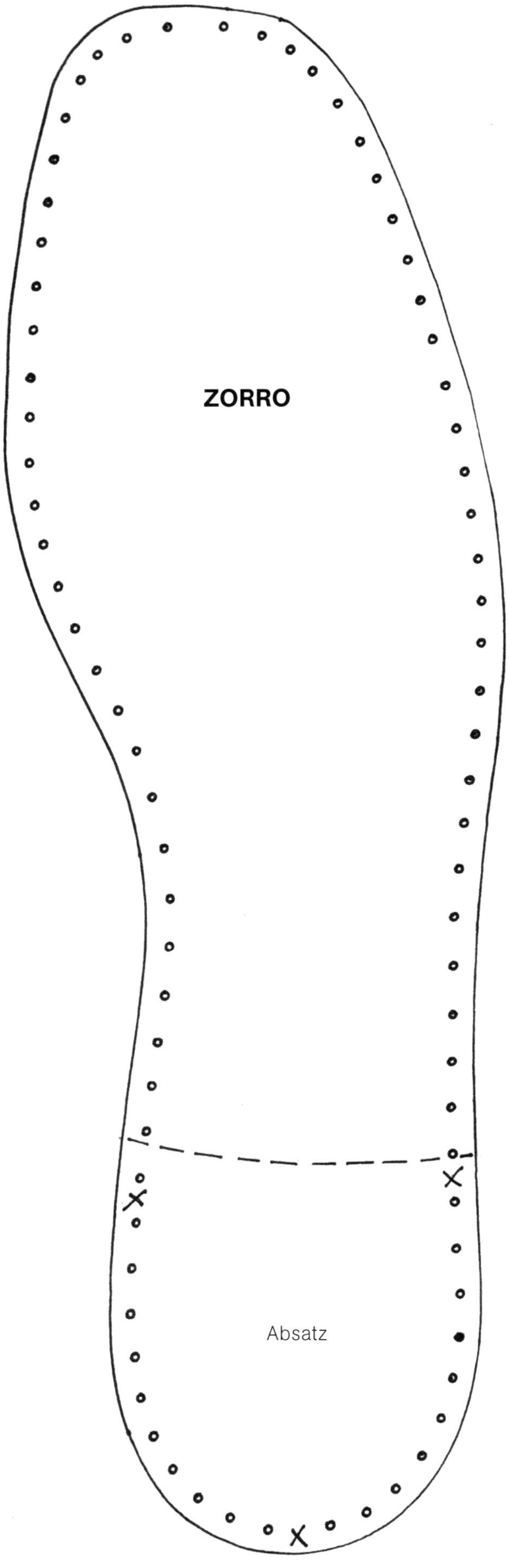
ZORRO
Absatz

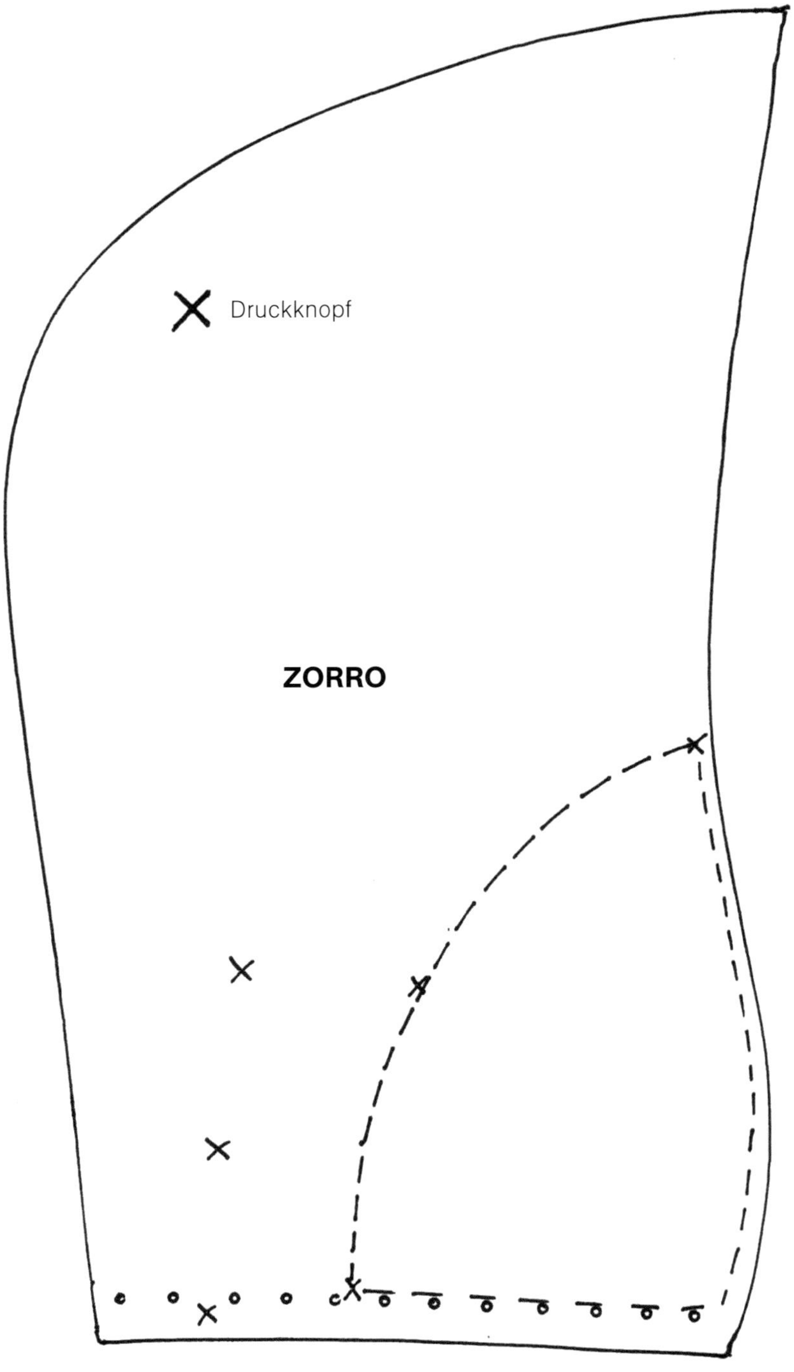
Druckknopf
ZORRO

SCHNITTMUSTER „ZORRO“

GRÖSSE	%
35	95 %
36	97 %
37	100 %
38	103 %
39	106 %
40	108 %
41	111 %
42	114 %
43	117 %
44	119 %
45	122 %

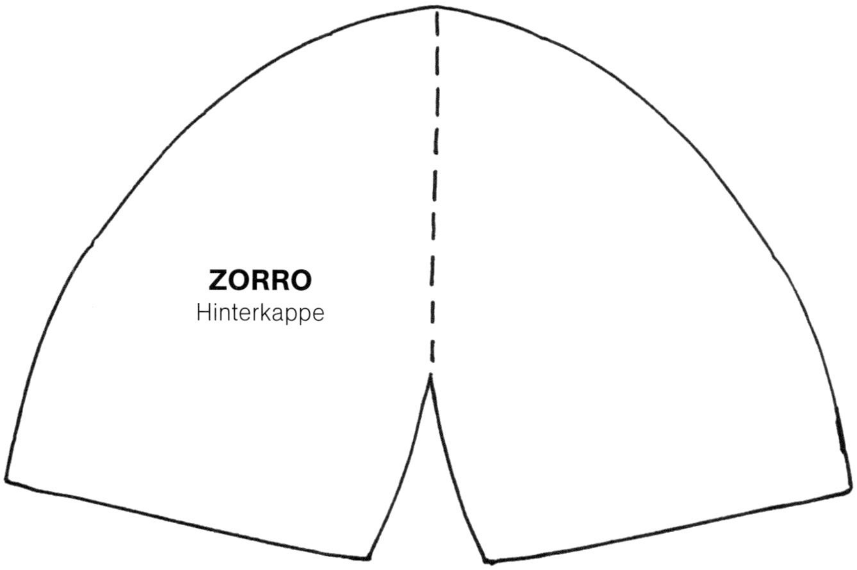

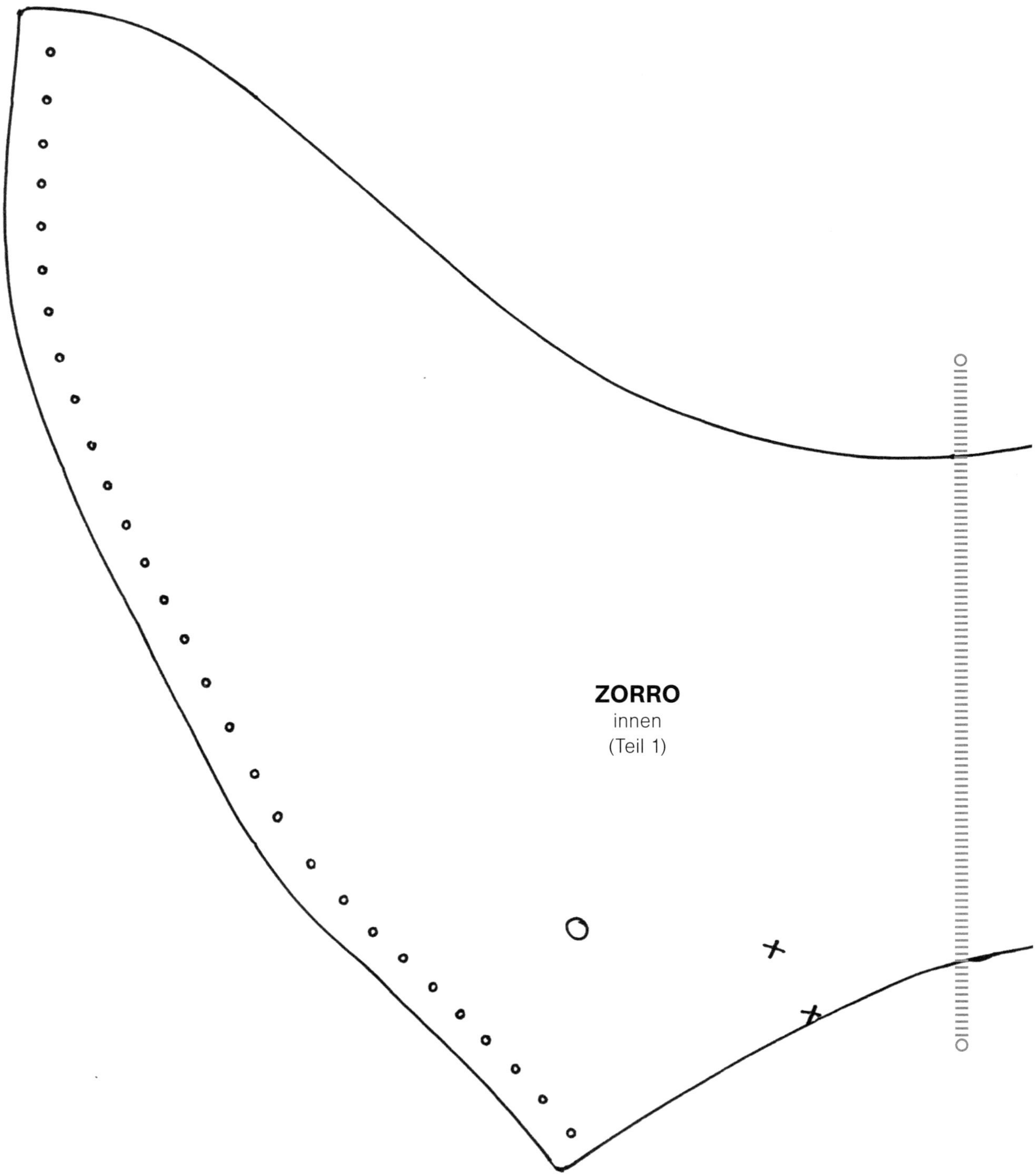
ZORRO
innen
(Teil 1)

SCHNITTMUSTER „ZORRO“

GRÖSSE	%
35	95 %
36	97 %
37	100 %
38	103 %
39	106 %
40	108 %
41	111 %
42	114 %
43	117 %
44	119 %
45	122 %

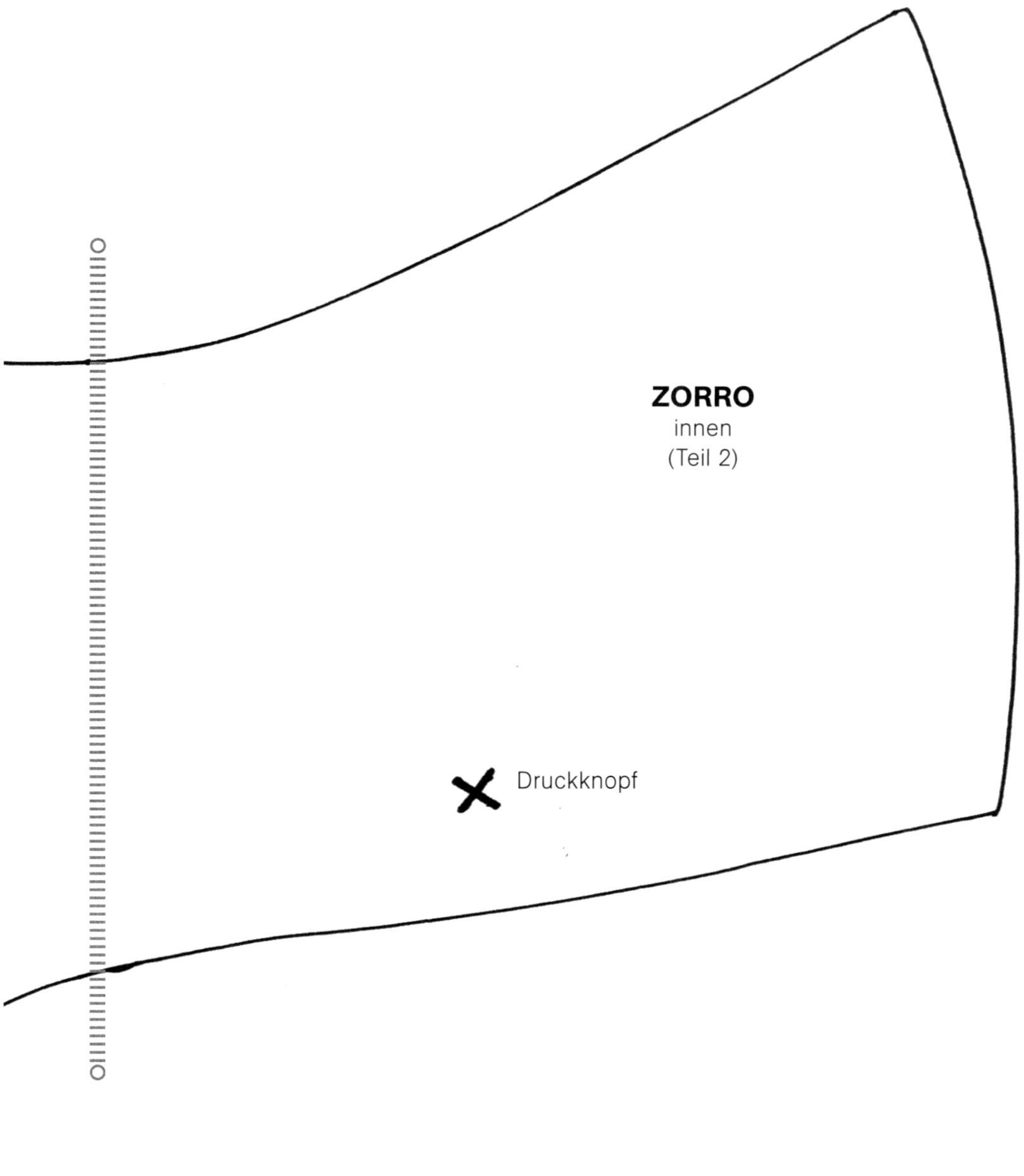

Referenzlinie: Bitte Schnittmuster an dieser schraffierten Linie zusammenkleben!

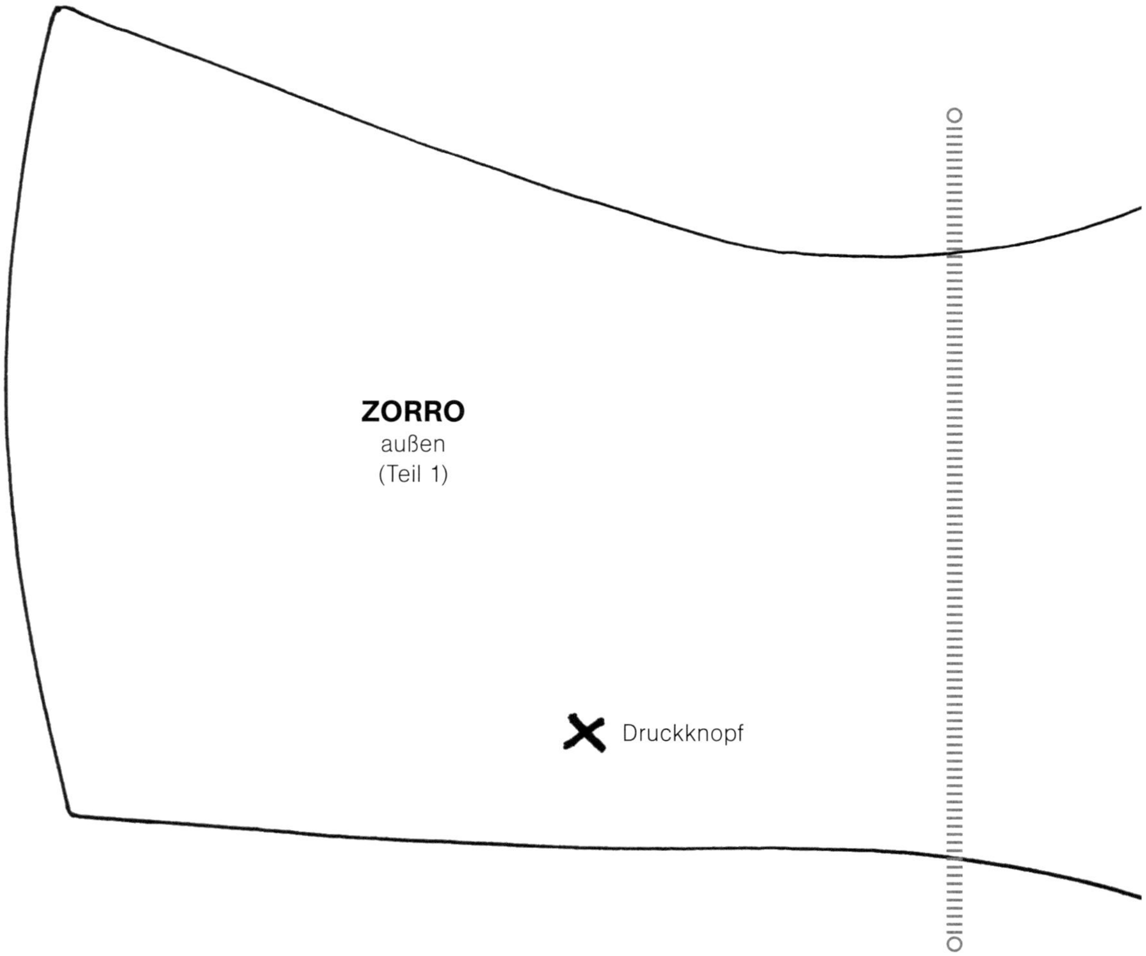
ZORRO
außen
(Teil 1)
Druckknopf

SCHNITTMUSTER „ZORRO“

GRÖSSE	%
35	95 %
36	97 %
37	100 %
38	103 %
39	106 %
40	108 %
41	111 %
42	114 %
43	117 %
44	119 %
45	122 %

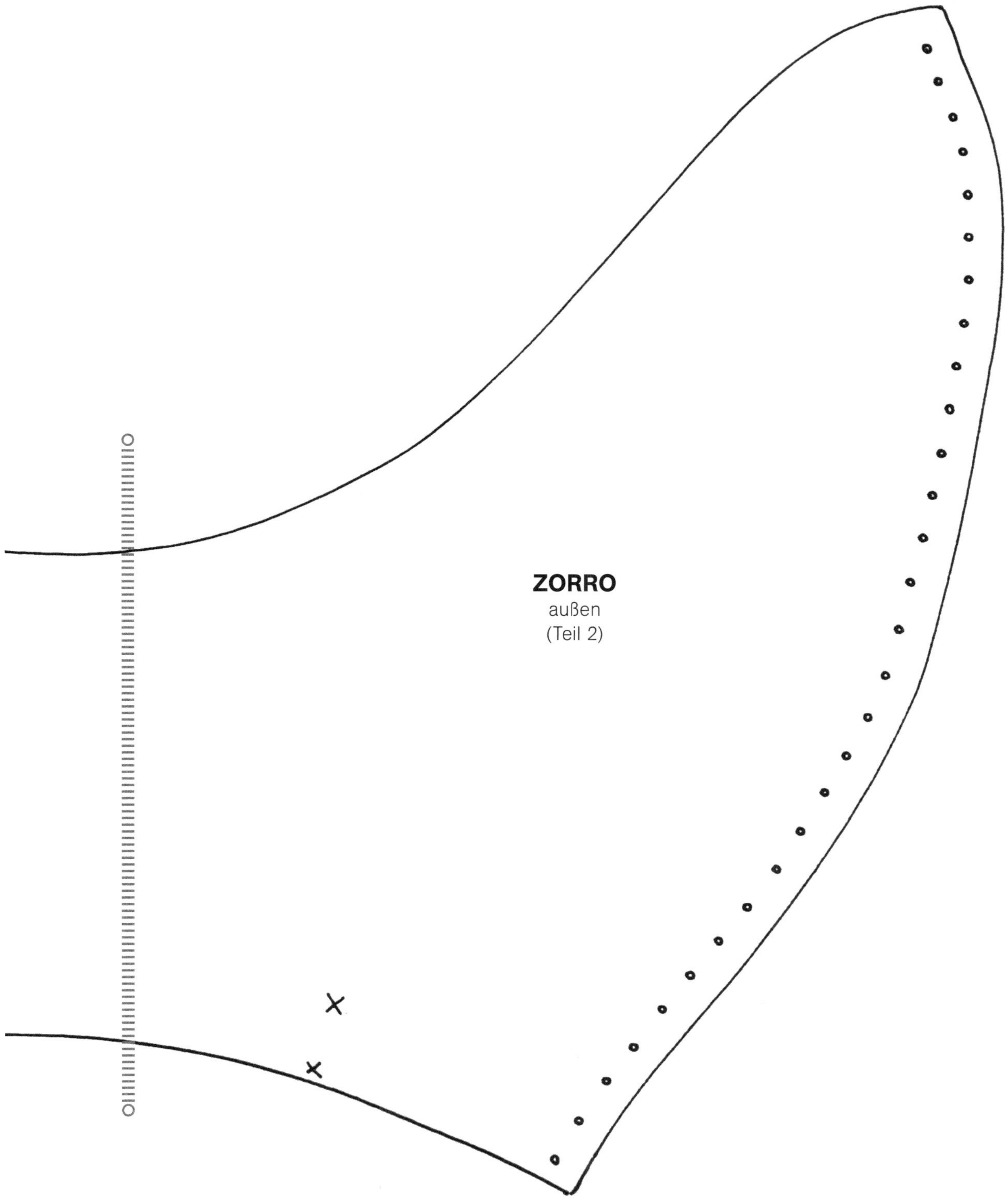

Referenzlinie: Bitte Schnittmuster an dieser schraffierten Linie zusammenkleben!

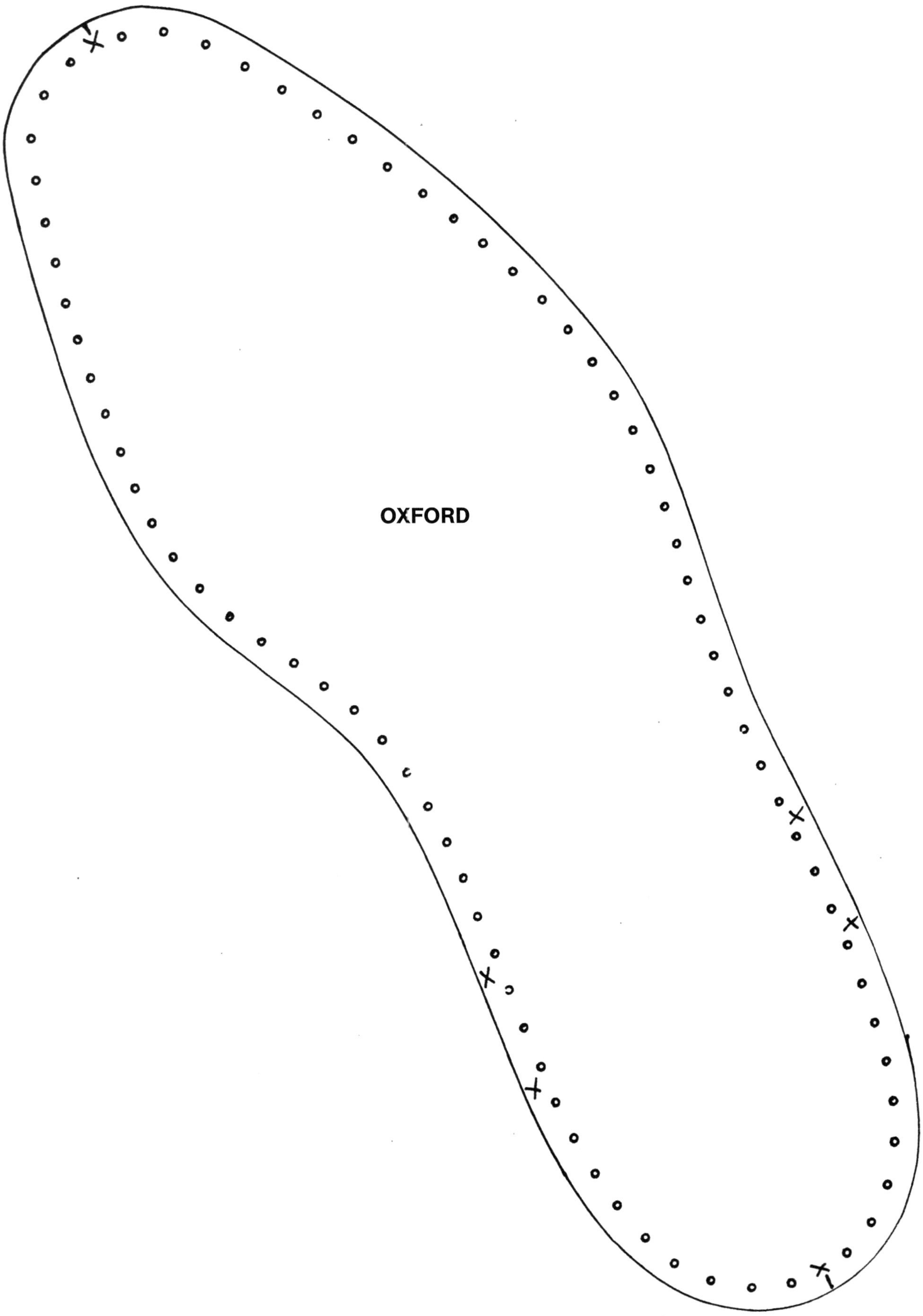
OXFORD

SCHNITTMUSTER „OXFORD“

GRÖSSE	%
35	95 %
36	97 %
37	100 %
38	103 %
39	106 %
40	108 %
41	111 %
42	114 %
43	117 %
44	119 %
45	122 %

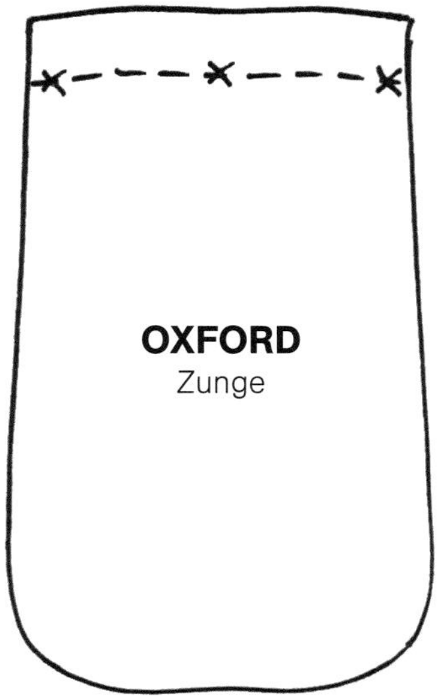

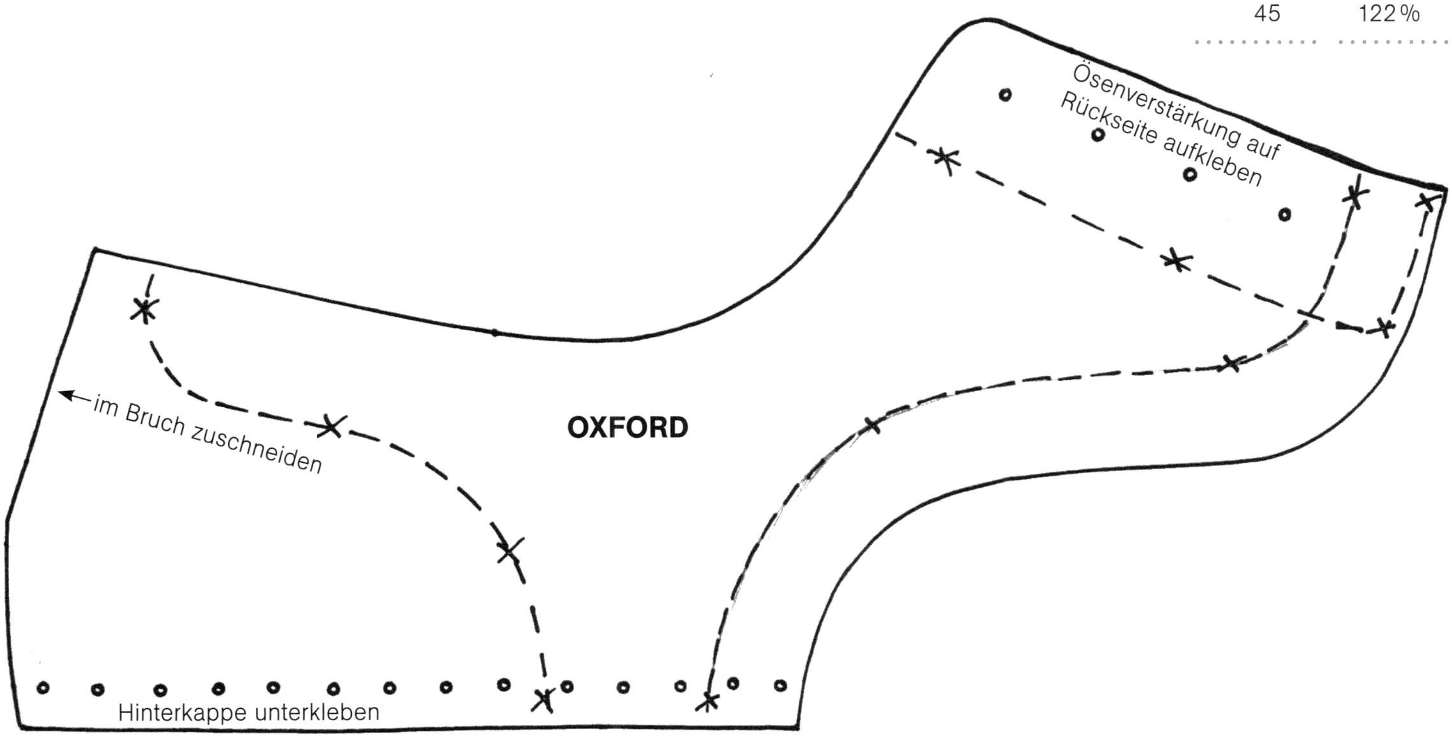

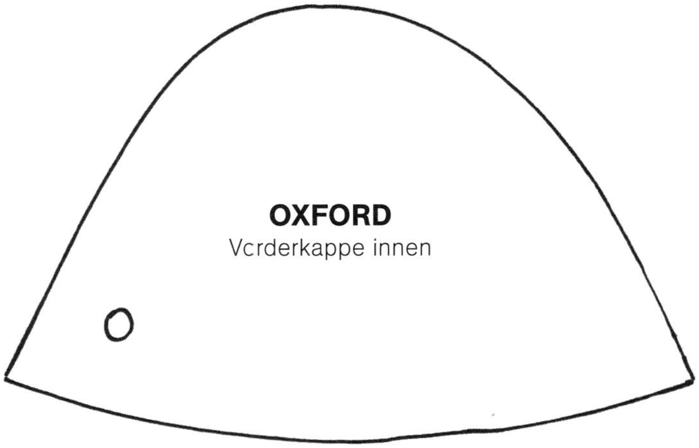
OXFORD
Vcrderkappe innen

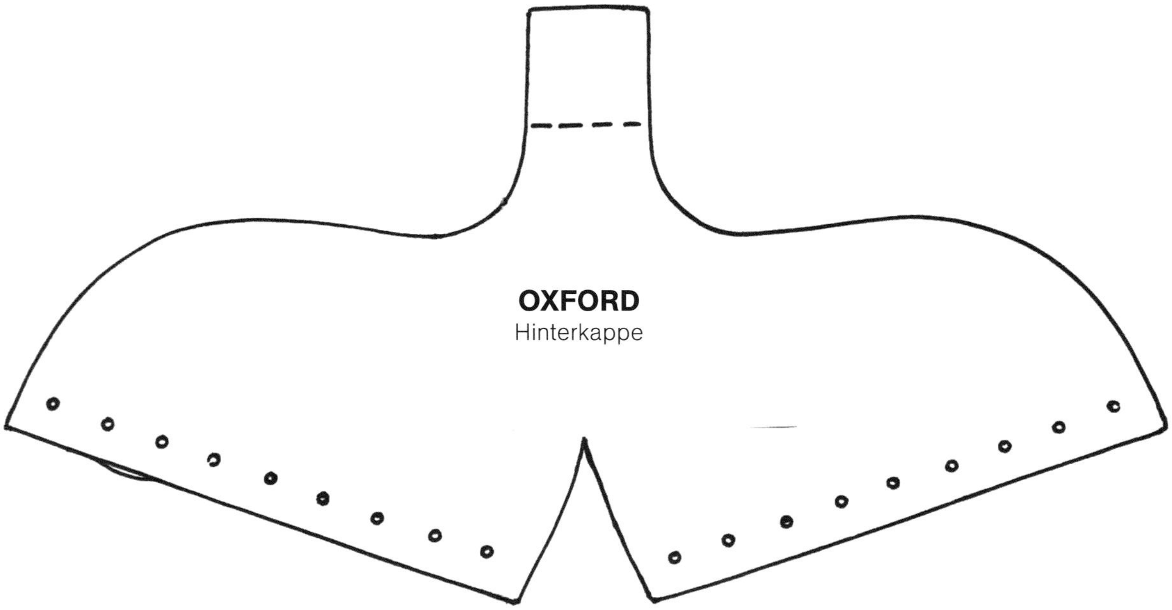
OXFORD
Hinterkappe

OXFORD
2 x Ösenverstärkung

SCHNITTMUSTER „OXFORD“

GRÖSSE	%
35	95 %
36	97 %
37	100 %
38	103 %
39	106 %
40	108 %
41	111 %
42	114 %
43	117 %
44	119 %
45	122 %

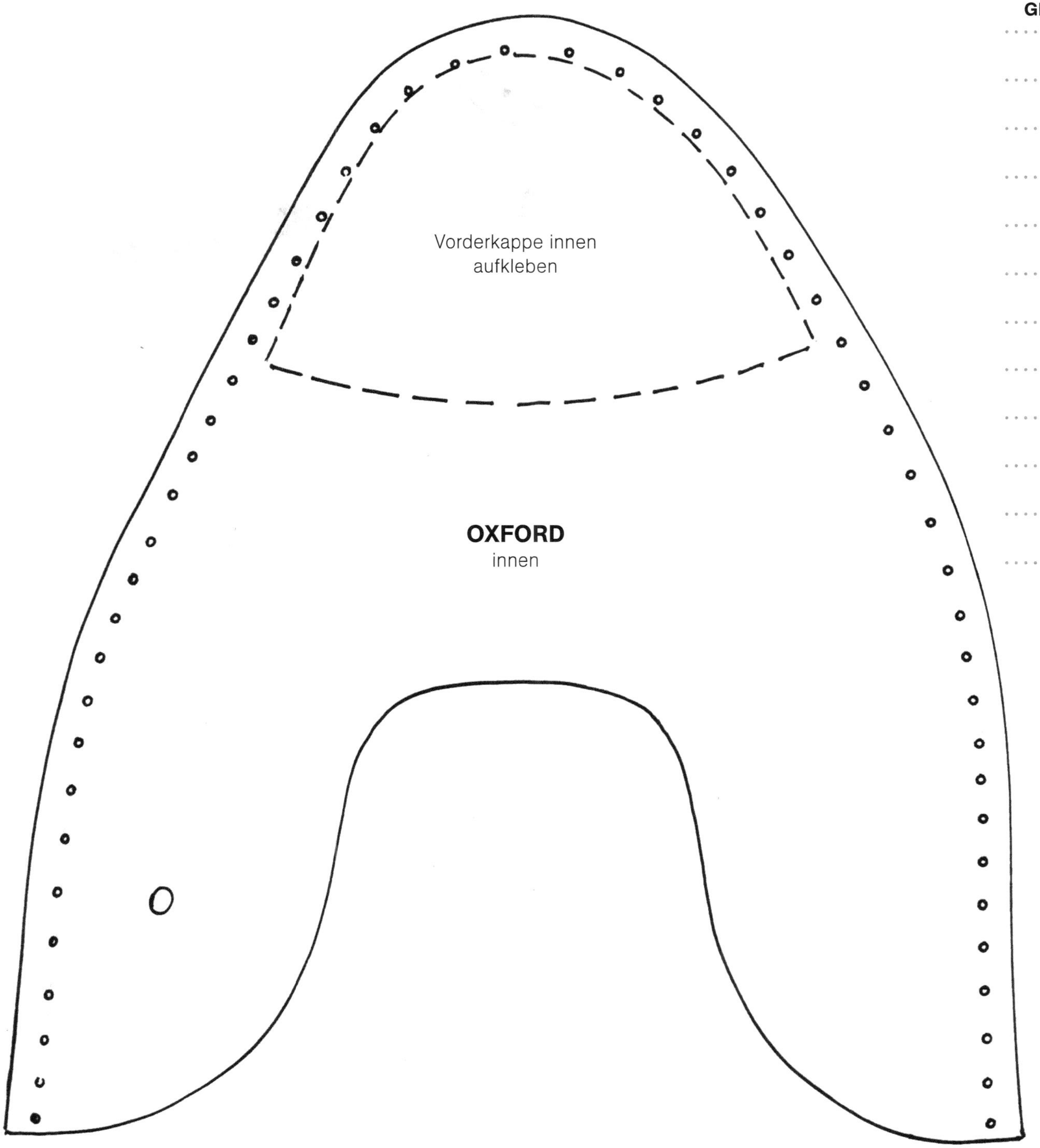

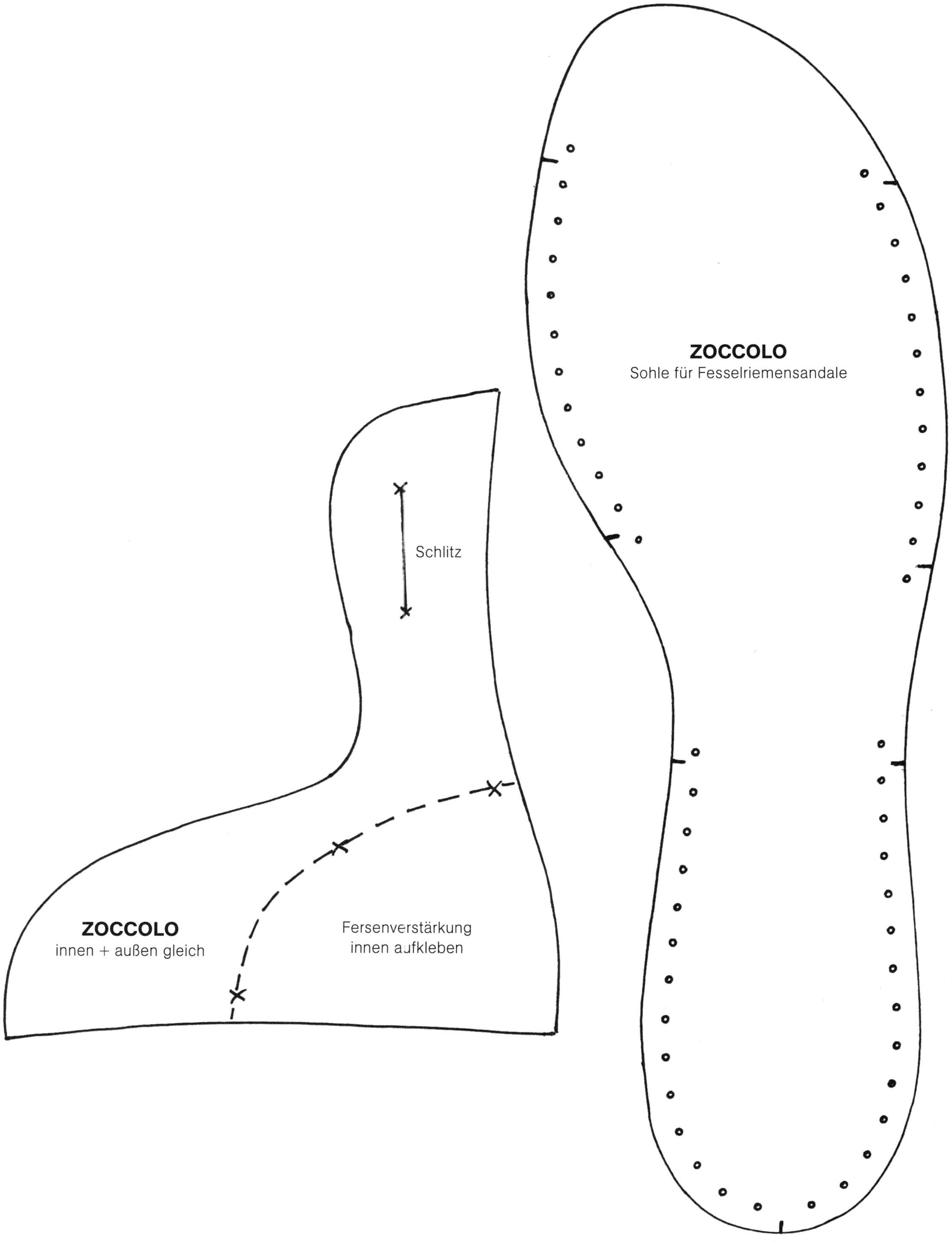
ZOCCOLO
Sohle für Fesselriemensandale
Schlitz
ZOCCOLO
innen + außen gleich
Fersenverstärkung
innen aufkleben

SCHNITTMUSTER „ZOCCOLO“

GRÖSSE	%
35	95 %
36	97 %
37	100 %
38	103 %
39	106 %
40	108 %
41	111 %
42	114 %
43	117 %
44	119 %
45	122 %

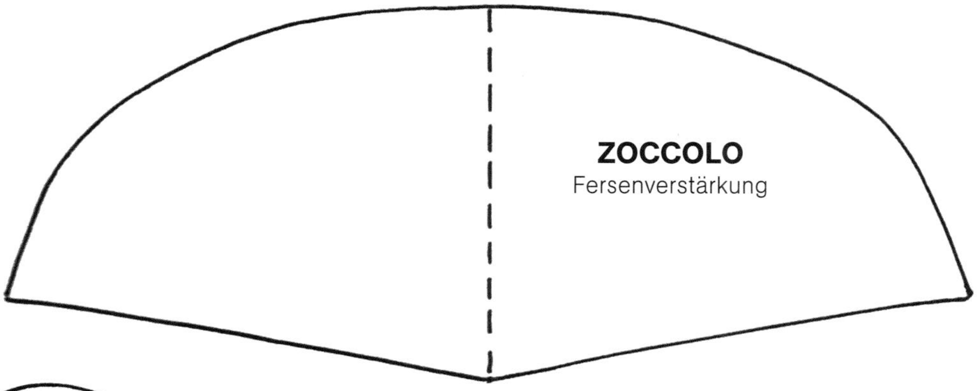

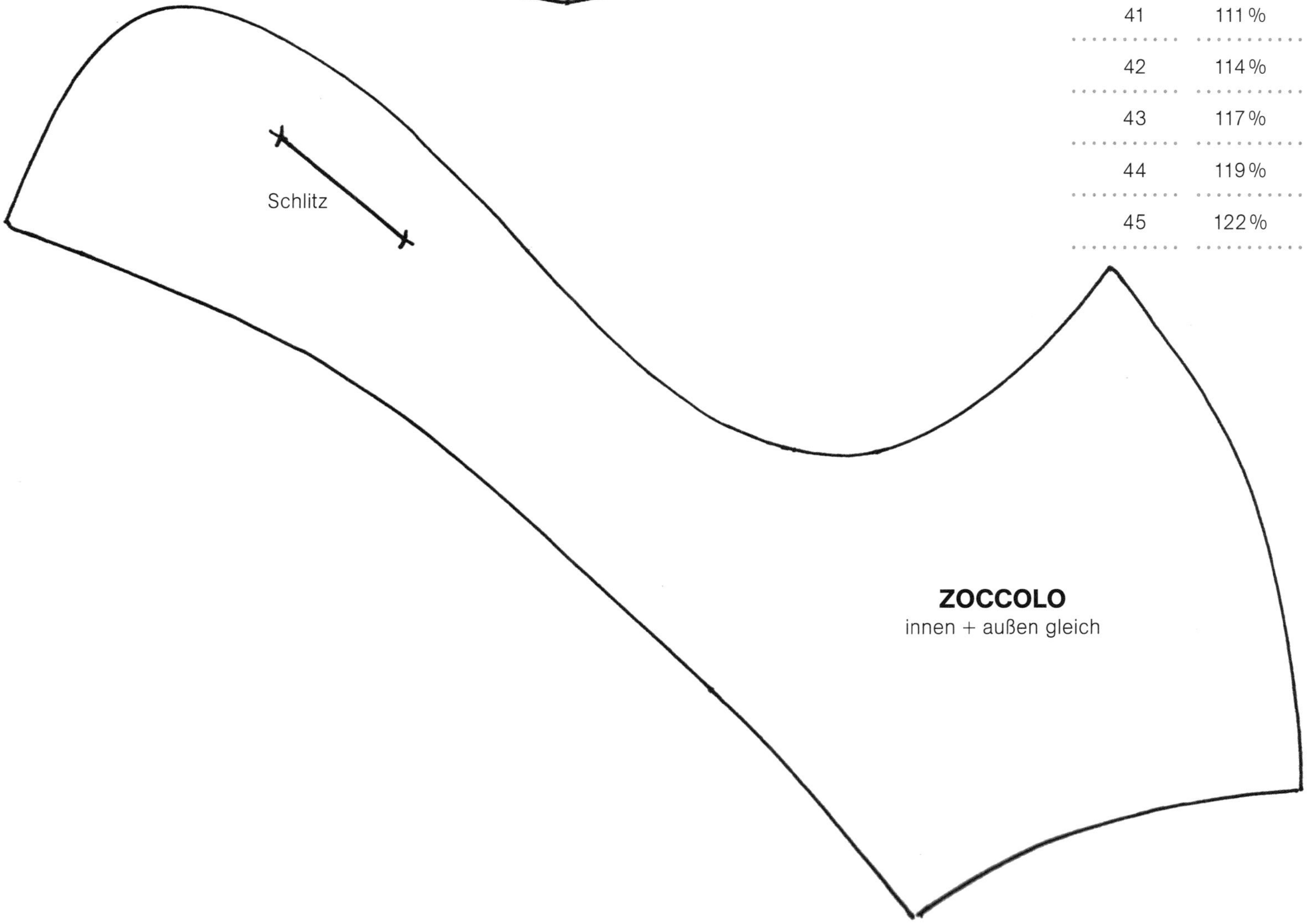

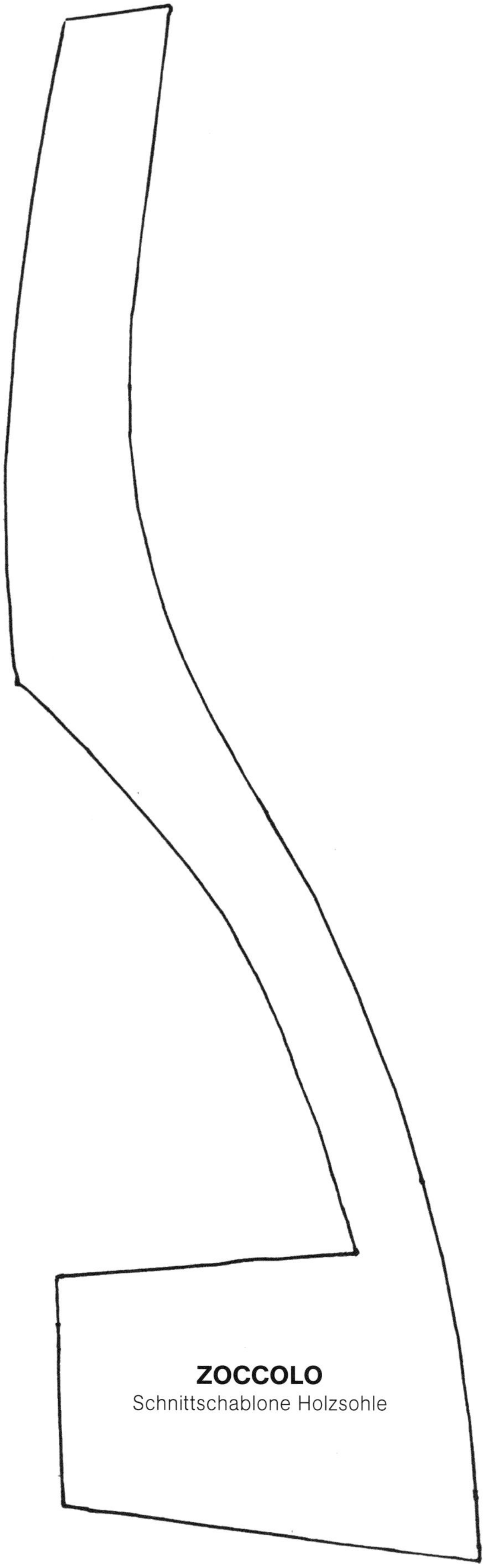
ZOCCOLO
Schnittschablone Holzsohle

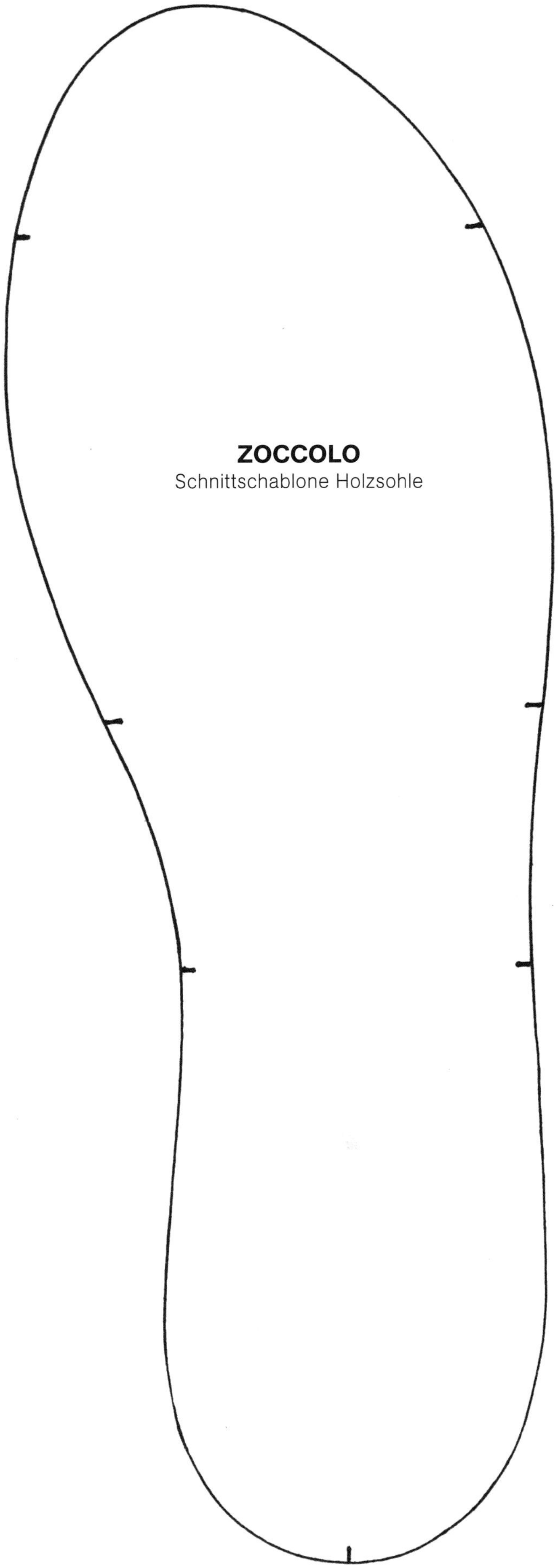
ZOCCOLO
Schnittschablone Holzsohle

SCHNITTMUSTER „ZOCCOLO“

GRÖSSE	%
35	95 %
36	97 %
37	100 %
38	103 %
39	106 %
40	108 %
41	111 %
42	114 %
43	117 %
44	119 %
45	122 %

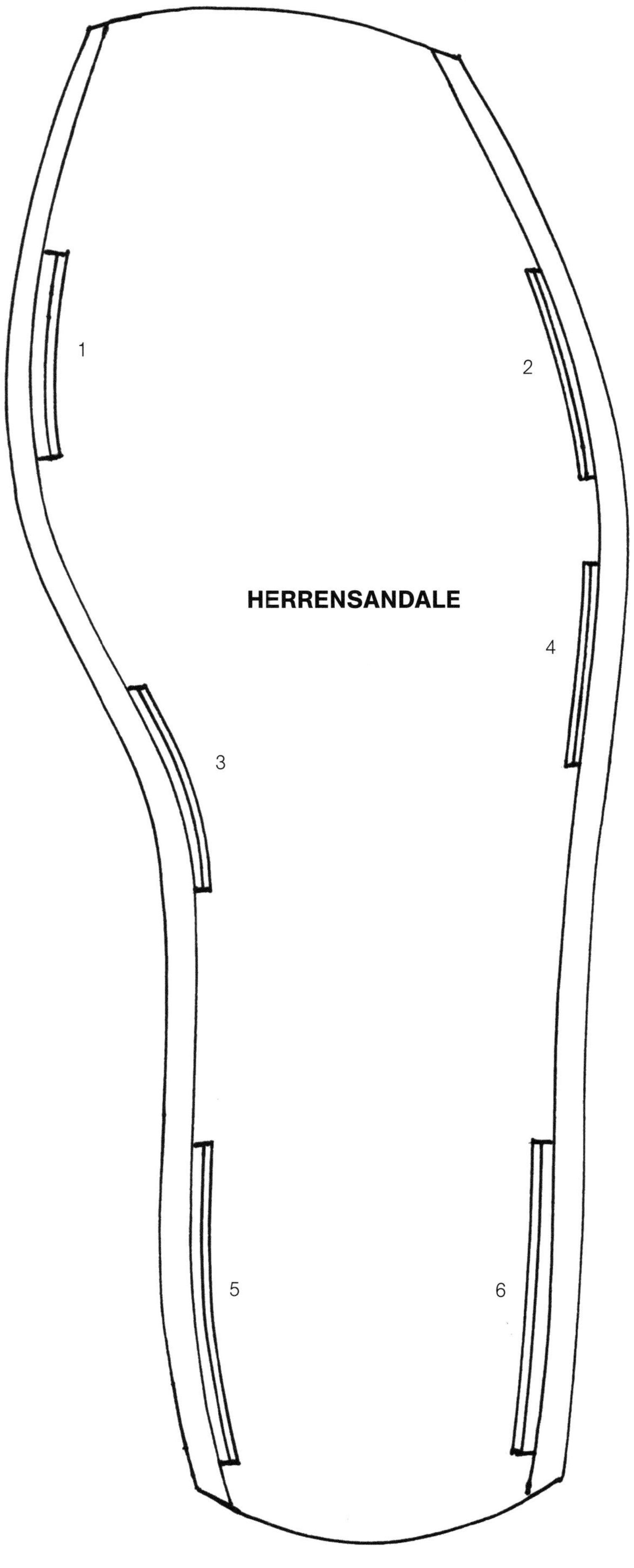
HERRENSANDALE
1
2
3
4
5
6

SCHNITTMUSTER „HERRENSANDALE“

GRÖSSE	%
35	95 %
36	97 %
37	100 %
38	103 %
39	106 %
40	108 %
41	111 %
42	114 %
43	117 %
44	119 %
45	122 %

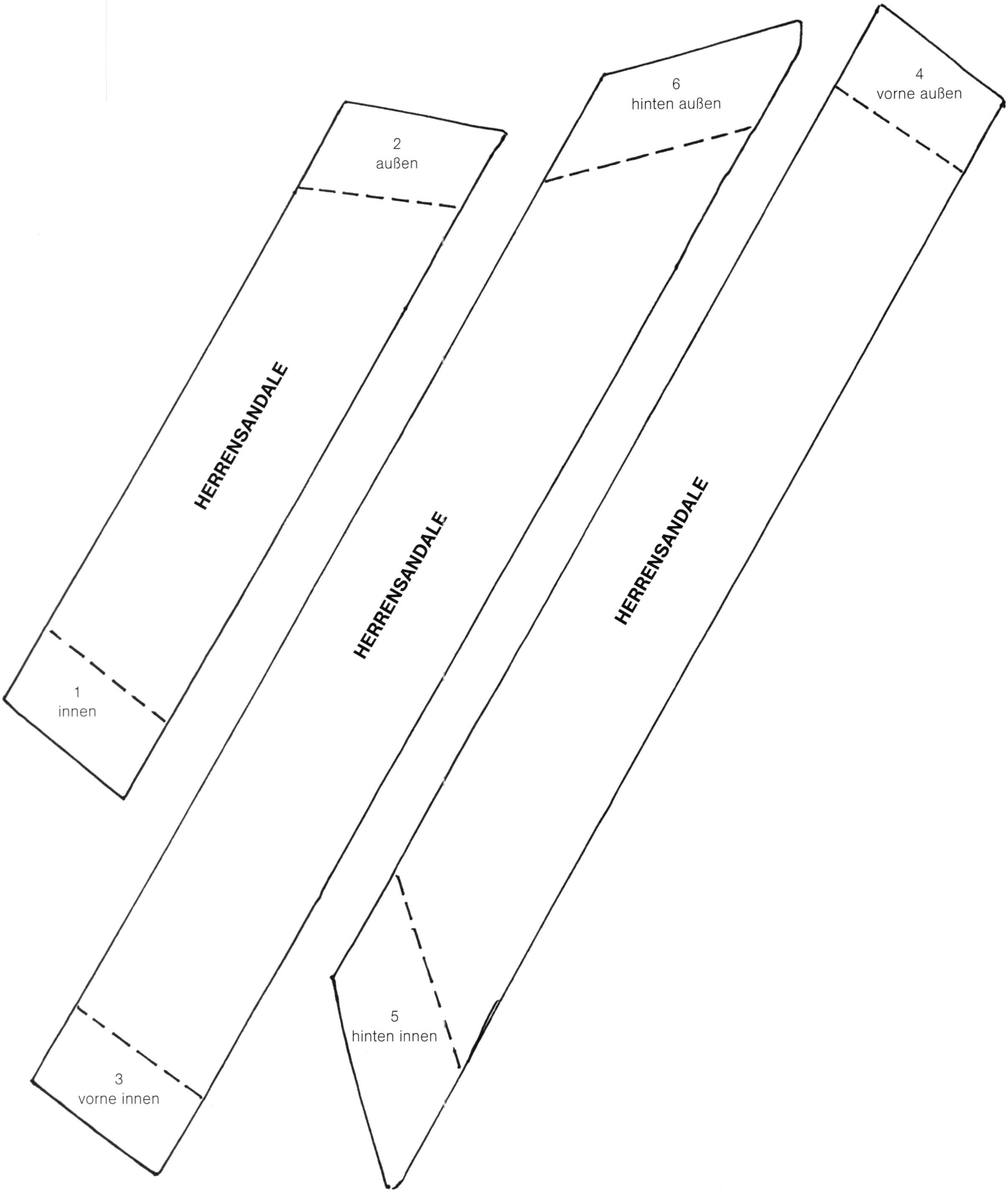

2
außen
HERRENSANDALE
1
innen
6
hinten außen
HERRENSANDALE
3
vorne innen
4
vorne außen
HERRENSANDALE
5
hinten innen

SCHNITTMUSTER „HERRENSANDALE“

GRÖSSE	%
35	95 %
36	97 %
37	100 %
38	103 %
39	106 %
40	108 %
41	111 %
42	114 %
43	117 %
44	119 %
45	122 %

REGISTER

Leder ist natürlich, anschmiegsam und strapazierfähig – halb Schutz, halb Schmuck. Heute ist dieses Material in vielen Farben und Qualitäten erhältlich und eignet sich somit auch für bunte Schmuck- und Wohnaccessoires. «Leder» zeigt die Wandlungsfähigkeit dieses chamäleonartigen Materials auf und vermittelt viele Hintergrundinformationen zur Geschichte des Leders und zur Tradition der Gerberei. Worauf man beim Kauf von Leder achten muss, wie man Leder im Gegensatz zu Stoff verarbeitet und welche Ledersorten sich für welche Zwecke eignen, wird alles in einem Extrakapitel erklärt, damit die Fliegerkappe, die Hutschachtel oder das Bodenkissen auch gut gelingen. Mit einer funktionstüchtigen Haushaltsnähmaschine und ein paar einfachen Werkzeugen lassen sich alle 25 Projekte nacharbeiten.

Pressestimme:
«Ein gediegen geschriebenes und gestaltetes Buch zum Thema Leder von Josephine Barbe liegt vor uns, mit mehr als 200 exklusiven Fotos. Es enthält darüber hinaus genaue Informationen zur Geschichte des Leders und des Gerbens. Theorie und Praxis sind in diesem Buch glückhaft vereint.»
www.kultur-punkt.ch

Josephine Barbe
Leder
Geschichte, Techniken, Projekte
1. Auflage 2007
173 Seiten, 247 farbige Abbildungen,
65 Zeichnungen
Einband: gebunden
ISBN 978-3-258-07072-8

Mut zum Hut! Mit Fantasie und Spaß am Handwerk ist es gar nicht schwer, dieses persönliche Accessoire selbst anzufertigen. Aus Filz, Stroh und Stoff lassen sich wundervolle Kopfbedeckungen kreieren, die aus der Masse herausstechen. Welcher Hut zu wem passt, wie man das gewünschte Schnittmuster zeichnet, wie Filz geformt wird und aus Strohborten ein «Florentiner» entsteht, wird in «Hut und Putz» verraten. In 15 farbig illustrierten Projekten werden die Schritte vom Rohmaterial bis zum fertigen Hut erklärt. Daneben hat die Autorin eine Menge Ratschläge zu Materialien und Werkzeug bereit und stellt Ideen vor, wie Hüte aufgeputzt oder abgeändert werden können. Ein Erbstück von der Oma? Tipps zu Pflege und Restauration findet man hier ebenfalls! Neben all den praktischen Informationen kommt auch die Geschichte dieses traditionsreichen Handwerks nicht zu kurz, und wer sich mehr für aktuelle Kreationen interessiert, findet in der Galerie am Ende des Buches weitere Inspirationen.

Pressestimme:
«Dass Hüte mehr als eine Kopfbedeckung sind und geradezu süchtig machen können, weiß man spätestens nach der Lektüre dieser Buchneuerscheinung.»
weben+ / Heft 2/04

Josephine Barbe
Hut und Putz
Kreationen aus Filz, Stroh und Stoff
2. Auflage 2010
247 Seiten, 292 Fotos, 153 Illustrationen
Einband: kartoniert
ISBN 978-3-258-60015-4